高等职业教育系列教材·职业本科

河北省在线精品课程（一等奖）配套教材

河北省职业教育优质专业教学资源库配套教材

模拟电子技术

主　编　张惠荣　卢玮琪

副主编　宋　爽　张鹏跃　杨连志

机械工业出版社

本书是与河北省在线精品课程"模拟电子技术"配套的新形态一体化教材,是河北省职业教育优质专业教学资源库配套教材。本书由二极管的分析与应用、晶体管的分析与应用、集成运算放大器的认知、负反馈及信号处理电路、波形发生电路、集成功放及集成稳压电路、综合实训:晶体管收音机的安装与调试7个模块组成。前6个为学习模块,最后1个为综合实训模块。每个学习模块设计2~3个单元,每个单元均由3部分组成,即知识准备、仿真训练和技能实训,技能实训部分要求学生按规范工艺要求装配相应的电路,通过调试并排查故障。每个学习模块都配有知识拓展、自我检测题、思考题与习题。学生通过对本书的学习,既能掌握理论知识,又能具备较强的动手能力,真正做到理论联系实际。

　　本书适用于职业本科学校、普通本科院校、高职高专院校(根据课时情况,可做适当取舍)电子与信息大类和自动化类专业的"模拟电子技术""电子电路基础"等课程的教学,符合目前职业教育"项目导向、任务驱动"的课改方向。此外,本书也可作为技术培训教材,还可供相关工程技术人员和业余爱好者参考。

　　本书配有微课视频,扫描二维码即可观看。另外,本书配有电子课件,需要的教师可登录机械工业出版社教育服务网(www.cmpedu.com)免费注册,审核通过后下载,或联系编辑索取(微信:13261377872,电话:010-88379739)。

图书在版编目(CIP)数据

模拟电子技术/张惠荣,卢玮琪主编. —北京:机械工业出版社,2022.5
(2024.8重印)
高等职业教育系列教材
ISBN 978-7-111-70714-1

Ⅰ.①模… Ⅱ.①张…②卢… Ⅲ.①模拟电路-电子技术-高等职业教育-教材 Ⅳ.①TN710

中国版本图书馆CIP数据核字(2022)第078016号

机械工业出版社(北京市百万庄大街22号　邮政编码100037)
策划编辑:和庆娣　　　　　责任编辑:和庆娣
责任校对:樊钟英　张　薇　责任印制:郜　敏
中煤(北京)印务有限公司印刷
2024年8月第1版第2次印刷
184mm×260mm·16印张·415千字
标准书号:ISBN 978-7-111-70714-1
定价:65.00元

电话服务　　　　　　　　　网络服务
客服电话:010-88361066　　机　工　官　网:www.cmpbook.com
　　　　　010-88379833　　机　工　官　博:weibo.com/cmp1952
　　　　　010-68326294　　金　书　网:www.golden-book.com
封底无防伪标均为盗版　　机工教育服务网:www.cmpedu.com

前　言

科技兴则民族兴，科技强则国家强。党的二十大报告指出："必须坚持科技是第一生产力、人才是第一资源、创新是第一动力，深入实施科教兴国战略、人才强国战略、创新驱动发展战略，开辟发展新领域新赛道，不断塑造发展新动能新优势。""模拟电子技术"是电类各专业必修的一门专业基础课，该课程主要讲授最初步、最根本、最具共性的内容。着重抓"三基（基本理论、基本知识、基本技能）"训练。其知识和技能贯穿整个专业的核心课程，内容涉及多个专业的工作岗位，对整个专业知识的学习和核心技能的掌握起着重要的支撑作用。

本书是在河北省在线精品课程"模拟电子技术"的基础上编写的，课程开展了工学结合的系统化改革，形成了突出工作能力培养的特色。课程内容的结构设计既突出"做中学"的任务统领性，又围绕任务布局整个学习过程，以装配、焊接、调试实用电路的任务承载知识、技能、素质要求，符合学习规律，强调学以致用。课程内容生动，形象具体，便于学习者进行主动学习和探究式学习。课程中的大量教学实例来自教学实践和教学研究成果，既有较强的理论性，又有鲜明的实用性。

本书按照"陈述阶段→仿真阶段→实训阶段"的一般学习过程，为学生安排了不断深化的"教、学、做"的过程，分别是：①以知识点为主的知识准备；②以实例引导的仿真训练；③以任务为主的技能实训。即"知识准备→仿真训练→技能实训"分节学习模式。

本书由二极管的分析与应用、晶体管的分析与应用、集成运算放大器的认知、负反馈及信号处理电路、波形发生电路、集成功放及集成稳压电路、综合实训：晶体管收音机的安装与调试7个模块组成。前6个为学习模块，每个学习模块设计2~3个单元。在每个单元的教学过程中，为学生安排"知识准备→仿真训练→技能实训"的完整过程，帮助学生由浅入深逐步掌握学习内容，达成学习目标。按照模块的排序，模块的难度逐渐增加，知识的综合性逐渐加强，形成一个循序渐进、种类多样的模块群，构建一个完整的教学设计布局，并突出实训项目的趣味性、实用性和完整性。随后逐步增加实训项目难度和复杂程度，发挥学生的主体作用，自主构建真正属于个人的经验和知识体系。知识准备部分充分体现知识学习的系统性，使学生的理论与实践结合得更加紧密。仿真训练部分被安排在实际技能训练之前，学生通过虚拟仿真验证环节可以了解组装与测试电路的步骤及注意事项，以便及时发现问题并做出调整，提高模拟电路仿真设计能力；技能实训部分重点培养学生的应用能力与创新能力，要求学生按规范工艺要求装配相应的电路，通过调试，排查故障。此外，还配有技能训练的考评内容和评分标准，通过考评，可强化学生在实际应用中的规范性，提高学生的职业素养。这样，学生既掌握了知识点，又具有分析故障、排除故障的动手能力。最后一个模块为综合实训，通过晶体管收音机的安装与调试，学生能够掌握阅读整机电路图及阅读印制电路板的方法，提高焊接水平，增强动手能力。每个学习模块都配有知识拓展、自我检测题、思考题与习题。知识拓展部分增强学生的自学能力和求知欲。

本书由河北工业职业技术大学张惠荣、卢玮琪担任主编，宋爽、张鹏跃和中电投电力工程有限公司杨连志担任副主编，李香服、张茜、高梅担任参编。张惠荣编写了绪论、模块2、模块3、模块7；卢玮琪编写了模块4；宋爽、张茜编写了模块1；张鹏跃、高梅编写了模块5；杨连志、李香服编写了模块6。全书由张惠荣负责统稿。

为了保持与软件的一致性，本书"仿真训练"部分的电路图保留了Proteus仿真软件的电路符号，部分电路符号可能与国标不符，读者可参照相关资料自行学习。

由于编者水平有限，书中难免有疏漏和不妥之处，恳请读者批评指正。

编　者

目　　录

绪　　论

模拟电子技术是研究电子元器件、电子电路及其应用的科学技术。模拟电子技术在国民经济各个方面的应用日益广泛，从尖端科学领域（如导弹、原子能等）到人们日常生活中的家用电器，都离不开模拟电子技术。对于工科电工类各专业的学生来说，模拟电子技术将成为未来所从事工作中必不可少的工具。因此，"模拟电子技术"被列为工科电工类各专业的必修课程。

1. 课程的性质和任务

本课程是一门电子技术方面的基础课。它的任务是使学生获得从事与电子技术有关工作的高等专门人才必须具有的基本理论、基本知识、基本技能，并为学习有关后续课程打下一定基础。结合课程的教学，培养学生辩证唯物主义观点、实事求是的科学态度和分析问题、解决问题的能力。本课程讲述电子技术中最初步、最根本、最具共性的内容。着重抓适合高职专门人才的"三基"训练，而不是面面俱到地讨论电子技术的各个方面。概括地说，基本理论主要是指在已经学过电工课的基础上，进一步掌握电子电路的基本原理；基本知识是指要求熟悉基本电子元器件的外特性，掌握基本电子电路的性能特点和应用；基本技能是指学习电子测试技术、电子电路的近似估算和识图技术。

元器件、电路、应用三者的关系，是管、路、用相结合，管为路用，以路为主，就是把课程的重点放在最基本的电路上。对于电子元器件，包括集成组件，则重点在于了解它们的外特性和如何用于电路中，不深入论述内部微观的物理过程及生产工艺等。

就分立电路与集成电路的关系来说，则是以分立电路为基础，集成电路是重点，分立电路为集成电路服务。

2. 课程的特点

"模拟电子技术"是一门技术基础课，它有别于专业课。本课程的理论教学强调基本原理和基本分析方法，为将来在各专业中的应用打好基础；它又不同于数、理、化等理论基础课，而是更为接近实际，强调理论与实际的结合，着眼于解决错综复杂的实际问题。所以常常采用下面一些独特的分析方法。

1）估算的方法。在计算和分析时需从实际情况出发，抓住主要矛盾，忽略次要因素，采用工程的观点进行近似估算。如果不理解这种方法的重大实际意义，不愿做必要的近似忽略，片面追求数学上的精确和严密，那么必然会使问题复杂化，甚至无从解决。实际上一般电阻、电容的误差为±5%～±20%，电解电容误差更大，而且由于电子元器件特性参数的分散性，任何严格的计算都不可能得到与实际完全相符的精确结果，所以过分苛求严密计算是不必要的。

2）等效的方法。由于电子电路中含有非线性的电子元器件，在一定条件下常常需要将非线性电路转化成线性电路，再做进一步的定量估算，所以经常采用等效的方法。

3）图解的方法。为了形象直观地分析全局，确定电子电路的工作状态或研究变化趋势，常在不破坏电子器件非线性特性的基础上，用图解的方法分析放大电路的工作原理和有关性能。

4）实验实训调整的方法。对于实际的电子电路，不能单纯靠理论分析来解决问题，最后解决问题的决定性步骤是实验实训调整。

很显然，"模拟电子技术"课程所采用的"定性分析，定量估算，实验实训调整"相结合的分析方法，对初学者来说是非常陌生的，初学者往往不习惯，不易掌握。

本课程具有不同于"电工基础"等课程的一些特有概念。例如，在"电工基础"课程中基本上只讨论线性元器件和电路，而"模拟电子技术"则主要与非线性元器件打交道。如果不加分析地搬用某些电工原理的分析方法，如欧姆定律，就会犯错误。又如，在"电工基础"课程中对直流电路和交流电路是分开研究的，而模拟电子电路几乎是交、直流共存于同一电路之中，既有直流通路，又有交流通路，它们既互相联系，又互相区别。这就带来了分析上的复杂性。再如，在"电工基础"课程中对受控源的研究不是很多，而在模拟电子技术中由于输出信号受输入信号的控制通常涉及受控源。"电工基础"课研究电路输出对于输入的依赖关系，不涉及输出对输入的反作用，而实际的模拟电子电路却几乎都带这样或那样的反馈，这样就构成了学习上的又一个难点。

"模拟电子技术"是一门实践性很强的课程。实践环节和动手能力的培养在课程中占有重要地位。课程学习成绩优劣的最终检验标准应该是将来在实际工作中能否解决有关电子电路的实际问题。如果只能头头是道地从理论上对各种电子电路的原理进行分析，而一遇到即使是最简单、最基本的具体电路也束手无策，甚至不敢动手，那么就不能认为是符合要求的。因此，要强调实践环节，通过实验课和实践课，倡导理论联系实际的精神，提高模拟电子技术方面的动手能力，培养严谨的科学作风。

模拟电子技术是一门发展迅速、不断更新、应用广泛的学科，因而内容庞杂。具体表现在：元器件种类多，电路形式多，概念、方法多。初学者普遍感到内容不够系统，往往心里没底。对此，如果不相应地改进学习方法，就难以掌握要领。

3. 怎样学习"模拟电子技术"

1）抓基本概念。弄清基本概念是进行分析计算和实验实训调整的前提，是学好本课程的关键。首先要学会定性分析，务必防止用所谓的严密数学推导掩盖问题的物理本质。

2）抓规律、抓思路、抓相互联系。电子学内容繁多，总结归纳十分重要。对每个任务，都要抓住几点，即：问题是怎么提出的？有什么矛盾？如何解决？又如何进一步改进？从而形成一条清晰的思路。值得注意的是，重要的不是具体的、个别的知识，不是各种电路的简单罗列，而是解决问题的一般方法和彼此的内在联系。只有如此，才能举一反三，触类旁通，才能在不同的条件下灵活运用所学知识。

3）抓理论联系实际。实验实训研究在本课程中有着特殊、重要的地位，它可以帮助验证、巩固所学的理论，丰富扩展知识，而且可以培养解决实际问题的能力。因此，本书在讲授每个重要内容时都安排相应的实训与之配合，希望读者认真完成布置的实训任务。

4）抓课后练习。与其他课程一样，本书把做习题作为一个不可缺少的重要环节。做习题对于巩固概念、启发思考、熟练运算、暴露学习中的问题和不足是极其必要的。做完一道题，都要回头想一想，体会一下这道题的意图，总结在做题中的收获。若是抱着完成任务的态度，为了做习题而做习题，则是达不到预期效果的。

5）要认真刻苦地阅读本书。

① 应根据讲课的内容，参照每个模块的学习目的，有选择、有重点地阅读本书。作为教材，为了体系的完整，内容通常较多、较全，而且常有一些深入的内容以备读者在学习某些后续课程或参加实际工作时参考。所以，如果在掌握最基本的内容之前，"眉毛胡子一把抓"，那么结果就会适得其反。

②　阅读本书要注意领会其精神实质，理解概念的含义，掌握分析问题的思路，要多问几个"为什么"。切忌死记硬背。

③　要充分利用本书，提高听课效率。听课时不要忙于抄黑板上的图、表和公式，这些内容一般在本书中都可以找到。课上只需要记下主要精神，腾出更多的时间听讲和思考，然后在课下充分借助于本书进行消化，也可补充听课笔记。注意，笔记不必、也不应是"书本搬家"。

以上几条，只是原则地谈了一些学习方法。实际上，每个人应根据各自的特点、基础、条件而有所不同，如何学好模拟电子技术，还需大家共同摸索探讨。总之，没有刻苦的学习态度，没有与课程特点相适应的学习方法，不脚踏实地下一番苦功夫，是不能学好模拟电子技术的。

模块 1 　二极管的分析与应用

学习目的

要知道：N 型和 P 型半导体的区别、PN 结的导电特性、硅和锗二极管阈值电压和正向导通电压值、温度对二极管特性和参数的影响、常用特种二极管以及倍压整流的使用要点。

会计算：二极管电路参数（用等效电路法）、单相桥式整流电路、单相桥式整流电容滤波电路的输出电压和输出电流。

会画出：单相桥式整流电容滤波电路、二极管限幅电路的输出波形。

会确定：选用二极管、滤波电容、变压器所依据的主要参数。

会分析：单相桥式整流电容滤波电路中的故障原因。

会判断：二极管引脚极性和质量的好坏（用万用表）。

单元 1.1 　二极管的认知

知 识 准 备

二极管又称为晶体二极管，简称二极管。二极管是最早诞生的半导体器件之一，其应用非常广泛。特别是在各种电子电路中，利用不同参数的二极管和一定参数的电阻、电容、电感等元器件进行合理的连接，构成不同功能的电路，可以实现对交流电流整流，对调制信号检波、限幅和钳位以及实现对电源的稳压等多种功能。无论在常见的收音机电路中还是在其他家用电器产品或工业控制电路中，都可以找到二极管的踪迹。

二极管的内部核心是一个 PN 结，PN 结是一块 P 型半导体和一块 N 型半导体有机结合所产生的一个区域。下面介绍半导体的基本知识，重点介绍 PN 结的导电特性。

1.1.1 　PN 结

1. 本征半导体

导体（如金、银、铜、铝、铁等）很容易导电，因为导体内部有着大量的自由电子（已经摆脱原子核束缚的电子称为自由电子），在外电场作用下，这些自由电子会逆电场方向运动，形成较大的电流，这就是导体具有良好导电能力的基本原理。在外电场作用下，物质内部能形成电流的粒子称为载流子。自由电子在外电场作用下，能形成带负电荷的电子流（称其为电子载流子）。导体内部电子载流子很多，所以导电能力强。在绝缘体中，其原子核外电子受原子核束缚力很大，自由电子很

1.1.1 　PN 结

少，因此在正常情况下，绝缘体内电子载流子很少，所以很难导电。半导体是导电能力介于导体和绝缘体之间的一种物体，其导电能力与它内部载流子的多少有关。

几乎不含杂质的纯净半导体称为本征半导体。目前用于制造半导体器件的材料有硅（Si）、锗（Ge）、砷化镓（GaAs）、碳化硅（SiC）、磷化铟（InP）等，其中以硅和锗最为常用。硅和锗制成单晶体后，都是共价键结构。硅和锗的原子最外层有 4 个价电子。图 1-1 表示了硅或锗晶体的共价键结构。每个硅或锗原子与其相邻的 4 个原子的价电子发生联系，使每个硅或锗原子外层有 8 个电子，以求得稳定结构。

（1）本征半导体中的两种载流子——电子和空穴

在本征半导体中，原子外层价电子受到原子核的束缚力，没有绝缘体里的价电子那么大，因此在室温下，总有少数价电子因受热而获得能量，摆脱原子核的束缚，从共价键中挣脱出来，成为自由电子。与此同时，失去价电子的硅或锗原子在该共价键上留下了一个空位，这个空位称为空穴。本征硅或锗每产生一个自由电子，必然会有一个空穴出现，即电子与空穴成对出现（如图 1-2 所示），称为电子空穴对。在室温下，本征半导体内产生的电子空穴对数目是很少的。

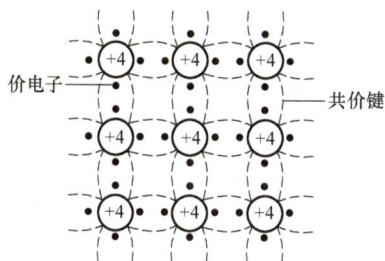

图 1-1　硅或锗晶体的共价键结构

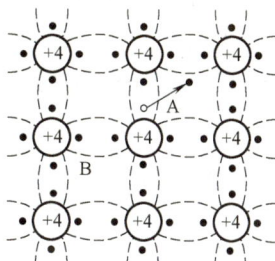

图 1-2　本征硅或锗中电子和空穴成对出现
● 自由电子　○ 空穴

本征半导体在室温下，其内部自由电子可以自由运动，空穴是怎样运动的呢？在一个价电子成为自由电子后，同时产生了一个空穴。原子本来是电中性的，在失去一个带负电的电子后，留下的空穴相当于带正电荷的粒子，它所带电量与电子相等、符号相反。有了这样一个带正电的空穴，附近的价电子就很容易跳过来填充这个空穴，这时空穴就转移到相邻的原子上去了。图 1-2 中 A 处共价键出现空穴以后，相邻原子的价电子（如 B 处价电子）填补了 A 处空穴，结果空穴从 A 处移到了 B 处。同理，B 处空穴也很容易被相邻原子的价电子来填补，因此空穴运动实质上是价电子填补空穴的运动，空穴运动方向与价电子运动方向相反。为了区别于自由电子的运动，把这种与价电子运动方向相反的运动称为空穴运动。

由此可见，在本征半导体中，有自由电子和空穴两种带电粒子，它们在半导体中均可自由运动，不过这种杂乱的自由运动不会使本征半导体呈现电性。当本征半导体处在外界电场作用下，其内部自由电子逆外电场方向定向运动，形成电场作用下的漂移电子流，空穴顺外电场方向定向运动，形成电场作用下的漂移空穴流，因为在电场作用下，自由电子带负电荷，空穴带正电荷，它们都对形成电流做出贡献，因此称自由电子为电子载流子，空穴为空穴载流子。

本征半导体中既有电子载流子，又有空穴载流子，存在两种载流子是半导体导电的一个重要特征。本征半导体在外电场作用下，其电流应为电子流与空穴流之和。

（2）本征半导体的热敏特性和光敏特性

本征半导体受热或光照后产生电子空穴对的物理现象称为本征激发。本征激发能使本征半导体内成对地产生自由电子和空穴。另一方面，自由电子在运动过程中有可能重新跳进空穴，使自由电子与空穴一起消失，这种过程称为复合。复合时，自由电子释放能量，又成为价电子。电子空穴对不断产生，又不断复合，在一定温度下，必将达到相对平衡，使电子空穴对的数目保持一定。由于常温下本征激发所产生的电子空穴对数目很少，所以本征半导体的导电能力差。

当温度升高或光照增强时，本征半导体内原子的运动加剧，有较多的电子获得能量成为自由电子，即电子空穴对增多，与此同时，又使复合的机会相应增多，最后达到一个新的相对平衡，这时电子空穴对的数目自然比原先多，所以本征半导体中电子空穴对的数目与温度或光照有着密切关系。温度越高或光照越强，本征半导体内载流子的数目越多，导电性能越好，这就是本征半导体的热敏特性和光敏特性。

2. 杂质半导体

本征半导体虽然多了空穴载流子，但是从具有良好导电能力的要求来看，还相差很远，因此本征半导体用处不大。如果在本征半导体中掺入微量其他元素，就会使其导电能力大大加强，掺入的杂质越多，半导体的导电能力越强，这就是半导体的掺杂特性。掺入的微量元素称为杂质，掺入了杂质的半导体称为杂质半导体。杂质半导体有 P 型半导体和 N 型半导体两大类。

（1）P 型半导体

如果在本征半导体中掺入微量三价元素，如硼（B）、铟（In）等，在半导体内就会产生许多空穴，这样就形成了 P 型半导体。

为什么在本征半导体中掺入微量三价元素会产生许多空穴呢？因为掺入杂质的原子数目比硅（或锗）原子要少得多，整个晶体结构基本不变，三价杂质原子有 3 个价电子，所以当一个杂质原子与相邻 4 个硅（或锗）原子组成共价键时，杂质原子外层有一个空位未被填满，必然形成一个空穴。P 型半导体结构如图 1-3 所示。每掺入一个三价杂质原子，就形成一个空穴，掺入的三价杂质越多，空穴载流子就越多，这种半导体的导电性能就越好。

在 P 型半导体中，有因掺入三价杂质而产生的空穴和本征激发所产生的电子空穴对，从而使空穴载流子数远大于电子数，所以 P 型半导体中空穴是多数载流子，简称为"多子"，电子是少数载流子，简称为"少子"。掺入的杂质原子由于产生空穴便可以接受一个电子，三价杂质原子由于接受一个电子便成为一个负离子，即每掺入一个三价杂质原子便形成一个空穴和相应形成一个负离子，使整个 P 型半导体呈现电中性。P 型半导体中的载流子如图 1-4 所示。P 型半导体中多子的浓度取决于所掺杂质的多少，而少子由于是本征激发形成的，所以它的浓度与温度有密切的关系。

P 型半导体在外界电场作用时，多子空穴形成的空穴电流远大于少子电子形成的电子电流，P 型半导体是一种以多子空穴导电为主的半导体，因此它又称为空穴型半导体。

（2）N 型半导体

如果在本征半导体中掺入微量五价元素，如磷（P）、砷（As）等，在半导体内就会产生许多电子，这样就形成了 N 型半导体。

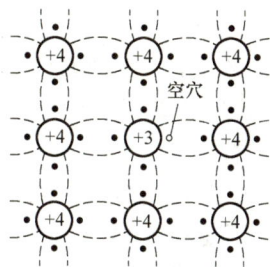

图 1-3　P 型半导体结构

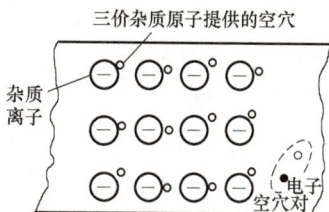

图 1-4　P 型半导体中的载流子

为什么在本征半导体中掺入微量五价元素会产生许多电子呢？因为五价杂质原子有 5 个价电子，一个杂质原子与相邻 4 个硅（或锗）原子组成共价键时，杂质原子多出一个电子未被结合，常温下，这个电子就能摆脱原子核的束缚成为自由电子。N 型半导体结构如图 1-5 所示。每掺入一个五价杂质原子就能形成一个自由电子，掺入的杂质越多，这种半导体的导电性能就越好。

在 N 型半导体中，有因掺入五价杂质而产生的电子与本征激发所产生的电子空穴对，从而使电子载流子数远大于空穴数，所以电子是 N 型半导体中的多子，空穴是 N 型半导体中的少子。掺入的杂质原子由于给出一个电子便成为一个杂质正离子，每掺入一个五价杂质原子便贡献一个自由电子，而且相应形成一个正离子，所以整个 N 型半导体呈现电中性。N 型半导体中的载流子如图 1-6 所示。N 型半导体中多子的浓度取决于掺入杂质的多少，由于是本征激发形成的少子，所以它的浓度与温度有密切的关系。

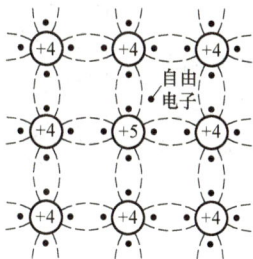

图 1-5　N 型半导体结构

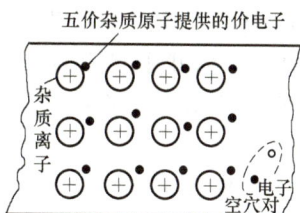

图 1-6　N 型半导体中的载流子

N 型半导体处在外界电场作用时，由多子电子形成电子电流远大于少子空穴形成的空穴电流。N 型半导体是一种以电子导电为主的半导体，因此它又称为电子型半导体。

（3）半导体中载流子的两种运动方式

在半导体中，载流子有漂移和扩散两种运动方式。半导体中的电子载流子与空穴载流子都能在电场作用下做定向运动，这种在电场作用下载流子的运动称为漂移运动。在半导体中，如果载流子浓度分布不均匀，就会因为浓度差而引起载流子从浓度高区域向浓度低区域的运动，这种运动称为扩散运动。

3. PN 结

单纯的一块 P 型半导体或 N 型半导体，只能作为一个电阻元件，而不能做成所需的晶体管器件。但是，把 P 型半导体和 N 型半导体通过一定方法结合起来形成的 PN 结，就具有这种功能。PN 结是构成二极管、晶体管、晶闸管、集成电路等许多半导体器件的基础。

（1）PN 结的形成

在一块完整的本征硅（或锗）片上，用不同的掺杂工艺使其一边形成 N 型半导体，另一边形成 P 型半导体，在这两种杂质半导体的交界面附近就会形成一个具有特殊性质的薄层，这个特殊的薄层就是 PN 结。

图 1-7 展示了 PN 结的形成过程。如图 1-7a 所示，P 区与 N 区之间存在着载流子浓度的显著差异，即 P 区空穴多、电子少，N 区电子多、空穴少。于是在 P 区与 N 区的交界面处发生载流子的扩散运动。P 区空穴向 N 区扩散，N 区电子向 P 区扩散。扩散的结果是，交界面附近 P 区空穴减少，留下不能够移动的杂质负离子；N 区电子减少，留下了不能移动的杂质正离子。这样，在交界面上出现了由正负离子构成的空间电荷区，这就是 PN 结，如图 1-7b 所示。空间电荷区一侧为负离子区，另一侧为正离子区，于是就产生了由 N 区指向 P 区的电场，叫内电场。显然，内电场对多子的扩散运动起阻挡作用，但对 P 区和 N 区中的少子有吸引作用，于是产生了少数载流子在内电场作用下的漂移运动。

开始时，载流子浓度差别大，多子的扩散运动占优势，但随着扩散运动的进行，空间电荷区变厚，内电场不断增加，扩散运动逐渐削弱，漂移运动不断增强，最后扩散运动与漂移运动达到动态平衡，即有多少个多子扩散到对方，便有多少个少子从对方漂移过来。此时，PN 结的厚度不再变化。在动态平衡状态下，流过 PN 结的扩散电流与漂移电流大小相等、方向相反，流过 PN 结的电流为零。

由于 PN 结一侧带正电荷，另一侧带负电荷，所以在两种半导体之间产生电势差（或电位差）称为势垒或位垒。PN 结内电场对多子扩散起阻挡作用，因而把空间电荷区又称为阻挡层。又因为空间电荷区内几乎没有载流子，即载流子耗尽了，只剩下不能导电的正负离子，所以空间电荷区又称为耗尽层（或耗尽区）。

（2）PN 结的单向导电性

在不同极性的外加电压作用下，流过 PN 结的电流大小是不同的。

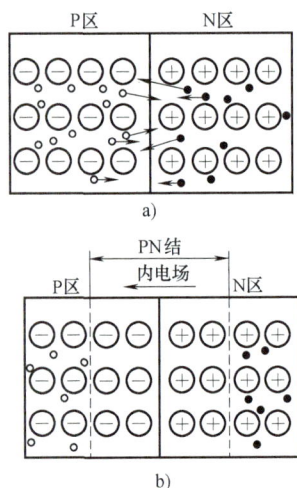

图 1-7 PN 结的形成过程
a）载流子的扩散运动
b）平衡状态下的 PN 结

1）PN 结正向偏置。PN 结外加正向电压时的情况如图 1-8a 所示。P 区接电源正极，N 区接电源负极，这种接法叫正向偏置。这种偏置由于外电场与内电场方向相反，从而使内电场削弱，耗尽层变薄（空间电荷区变窄，如图 1-8b 所示）。这样，导致了扩散运动增强，漂移运动减弱，打破了原来的动态平衡，大大有利于多子扩散，有大量的多子越过 PN 结，形成正向电流 I_F，而且外加正偏电压稍微增加，正向电流便迅速上升，PN 结表现为正向导通状态。正向导通时，PN 结呈现的电阻很小。

2）PN 结反向偏置。PN 结外加反向电压时的情况如图 1-9 所示。P 区接电源的负极，N 区接电源的正极，这种接法叫反向偏置。这种反向偏置，使外电场与内电场方向相同，增强了内电场，导致耗尽层变厚，结果多子扩散难以进行，而少子则在外电场作用下漂移过 PN 结形成反向电流 I_S，但因为少子数目很少，因此 I_S 很小。由于少子是由热激发产生的，当温度一定时，少子浓度一定，反向电流 I_S 几乎不随外加反向偏置电压而变化，所以 I_S 又称为反向饱和电流。但 I_S 受温度影响很大。由于反向电流 I_S 很小，与正向电流 I_F 相比，一般可以忽略，所以 PN 结反向偏置时，处于截止状态，呈现的电阻很大。

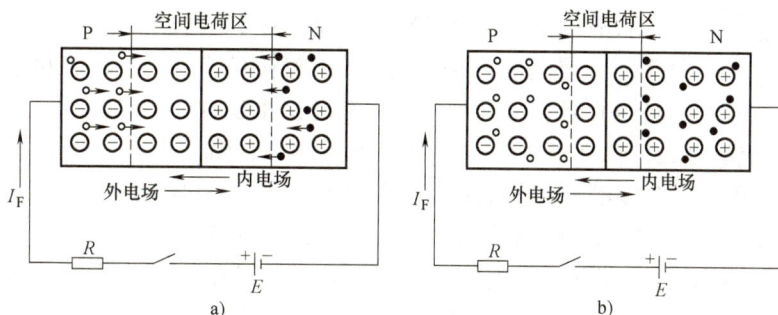

图 1-8　PN 结外加正向电压时的情况
a）多子向空间电荷区运动　b）空间电荷区变窄

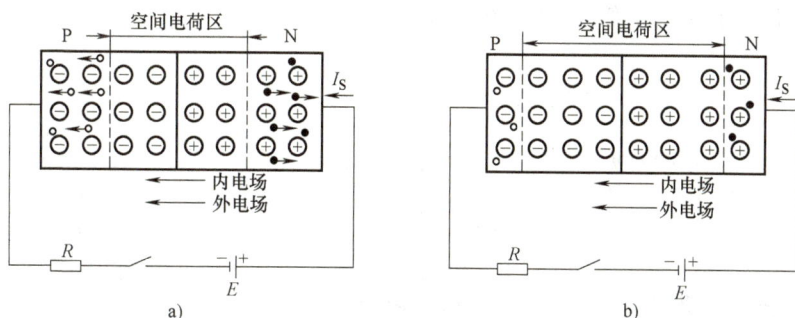

图 1-9　PN 结外加反向电压时的情况
a）多子离开空间电荷区　b）空间电荷区变宽

综上所述，半导体中的载流子有两种运动方式，即扩散运动和漂移运动。当 PN 结无外加电压时，扩散运动和漂移运动相对平衡；当 PN 结正偏时，扩散加强，空间电荷区变窄，有利于多子越过 PN 结，形成大的正向电流，PN 结呈导通状态，结电阻很小，相当于开关接通；当 PN 结反偏时，空间电荷区加宽，加强了内电场，结果阻止了多子的扩散，仅有少子形成很小的反向电流，PN 结呈截止状态，结电阻很大，相当于开关断开。所以 PN 结具有单向导电性。

（3）PN 结的结电容

1）势垒电容。当 PN 结外加电压变化时，空间电荷区的宽度随之变化，即耗尽层的电荷量随外加电压而增多或减少，这种现象与电容器的充、放电过程相同。耗尽层宽窄变化所等效的电容称为势垒电容。当 PN 结加反向电压时，势垒电容明显随外加电压的变化而变化，利用这一特性可制成各种变容二极管。

2）扩散电容。扩散区内电荷的积累和释放过程与电容充、放电过程相同，这种电容效应称为扩散电容。

势垒电容与扩散电容之和为 PN 结的结电容，低频时，其作用可忽略不计，只在信号频率较高时才考虑结电容的作用。

1.1.2　二极管

1. 二极管的结构和符号

二极管内部由一个 PN 结构成，对于分立器件，二极管还在 PN 结的两端引出金属电极，外加管壳或用塑料封装。由于功能和用途的不同，二极管的外形各异。几种常见的二极管外形如图 1-10 所示。

按 PN 结形成的方式，二极管的结构可分为点接触型、面接触型和平面型几种。点接触型二极管的 PN 结接触面积小，不能通过很大的正向电流和承受较高的反向电压，但它的高频性能好，适宜在高频检波电路和开关电路中使用；面接触型二极管的 PN 结接触面积大，可以通过较大电流，也能承受较高的反向电压，适宜在整流电路中使用；平面型二极管常用的是硅平面开关管。当平面型二极管的 PN 结面积较大时，可以通过较大电流，适用于大功率整流；当其 PN 结面积较小时，适宜在脉冲数字电路中作开关管使用。图 1-11 所示是二极管的结构示意图。

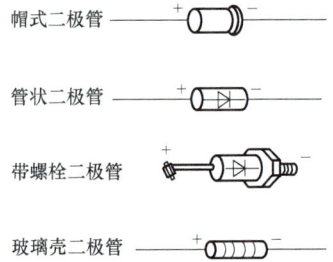

图 1-10　几种常见的二极管外形

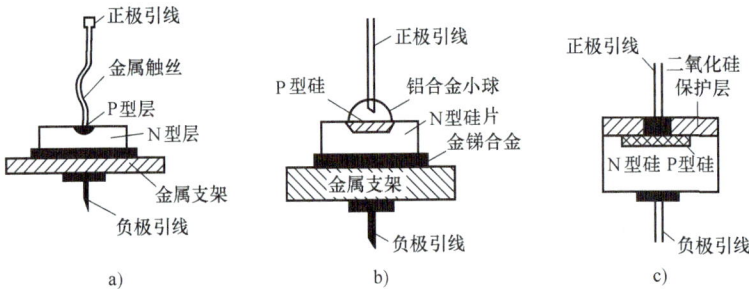

图 1-11　二极管的结构示意图
a）锗点接触型二极管　b）硅面接触型二极管　c）硅平面型二极管

按 PN 结材料不同，二极管分为硅管和锗管两类。锗管的工作温度较低，一般可制成中、小功率二极管。硅管的工作温度较高，可制成中、大功率二极管。

按用途不同，二极管可分为检波二极管、整流二极管、稳压二极管、变容二极管和开关二极管等。

图 1-12 所示是二极管的符号。二极管有两个电极，由 P 区引出的电极是正极，又叫阳极；由 N 区引出的电极是负极，又叫阴极。三角箭头方向表示正向电流的方向，正向电流只能从二极管的阳极流入，从阴极流出。二极管的文字符号用 VD 表示。

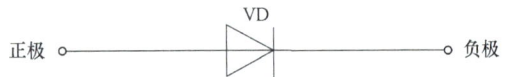

图 1-12　二极管符号

2. 二极管的伏安特性

二极管的主要特性是单向导电，可用伏安特性曲线来描述。

（1）二极管的伏安特性曲线

二极管的种类虽然很多，但它们都具有相似的伏安特性。所谓二极管伏安特性曲线就是流过二极管的电流 I 与加在二极管两端电压 U 之间的关系曲线。图 1-13 所示为硅和锗二极管的伏安特性曲线。下面对二极管伏安特性进行分段介绍。

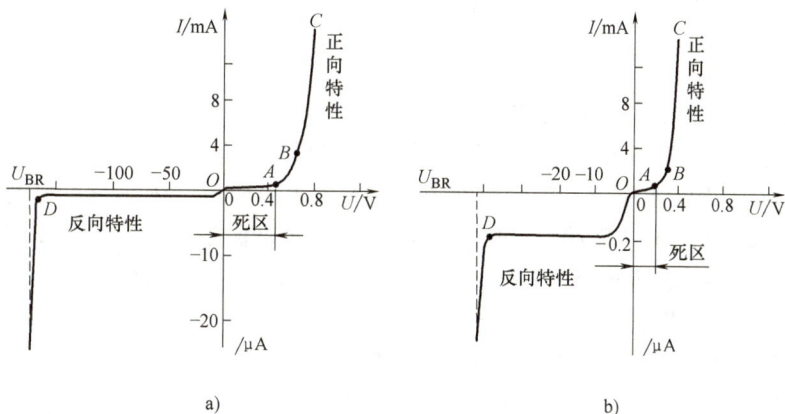

图 1-13　硅和锗二极管的伏安特性曲线
a）硅二极管 2CP6 的伏安特性曲线　b）锗二极管 2AP15 的伏安特性曲线

1）正向特性。OA 段：当外加正向电压较小时，外电场远不足以克服内电场对载流子扩散运动造成的阻力，致使多数载流子不能顺利通过空间电荷区，故正向电流非常小，近似为零。在这个区域内的二极管实际上还没有很好导通，二极管呈现的电阻很大，该区域常成为"死区"。硅二极管的死区电压（又称为导通电压 U_{on}）约为 0.5V，锗管的死区电压约为 0.1V。

A 点以后，即外加正向电压超过死区电压，外电场开始削弱内电场对多数载流子的阻碍作用，使正向电流增大。

BC 段：在正向电压大于 0.6V 以后（对硅二极管），外电场大大削弱了内电场对多数载流子的阻碍作用。多数载流子在电场作用下大量通过 PN 结，所以正向电流随正向电压的增高而急速增大。在这个区域内，正向电压稍有增高，电流就会增大很多，这时二极管呈现的电阻很小，二极管表现出充分导通状态，可视为二极管具有恒压特性。在该区域内，二极管正向压降硅管为 0.6~0.7V，锗管为 0.2~0.3V。但是流过二极管的正向电流不能过大，否则会使 PN 结过热而烧坏二极管。

2）反向特性。OD 段：所加反向电压加强了内电场对多子扩散的阻挡，多子几乎不能形成电流，但少子在外电场作用下漂移，形成很小的反向电流，反向电压升高，反向电流几乎不再增大。因为在一定温度下，由本征激发产生的少数载流子总数一定，外加反向电压稍大一点，即可使全部少数载流子参与导电，再加大反向电压，反向电流也不再增加，所以把该反向电流称为二极管的反向饱和电流 I_S。此时二极管呈现很高的反向电阻，近似处于截止状态。反向电流越大，表明二极管的反向性能越差。硅管反向电流较小，约在 1μA 以下，锗管反向电流达几微安到几十微安以上。

D 点以后，若反向电压稍有增大，则反向电流急剧增大，这种现象称为反向击穿。二极管发生反向击穿时所加的电压叫反向击穿电压 U_{BR}。如果对反向击穿电流加以限制，PN 结就不会损坏；如果不采取限制措施，PN 结就将因过热而烧坏。

在未击穿之前，二极管的伏安特性还可以用二极管方程式来表示，即

$$I=I_{S}(e^{U/U_{T}}-1) \tag{1-1}$$

式中，I_{S} 为反向饱和电流；U 为加在二极管两端电压；I 为流过二极管电流；e 为自然对数的底；U_{T} 为温度电压当量；$U_{T}=\dfrac{kT}{q}$，k 是玻耳兹曼常数，q 是电子电荷量，T 为绝对温度（K），当 $T=300K$ 时，$U_{T}\approx 26mV$。

（2）温度对硅二极管伏安特性的影响

二极管的特性对温度很敏感，随着温度升高，二极管正向特性曲线向左移动，反向特性曲线向下移动，如图 1-14 所示。因为温度升高，扩散运动加强，在同一正向电流下的正向压降下降，所以正向特性向左移动；又因为温度升高，本征激发加强，少数载流子数目增加，在同一反向电压作用下，反向饱和电流增大，所以反向特性向下移动。

由图 1-14 可知，若温度升高，则在同一正向电流下，二极管的正向压降减小，即二极管正向压降有负温度系数，负温度系数为 $-2.4mV/℃$ 左右。若温度升高，则二极管的反向饱和电流 I_{S} 增大，反向击穿电压降低。一般来讲，温度每升高 10℃，二极管的反向电流 I_{S} 约增加一倍。手册上给的参数指室温下的值，当在不同温度下使用二极管时，应根据上述情况做必要的修正。

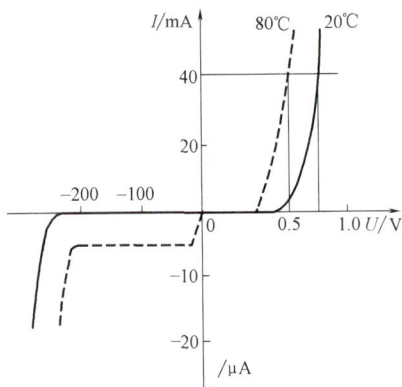

图 1-14　温度对硅二极管伏安特性的影响

3. 二极管的使用常识

（1）二极管的型号

GB/T 249—2017《半导体分立器件型号命名方法》规定，国产半导体器件的型号由 5 部分组成，其组成部分的符号及其意义见表 1-1。

（2）二极管的主要参数

二极管一般可用到 100 000h 以上。但是如果使用不合理，就不能充分其发挥作用，甚至很快损坏。要合理地使用二极管，就必须掌握它的主要参数，因为参数是电子元器件质量和特性的反映。电子元器件的参数是国家标准或制造厂家对生产的元器件应达到的技术指标所提供的数据要求，也是合理选择和正确使用元器件的依据。二极管主要有以下参数。

1）最大整流电流 I_{FM}。最大整流电流 I_{FM} 是指二极管长期工作时允许通过的最大正向平均电流。I_{FM} 与 PN 结的材料、面积及散热条件有关。当使用大功率二极管时，一般要加散热片。I_{FM} 是二极管的极限参数，在实际使用时，流过二极管最大平均电流不能超过 I_{FM}，否则二极管会因过热而损坏。

2）最大反向工作电压 U_{RM}。最大反向工作电压 U_{RM} 是指二极管在使用时所允许加的最大反向电压。通常以二极管反向击穿电压的一半左右作为二极管的最大反向工作电压。U_{RM} 也是二极管的极限参数，二极管在实际使用时所承受的最大反向电压不应超过此值，否则，二极管就有发生反向击穿的危险。对于交流电来说，最大反向工作电压（峰值电压）也就是二极管的最大工作电压。

3）反向电流 I_{RM}。反向电流 I_{RM} 是指在规定的温度和最大反向电压下，二极管未击穿时的反向电流值，其值越小越好。

表 1-1　由第一部分到第五部分组成的器件型号的符号及其意义

第一部分		第二部分		第三部分		第四部分	第五部分
用阿拉伯数字表示器件的电极数目		用汉语拼音字母表示器件的材料和极性		用汉语拼音字母表示器件的类别		用阿拉伯数字表示登记顺序号	用汉语拼音字母表示规格号
符号	意义	符号	意义	符号	意义		
2	二极管	A	N 型，锗材料	P	小信号管		
		B	P 型，锗材料	H	混频管		
		C	N 型，硅材料	V	检波管		
		D	P 型，硅材料	W	电压调整管和电压基准管		
		E	化合物或合金材料	C	变容管		
				Z	整流管		
				L	整流堆		
				S	隧道管		
				K	开关管		
				N	噪声管		
				F	限幅管		
3	三极管	A	PNP 型，锗材料	X	低频小功率晶体管 ($f_\alpha < 3\mathrm{MHz}$，$P_C < 1\mathrm{W}$)		
		B	NPN 型，锗材料	G	高频小功率晶体管 ($f_\alpha \geqslant 3\mathrm{MHz}$，$P_C < 1\mathrm{W}$)		
		C	PNP 型，硅材料	D	低额大功率晶体管 ($f_\alpha < 3\mathrm{MHz}$，$P_C \geqslant 1\mathrm{W}$)		
		D	NPN 型，硅材料	A	高额大功率晶体管 ($f_\alpha \geqslant 3\mathrm{MHz}$，$P_C \geqslant 1\mathrm{W}$)		
		E	化合物或合金材料	T	闸流管		
				Y	体效应管		
				B	雪崩管		
				J	阶跃恢复管		

4）最高工作频率 f_M。如果二极管的工作频率超过一定值，就可能失去单向导电性，因此最高工作频率 f_M 是指保证二极管具有良好单向导电性能的最高工作频率。它主要由 PN 结结电容的大小来决定，结电容越大，则 f_M 越低。点接触型二极管的结电容较小，f_M 可达几百兆赫兹；面接触型二极管的结电容较大，f_M 只能达到几十兆赫兹。

此外，二极管还有正向压降、结电容和最高结温等参数。必须注意的是，手册上给出的参数是在一定测试条件下测得的数值。如果条件发生变化，相应参数就也会随之发生变化。因此，在选择所使用二极管时应注意留有余量。

【例 1-1】　有同型号的二极管甲、乙、丙 3 只，测得的数据如表 1-2 所示，试问哪只管的性能好？

表 1-2　二极管测得数据

二极管	正向电流/mA （正向电压相同）	反向电流/μA （反向电压相同）	反向击穿电压/V
甲	30	3	150
乙	100	2	200
丙	50	6	80

解：乙管的性能最好，因为它的耐压高，反向电流小，在正向电压相同的情况下，乙管的正向电阻最小。

（3）二极管的直流电阻和交流电阻

由于二极管的伏安特性是非线性的，所以二极管在电路中所呈现的电阻有直流电阻与交流电阻两种不同性质的电阻。

1）二极管的直流电阻 R_D（也称静态电阻）。直流电阻 R_D 是指加在二极管上的直流电压 U 与流过管子的直流电流 I 之比，即

$$R_D = \frac{U}{I} \tag{1-2}$$

二极管的直流电阻与常规的线性电阻元件不一样，电阻元件阻值与所加的电压大小、方向无关，而二极管在电路中所呈现的直流电阻与二极管的工作状态（即所加偏置电压大小、方向）有关。当二极管正偏时，直流电阻较小，呈现低阻，流过二极管的正向直流电流越大，直流电阻越小；当二极管反偏时，（在未击穿区）其反向直流电阻很大，呈现高阻。根据这一道理，常常用万用表欧姆档粗略测试二极管的好坏。测试时，欧姆表作为被测二极管的偏置直流电源，欧姆表内部电源给二极管提供正向偏置或反向偏置，欧姆表测出的是二极管正向直流电阻或反向直流电阻。如果测出的正、反向直流电阻数值相差很大，一般在数百倍以上，则说明二极管的单向导电性基本上是好的。

另外，需要注意的是，当用万用表电阻档的不同量程去测同一只二极管的正向电阻时，由于工作点的不同，所得到的直流电阻会有很大差别。

2）二极管交流电阻 r_d（也称动态电阻）。动态电阻 r_d 是指在工作点 Q 附近，二极管上的电压变化量 ΔU 和对应的电流变化量 ΔI 之比，即

$$r_d = \frac{\Delta U}{\Delta I} \tag{1-3}$$

通过 PN 结的方程也可求取 r_d，即

$$r_d = \frac{26}{I_D} \tag{1-4}$$

式中，I_D 为二极管工作点 Q 处的直流电流，单位为 mA；26 为温度电压当量 U_T 在室温下的数值，单位为 mV。

Q 点越高，即 I_D 越大，r_d 越小。

（4）二极管引脚极性及质量的判断

一般在二极管的管壳上有其阳极和阴极的识别标记，有的印有二极管的电路符号；对于电容二极管、发光二极管等引脚，引线较长的为阳极；对于极性不明的二极管，可用万用表电阻档测量二极管正、反向电阻加以判断。当正、反向电阻均为零或均为无穷大时，表明二极管内部为短路或断路，二极管已损坏。

1.1.3 二极管的分析方法

1.1.3 二极管的分析方法

由于二极管的伏安特性是非线性的，所以二极管电路的分析计算较为复杂。从工程观点出发，在电子电路的工程计算中，在精度允许的范围内，常常将二极管的伏安特性进行线性化处理。常用的有下面两种近似处理方法。

1. 理想二极管的伏安特性

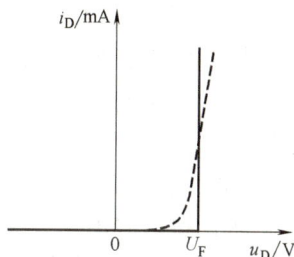

图 1-15 用粗实线表示的是理想二极管的伏安特性。由图可知,理想二极管正偏时正向压降为零,相当于开关闭合(即短路),反偏时,反向电流为零,相当于开关断开(即开路)。

2. 二极管固定压降伏安特性

图 1-16 为二极管正向的固定压降伏安特性。由图可知,当二极管正向压降超过导通电压 U_F 时,二极管导通,并在电路中呈现为一个固定正向压降(通常硅管取 0.7V,锗管取 0.3V),否则二极管不导通,电流为零。

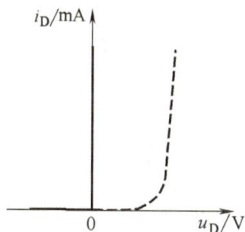

图 1-15　理想二极管的伏安特性　　　图 1-16　二极管正向的固定压降伏安特性

对一般工程估算,若二极管正向压降小于所串联的电压的 1/10,则用理想伏安特性分析计算;若二极管正向压降不小于所串联的电压的 1/10,则用正向固定压降伏安特性来分析计算。

【例 1-2】　试求图 1-17 所示电路中的 U_o,设二极管为硅管。

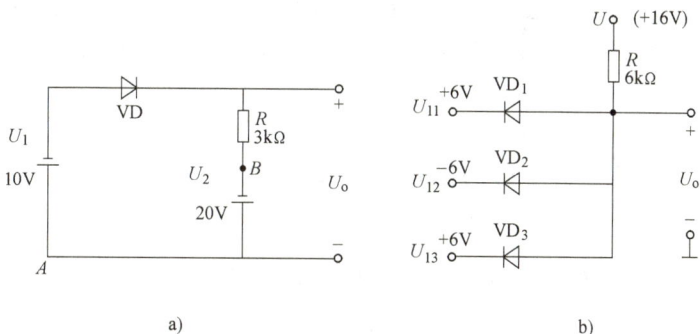

图 1-17　例 1-2 的电路

解: 对于图 1-17a 所示电路,因为二极管 VD 串接在 U_1、U_2、R 的回路中,二极管正向压降 U_F 远小于 U_1 或 U_2,所以将其看成理想二极管。设 A 点为公共参考点,二极管 VD 正极电位(也叫阳极电位)为 $-10V$,R 的一端 B 点接 $-20V$,所以二极管 VD 正偏,相当于开关短接。求出 $U_o = -10V$。

对于图 1-17b 所示电路,将二极管看成理想二极管,VD_1、VD_2、VD_3 这 3 只二极管对于公共参考点(接地点)而言,VD_2 的阴极电位最负(为 $-6V$),所以 VD_2 优先导通。VD_1、VD_3 均因 VD_2 导通后,它们的阳极电位比阴极电位低而截止。求出 $U_o = -6V$。

1.1.4 特种二极管

除普通二极管外，还有若干特殊功能和用途的二极管，如稳压二极管、发光二极管、光电二极管、变容二极管、激光二极管等。

1. 稳压二极管

硅稳压二极管（简称为稳压管）是一种用特殊工艺制造的面结合型硅半导体二极管。使用时，将它的阴极接外加电压的正端，阳极接负端，管子反向偏置，工作在反向击穿状态，利用它的反向击穿特性稳定直流电压。

（1）稳压二极管的稳压原理

图 1-18a 是硅稳压管的伏安特性，它通常工作在反向特性的 A 点与 B 点之间。硅稳压管的符号如图 1-18b 表示。文字符号用 VD_Z 表示。二极管的反向击穿并不一定意味着管子损坏。只要限制流过管子的反向电流，就能使管子不因过热而烧坏，而且在反向击穿状态下，管子两端电压变化很小，而电流变化很大，具有恒压性能。稳压管正是利用这一点实现稳压作用的。当稳压管工作时，流过它的反向电流在 $I_{Zmin} \sim I_{Zmax}$ 范围内变化，在这个范围内，稳压管工作安全，且它两端的反向电压变化很小。

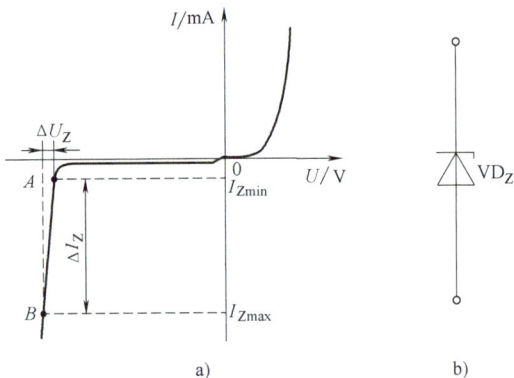

图 1-18 硅稳压管的伏安特性及符号
a）伏安特性　b）符号

（2）稳压管的主要参数

1）稳定电压 U_Z。U_Z 是指稳压管中电流为规定电流时稳压管两端的电压。由于制造工艺原因，即使同一型号的稳压管 U_Z 的分散性也较大，所以使用时应在规定测试电流下测量出每一管子的稳压值。

2）稳定电流 I_Z。I_Z 是稳压管正常工作时的电流参考值。若流过稳压管的电流低于 I_Z，则稳压效果略差；若高于 I_Z，则只要不超过额定功耗都可以正常工作，且电流越大，稳压效果越好。

3）动态电阻 r_Z。r_Z 是稳压管两端电压变化量和通过它的电流变化量之比，即 $r_Z = \dfrac{\Delta U_Z}{\Delta I_Z}$。稳压管的 r_Z 很小，一般为十几至几十欧姆。使用时，应选 r_Z 小的管子。r_Z 越小，说明管子的反向击穿特性曲线越陡，稳压性能越好。

4）额定功耗 P_Z。它是由稳压管的温升来决定的，其值为它允许的最大工作电流 I_{ZM} 和稳定电压 U_Z 的乘积，即 $P_Z = I_{ZM} U_Z$。

5）温度系数 α。它是稳定电压受温度影响的参数，其值为温度每变化 1℃时稳定电压的相对变化量，即 $\alpha = \dfrac{\Delta U_Z / U_Z}{\Delta T}$。$\alpha$ 越小，稳压性能受温度影响越小。一般来说，硅稳压管 U_Z 低于 4V 时有负温度系数，高于 7V 时有正温度系数，而在 4~7V 的稳压管，其稳压值受温度的影响比较小。因此，在要求温度稳定性较高的情况下，一般选用 6V 左右的稳压管。在要求温度稳定性更高的情况下，可将正温度系数的稳压管和负温度系数的稳压管串联使用，使温度系数相互补偿。

2. 变容二极管

变容二极管是利用 PN 结的电容效应工作的，它工作于反向偏置状态。在高频工作情况下，PN 结类似于一个平板电容器，其交界处形成的空间电荷区即耗尽层中没有载流子存在，因此起着电介质的作用。当 PN 结处于反偏工作时，这种电容叫势垒电容。势垒电容的大小不是恒定值，它与 PN 结的反偏电压大小有关。当反偏电压升高时，耗尽层加宽，势垒电容下降；当反偏电压降低时，耗尽层变窄，势垒电容上升。利用势垒电容工作的特制二极管叫作变容二极管。

图 1-19a 是变容二极管的特性，即电容与偏置电压的关系曲线。图 1-19b 是变容二极管的符号。由特性曲线可知，改变变容二极管的直流反偏电压，就可以达到改变电容量的目的。变容二极管的常见用途是调谐电

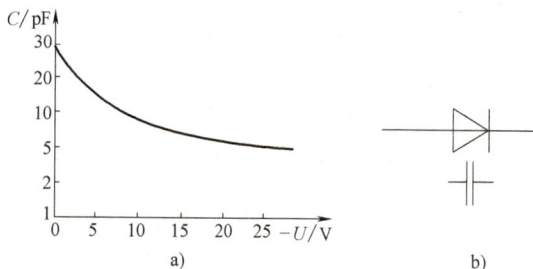

图 1-19　变容二极管的特性及符号
a）特性　b）符号

容，改变其反偏电压以调节 LC 谐振回路的振荡频率。例如，在电视机的高频头中，利用它作为调谐回路的可变电容器，来选择电视频道。

3. 光电二极管

光电二极管是一种光接收器件，其 PN 结工作在反偏状态。图 1-20 所示为 2DU 型硅光电二极管的结构原理图及符号。

光电二极管的管壳上有一个玻璃窗口，以便接受光照。当窗口未接受光照时，由于热激发而产生的载流子数量极少，所以在电路中流过的是微小的反向饱和电流，称为暗电流；当窗口受到光照时，光线辐射于 PN 结，从而产生新的电子空穴对——光生载流子（即少数载流子）。光线越强，光生载流子浓度越高，在反偏电压作用下形成的反向电流也

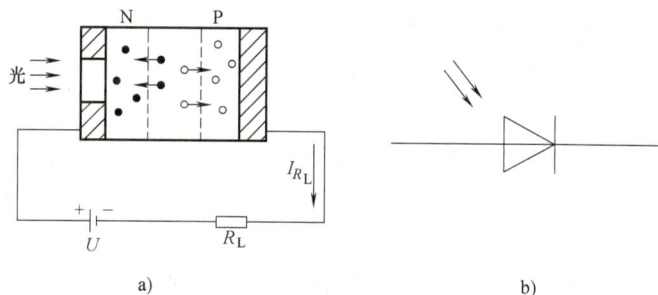

图 1-20　2DU 型硅光电二极管的结构原理图及符号
a）结构原理图　b）符号

越大，称为亮电流。通常亮电流是暗电流的几千倍。通过回路的外接电阻 R_L 可获得电信号，从而实现光电转换或光电控制。

光电二极管一般作为光电检测器件，将光信号转变成电信号。这类器件应用非常广泛。例如，应用于光的测量、光电自动控制、光纤通信的光接收机等。大面积的光电二极管可用作能源，即光电池。

4. 发光二极管

发光二极管（简称为 LED）是一种光发射器件，它是一种新型冷光源，是由含镓（Ga）、砷（As）、磷（P）的化合物制成的。由这些材料构成的 PN 结加上正向电压时，N 区电子和 P 区空穴都穿过 PN 结，在运动途中发生复合，复合时释放的能量是一种光谱辐射能，所以

PN 结便以发光的形式来释放载流子复合时的能量。光的颜色主要取决于制造所用的半导体材料。砷化镓半导体辐射红色光，磷化镓半导体辐射绿色光等。目前市场上发光二极管的主要颜色有红、橙、黄、绿等几种。

发光二极管的正向伏安特性也比较特殊，如图 1-21a 所示。它的导通电压比普通二极管高，应用时，加正向电压，并接入相应的限流电阻，它的正常工作电流一般为几毫安至十几毫安，发光二极管通过正向电流后就能发出光来。发光强度基本上与正向电流大小成线性关系。图 1-21b 是发光二极管的符号。

发光二极管是一种冷光源，辐射主要集中在可见光区，几乎不产生热，也消除了非可见光区电磁波对人体的危害。由于具有体积小、用电省、工作电压低、抗冲击振动、可靠性高、寿命长、单色性好、响应速度快等优点，发光二极管广泛应用于仪器仪表、计算机、汽车、电子玩具、通信、音响设备、数控装置、自动装置、军事等领域。

随着发光二极管材料的革新、工艺的改进和生产规模的提高，发光二极管将光效提高，价格下降，可以预测它在照明领域的应用会越来越广，将真正替代白炽灯、荧光灯等传统光源，成为新一代的绿色光源。

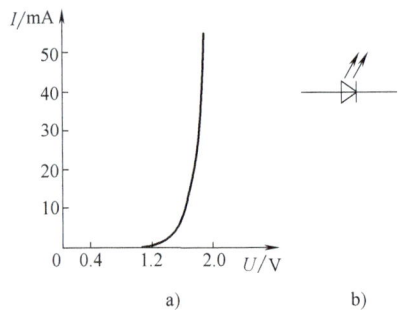

图 1-21　发光二极管伏安特性和符号
a）伏安特性　b）符号

小功率的发光二极管正常工作电流在 10~30mA 范围内。通常正向压降值在 1.5~3V 范围内。发光二极管的反向耐压一般在 6V 左右。发光二极管的伏安特性与整流二极管相似。为了避免由于电源波动引起正向电流值超过最大允许工作电流而导致管子烧坏，通常串联一个限流电阻来限制流过二极管的电流。由于发光二极管最大允许工作电流随环境温度的升高而降低，所以发光二极管不宜在高温环境中使用。

5. 激光二极管

激光的英文是 Laser，音译为"镭射"。激光是由激光器产生的。激光器有固体激光器、气体激光器、半导体激光器等。半导体激光器是所有激光器中效率最高、体积最小的一种，而比较成熟且实用的半导体激光器是砷化镓激光器，即激光二极管。激光二极管的应用非常广泛，已成功地应用于激光唱机（即 CD 唱机）和激光影碟机（有 LD、VCD 和 DVD 影碟机）中。

图 1-22 是砷化镓激光二极管主要部分的结构示意图和符号。它的主要部分是一个 PN 结。该 PN 结的形状为长方形，整个体积与针孔的大小差不多。PN 结的两个端面磨得很光滑，并且互相平行，构成谐振腔的两个反射镜。通常将 N 型半导体与散热片连接在一起，这个散热片就作为负电极。散热片是必需的部分，它可以控制 PN 结的温度，从而使激光的强度与波长都保持稳定。另外，与普通二极管相比，激光二极管中的掺杂浓度非常高。当激光二极管工作时，P 型半导体接外电源正极，N 型半导体接外电源负极。当 PN 结中通过一定的正向电流时，PN 结的结区域就会发射出激光。

从微观的角度看，激光二极管产生激光的过程就是当 PN 结加正向电压时，电子与空穴在空间电荷区复合的过程。电子与空穴在空间电荷区复合在一起，把多余的能量释放出来，变成光子。通过受激，光子发射加速，再加上反射反馈，当形成很大的光子密度时，便产生了激光。

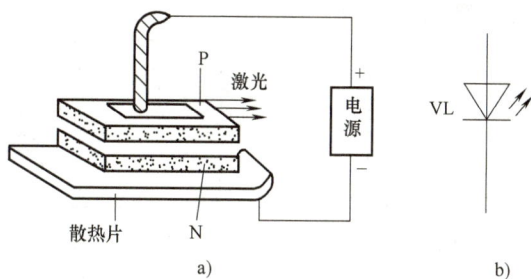

图 1-22 砷化镓激光二极管的结构示意图和符号
a）结构示意图 b）符号

仿 真 训 练

二极管特性的研究

在本书中，主要是利用 Proteus 仿真软件对电子电路进行仿真、分析和设计。Proteus 软件是由英国 Labcenter Electronics 公司开发的 EDA 工具软件。Proteus 软件功能强大，它集电路设计、制版及仿真等多种功能于一身，不仅能够对电工、电子技术学科涉及的电路进行设计与分析，还能够对微处理器进行设计和仿真，是近年来备受电子设计爱好者青睐的一款新型电子线路设计与仿真软件。

单元 1.1 仿真训练 二极管特性的研究

1. 仿真电路

图 1-23 为二极管极性测试仿真电路，其中，图 1-23a 为二极管正偏，图 1-23b 为二极管反偏。图 1-24 为二极管特性测试仿真电路，图 1-25 为二极管正向特性测试的数据情况，图 1-26 为二极管反向特性测试的数据情况。

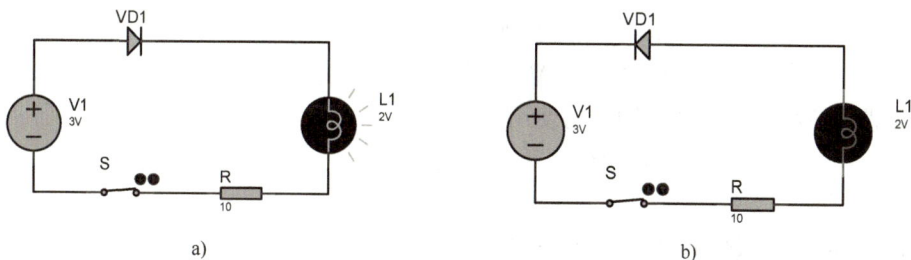

图 1-23 二极管极性测试仿真电路
a）二极管正偏 b）二极管反偏

2. 仿真内容及要求

1）判断二极管的极性，进一步深刻理解二极管的单向导电性。

2）二极管伏安特性测试。通过改变电位器滑动触头的位置，用电压表和电流表分别测试一组电压值和电流值，然后绘制二极管的伏安特性曲线，总结其特点。

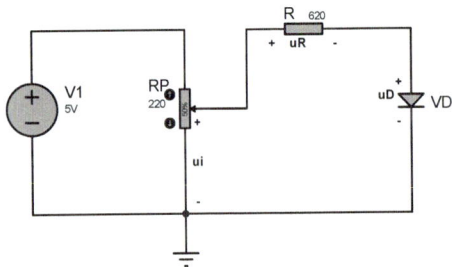

图 1-24　二极管特性测试仿真电路

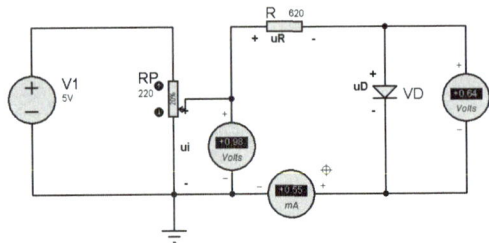

图 1-25　二极管正向特性测试的数据情况

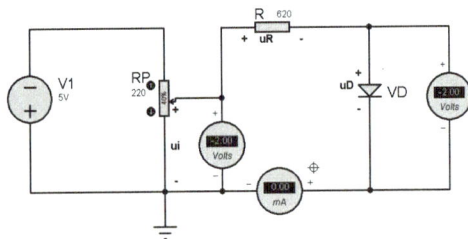

图 1-26　二极管反向特性测试的数据情况

技 能 实 训

单元 1.1 技能实训
二极管的识别
与测试

二极管的识别与测试

1. 实训目的

1）熟悉二极管的外形及引脚识别方法。

2）练习查阅半导体器件手册，熟悉二极管的类别、型号及主要性能参数。

3）掌握万用表判别二极管好坏的方法。

4）掌握二极管伏安特性的测试方法。

5）熟悉直流稳压电源和万用表的使用方法。

6）养成严谨的治学态度和一丝不苟的工作精神。

2. 实训器材

万用表（指针式或数字式）一只；半导体器件手册；不同规格、类型的二极管若干（其中整流管 ZCZ 两只）；直流稳压电源一台；620Ω 电阻一只；220Ω 电位器一只；面包板一块；导线若干。

3. 实训内容及要求

（1）二极管的识别与检测

1）内容。

① 熟悉各种二极管器件的外形，正确识别其引脚，注意标志特点。

② 二极管的识别。查阅半导体器件手册，记录所给二极管的类别、型号及主要参数。

③ 用万用表判别普通二极管的极性及质量好坏，记录测得的正向电阻和反向电阻的阻值

及万用表的型号、档位。

　　将指针式万用表置于 $R×1k\Omega$ 档，调零后，用表笔分别正接、反接于二极管的两端引脚（如图 1-27 所示），这样可分别测得大、小两个电阻值。其中较小的值是二极管的正向阻值，如图 1-27a所示；较大的值是二极管的反向阻值，如图 1-27b 所示。故测得正向阻值时，与黑表笔相连的是二极管的正极（当万用表置欧姆档时，黑表笔连接表内电池正极，红表笔连接表内电池负极）。

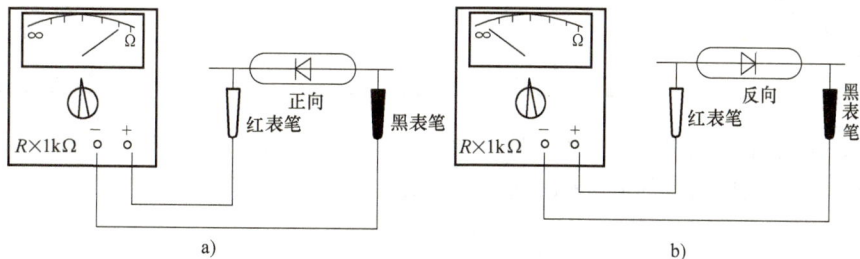

图 1-27　二极管的检测
a) 正向特性　b) 反向特性

　　二极管的材料及其质量好坏也可以从其正、反向阻值中判断出来。一般硅材料二极管的正向电阻为几千欧，而锗材料二极管的正向阻值为几百欧。判断二极管的好坏，关键是看它有无单向导电性能，正向电阻越小、反向电阻越大的二极管质量越好。如果一个二极管正、反向电阻值相差不大，则必为劣质管。如果正、反向电阻值都是无穷大或都接近于零，则二极管内部已断路或已被击穿短路。

　　2）检测应注意的事项。

　　① 使用指针式万用表之前应先进行机械调零，再进行电阻调零，并通过电阻调零来判断万用表内的电池电量是否充足，防止读数误差过大。

　　② 如果使用数字万用表，就应注意表笔的极性和档位与指针式万用表的不同，数字式万用表有专用于 PN 结测量的档位。

　　③ 使用万用表时，应轻拿轻放，要防止滑落；手握表笔的姿势要正确，与元器件接触点要牢固，以防止接触不良而造成误判。

　　（2）二极管特性测试

　　1）内容。二极管伏安特性是指二极管两端电压与通过二极管电流之间的关系，其测试电路如图 1-28 所示。利用逐点测量法，调节电位器 RP，改变输入电压 u_i，分别测出二极管 VD 两端电压 u_D 和通过二极管的电流 i_D，即可在坐标纸上描绘出它的伏安特性曲线 $u_D = f(i_D)$。

　　按图 1-28 所示在面包板上连接电路，经检验无误后，接通 5V 直流电源。调节电位器 RP，使输入电压 u_i 按表 1-3 所示从零逐渐增大至 5V，用万用表分别测出电阻 R 两端的电压 u_R 和二极管两端的电压 u_D，并根据 $i_D = u_R/R$ 算出通过二极管的电流 i_D，记

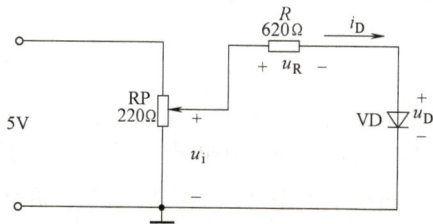

图 1-28　二极管伏安特性的测试电路

于表 1-3 中。用同样方法进行两次测量，然后取其平均值，即可得到二极管的正向特性。

表1-3　二极管的正向特性

u_i/V		0.00	0.40	0.50	0.60	0.70	0.80	1.00	1.50	2.00	3.00	4.00	5.00
第一次测量	u_R/V												
	u_D/V												
第二次测量	u_R/V												
	u_D/V												
平均值	u_R/V												
	u_D/V												
	i_D/mA												

将图1-28所示电路的电源正、负极性互换，使二极管反偏，然后调节电位器RP，按表1-4所示的u_i值，分别测出对应的u_R和u_D值，记于表1-4中。

表1-4　二极管的反向特性

u_i/V	0.00	-1.00	-2.00	-3.00	-4.00	-5.00
u_R/V						
u_D/V						
$i_D/\mu A$						

整理表1-3及表1-4中的测试数据，在坐标纸上画出二极管的伏安特性曲线，并正确地表示出死区电压和反向击穿电压等特殊电压值。

2）注意事项。

① 通电前应仔细核对电路连线是否有误，确保二极管没有直接与电源相连。

② 使用万用表的直流电压档位，最大量程不小于10V，分析测试结果。

单元1.2　二极管基本应用电路的分析

知 识 准 备

二极管在电子技术中有着广泛的应用。本书各单元中几乎都要用到二极管。本节介绍几种二极管最基本的应用。

1.2.1　单相整流电路

常见的家用电器产品中多数要用到直流电源。提供直流电的最简单的方法是使用电池，但电池有成本高、体积大、需要不时更换的缺点，因此既经济可靠又方便的是使用将交流电变成直流电的电源。能将极性正、负交替的工频交流电变换成单方向的脉动直流电的过程称为整流。由于二极管具有单向导电性，所以可以利用二极管的这一特性组成整流电路。根据交流电的相数，整流电路可分为单相整流、三相整流等。在小功率电路中，一般采用单相整流，常见的有单相半波、单相全波和单相桥式整流电路。半波整流电路只需一个二极管，全波整流电路需要两个二极管，桥式整流电路需要4个二极管。

1. 单相半波整流电路

在整流电路中，一般情况下，将实际二极管看作理想二极管进行分析，即二极管正偏相当于开关闭合，反偏相当于开关断开；同时忽略整流电路中变压器等的内阻。这样处理已能满足工程要求。

图 1-29 所示电路即为带有纯电阻负载的单相半波整流电路，由二极管 VD、电源变压器和负载 R_L 组成。变压器把交流电网电压 u_1 变为一定数值的电压 u_2，VD 为整流二极管，它是电路中的核心器件，R_L 是纯电阻负载。变压器二次电压 u_2 为一个正弦电压，即 $u_2 = \sqrt{2}\,U_2\sin\omega t$，式中 U_2 为有效值。

1.2.1　单相整流电路—单相半波整流电路

1）工作原理。在变压器二次电压 u_2 正半周（设 u_2 上端为正，下端为负）期间，二极管正偏而导通，电流经过二极管流向负载，在负载电阻 R_L 上得到一个极性为上正下负的电压，即 $u_o = u_2$，而在 u_2 的负半周期间，因为 u_2 改变了极性，所以二极管反偏截止，负载上几乎没有电流流过，即 $u_o = 0$。所以负载上得到了单方向的半波直流脉动电压，负载电流也是半波直流脉动电流。

在半波整流电路中各处的波形如图 1-30 所示。由图可见，由于二极管的单向导电作用，所以使变压器二次交流电压变换成负载两端的单向脉动电压，达到了整流的目的。因为这种整流电路只在交流电压的半个周期内才有电流流过负载，所以称为半波整流电路。

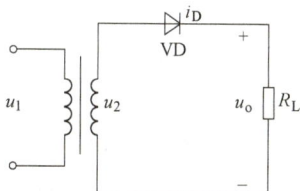

图 1-29　单相半波整流电路

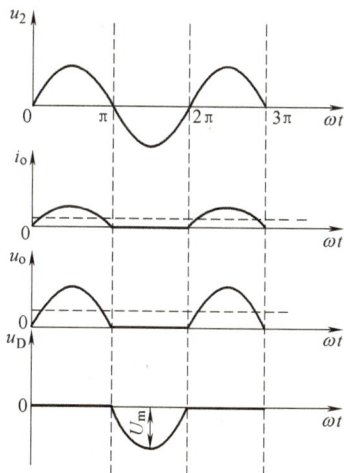

图 1-30　在半波整流电路中各处的波形

2）输出直流电压 $U_{o(AV)}$ 和直流电流 $I_{o(AV)}$。$U_{o(AV)}$ 是整流输出电压瞬时值 u_o 在一个周期内的平均值，即

$$U_{o(AV)} = \frac{1}{2\pi}\int_0^{2\pi} u_o \mathrm{d}(\omega t) = \frac{1}{2\pi}\int_0^{\pi} \sqrt{2}\,U_2\sin\omega t\;\mathrm{d}(\omega t) = \frac{\sqrt{2}\,U_2}{\pi} = 0.45U_2 \tag{1-5}$$

负载电流的直流分量 $I_{o(AV)}$ 为

$$I_{o(AV)} = \frac{U_{o(AV)}}{R_L} \tag{1-6}$$

3）二极管平均电流（直流电流）$I_{D(AV)}$。在半波整流电路中，二极管的电流任何时候都

等于输出电流，所以二者的平均电流也相等，即

$$I_{D(AV)} = I_{o(AV)}$$

4）二极管最大反向峰值电压 U_{DRM}。每个整流管的最大反向峰值电压 U_{DRM} 是指整流管不导电时，在它两端出现的最大反向电压。由图 1-30 所示很容易看出，整流二极管所承受的最大反向电压 $U_{DRM} = \sqrt{2} U_2$。

为了保证整流二极管安全可靠地工作，应根据 $I_{FM} > I_{D(AV)}$ 和 $U_{RM} > U_{DRM}$ 的原则，选用合适的二极管，并查阅有关半导体器件手册，确定二极管的型号。

半波整流电路的优点是结构简单，使用元器件少。但是也有明显的缺点，即输出直流分量较低，输出纹波大，而且只利用了交流电半个周期，电源变压器的利用率低。所以半波整流电路只能用在输出电流较小、要求不高的地方。

2. 单相全波整流电路

全波整流电路是在半波整流电路的基础上加以改进而得到的。它的指导思想是利用具有中心抽头的变压器与两个二极管配合，使两个二极管在正、负半周内轮流导电，而且使二者流过负载的电流保持同一方向，从而使正、负半周在负载上均有输出电压。

图 1-31 所示为全波整流电路原理图。在 $0 \sim \pi$ 期间，VD_1 导通，VD_2 截止，i_{D1} 流过 R_L，在负载上得到的输出电压极性为上正下负；在 $\pi \sim 2\pi$ 期间，VD_1 截止，VD_2 导通，i_{D2} 流过 R_L 时产生的电压极性与正半周时相同，因此在负载上可以得到一个单方向的全波脉动直流电压。全波整流波形图如图 1-32 所示。

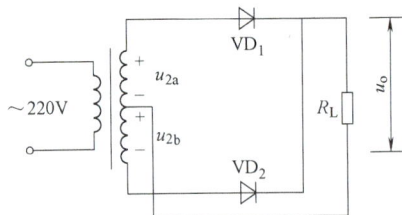

1.2.1 单相整流电路—单相全波整流电路

图 1-31 全波整流电路原理图

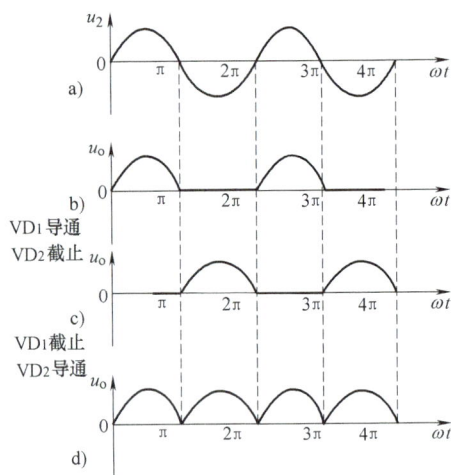

图 1-32 全波整流波形图

全波整流相当于两个半波整流的输出，所以它的直流分量比半波整流增加一倍，即 $U_{o(AV)} = 0.9 U_2$。由于两个二极管是轮流导电的，所以流过每个二极管的平均电流只有负载电流的一半。每只二极管承受的最大反向电压为 $2\sqrt{2} U_2$。

单相全波整流比半波整流输出的脉动小，直流分量大，交流分量小，所以纹波减小了，但电路中每个二极管承受的反向电压的最大值大，且必须采用具有中心抽头的变压器，每个绕组只有一半时间通过电流，因此变压器利用率不高。为了克服这些缺点，可采用另一种全

波整流电路——单相桥式整流电路。

3. 单相桥式整流电路

单相桥式整流电路如图 1-33a 所示，图中 Tr 为电源变压器，R_L 是要求直流供电的负载，4 只二极管被接成电桥形式，故称为桥式整流电路。图 1-33b 是单相桥式整流电路的简化画法。在桥式整流电路中的 4 只二极管可以是 4 只分立的二极管，也可以是四线封壳的桥式整流器（桥堆）。

1.2.1　单相整流电路—单相桥式整流电路

变压器二次电压 u_2 为一个正弦电压，即 $u_2 = \sqrt{2}\,U_2\sin\omega t$。

1）工作原理。在 u_2 的正半周内（设 A 端为正，B 端为负），VD$_1$、VD$_3$ 因正偏而导通，VD$_2$、VD$_4$ 因反偏而截止；在 u_2 的负半周（B 端为正，A 端为负），二极管 VD$_2$、VD$_4$ 导通，VD$_1$、VD$_3$ 截止。但是无论在正半周或负半周，流过 R_L 的电流方向都是一致的。在整个周期内，4 只二极管分两组轮流导通或截止，这样不断重复，负载上就得到单方向的全波脉动直流电压和电流。在单相桥式整流电路中各处的波形如图 1-34 所示。

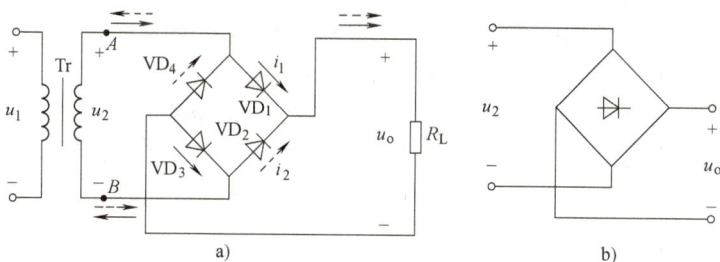

图 1-33　单相桥式整流电路

a）电路图　b）简化画法

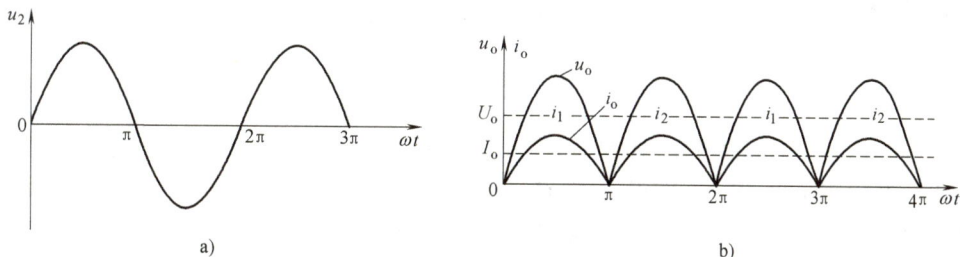

图 1-34　单相桥式整流电路中各处的波形图

a）变压器二次绕组的电压波形　b）负载的电压、电流波形

2）输出直流电压 $U_{o(AV)}$ 和直流电流 $I_{o(AV)}$。由图 1-34 可知，桥式整流输出电压波形的面积是半波整流时的两倍，所以输出电压的平均值也是半波时的两倍，即

$$U_{o(AV)} = \frac{2\sqrt{2}}{\pi}U_2 = 0.9U_2 \tag{1-7}$$

输出电流平均值

$$I_{o(AV)} = \frac{U_{o(AV)}}{R_L} \tag{1-8}$$

3）二极管平均电流 $I_{D(AV)}$。在桥式整流电路中由于 4 只二极管两两轮流导电，即每只二极管都只是半周导通，所以每个二极管平均电流是输出电流平均值的一半，即

$$I_{D(AV)} = \frac{1}{2} I_{o(AV)} \tag{1-9}$$

4）二极管最大反向峰值电压 U_{DRM}。由图 1-34 可见，在正半周时，VD$_1$、VD$_3$导通，VD$_2$、VD$_4$截止，则二极管 VD$_2$、VD$_4$承受的最大反向电压为 $\sqrt{2}\,U_2$。同理，VD$_1$、VD$_3$承受的最大反向电压也为 $\sqrt{2}\,U_2$。

由以上分析可知，由于桥式整流比半波整流输出的脉动小，直流分量大，交流分量小，所以纹波小，且每个二极管流过的平均电流也小，因此桥式整流电路应用最为广泛。

1.2.2 滤波电路

上面分析的单相整流电路，无论是哪种整流电路，它们的输出电压都含有较大的脉动成分。除了在一些特殊场合（如电镀电解和充电电路）可以直接作为供电电源外，通常还需要采取一定措施，一方面尽量降低输出电压中的交流成分；另一方面又要尽量保留其中的直流成分，使输出电压接近于理想的直流电压，这样的措施就是滤波。

构成滤波器的主要元件是电感或电容，由于电感和电容对交流成分和直流成分反映出来的阻抗不同，所以如果把它们合理地安排在电路中，就可以达到降低交流成分、保留直流成分的目的，体现出滤波的作用。

常用的滤波电路有电容滤波、电感滤波、复式滤波等。

1. 电容滤波电路

（1）单相半波整流电容滤波电路

图 1-35 所示电路是具有电容滤波器的单相半波整流电容滤波电路。电容 C 并联在负载 R_L 两端，由于电容器两端的电压不能突变，所以它能够阻止电压的脉动。

1）工作原理。单相半波整流电容滤波电路输出波形如图 1-36 所示。假定电容 C 上的初始电荷为零，接通电源时，u_2 从零开始上升，在 $0 \sim t_1$ 期间，u_2 随时间按正弦规律升至 U_{2m}，二极管 VD 正偏导通，u_2 向 C 充电，充电路径是从变压器二次的 a 端经内阻 R_n、二极管 VD、电容 C 再回到变压器二次的 b 端，充电时间常数很小（$\tau_{充} = R_n C$），C 上电压很快充电到 u_2 的峰值。在过了 t_1 以后，$u_2 < u_C$ 时，二极管阳极电位低于阴极电位，二极管 VD 因反偏而截止，C 只能通过负载 R_L 放电。放电时间常数 $\tau_{放} = R_L C$，R_L 越大 C 越大，放电越慢，u_o 的波形越平滑。当 C 放电到 t_2 时，$u_2 = u_C$，且 u_2 上升，$u_2 > u_C$，故 VD 又导通，C 再充电，重复上述过程。如此周而复始，使负载电压波形平滑，输出脉动大大减小。

2）输出直流电压 $U_{o(AV)}$ 的估算。在输出电压波形中，直流分量 $U_{o(AV)}$ 的精确计算较烦琐，

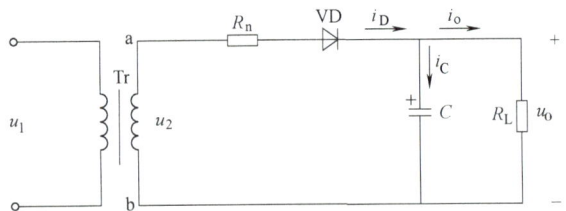

图 1-35 单相半波整流电容滤波电路

一般按经验公式估算。对于电容滤波半波整流电路来讲，当 R_L 趋近于 ∞ 时，$U_{o(AV)} = \sqrt{2}\,U_2$。随着负载增加（即 R_L 减小），$I_{o(AV)}$ 增大，放电加快，输出电压波形脉动加大，$U_{o(AV)}$ 值减小。$U_{o(AV)}$ 的最小极限值为 $U_{o(AV)} = 0.45U_2$（即 $C = 0$，无电容滤波时）。图 1-37 所示为半波整流电容滤波的外特性（输出电压 $U_{o(AV)}$ 与输出电流 $I_{o(AV)}$ 之间的关系曲线称为电路的外特性）曲线。由此可知，这种电路应用在 $I_{o(AV)}$ 较小且不变的场合较适宜。因此通常取

$$U_{o(AV)} \approx (1 \sim 1.1)U_2 \tag{1-10}$$

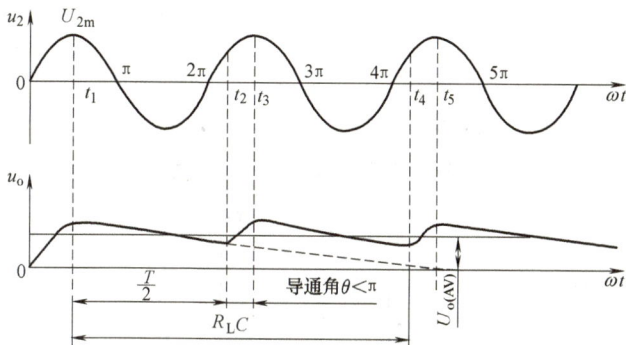

图 1-36 单相半波整流电容滤波电路输出波形

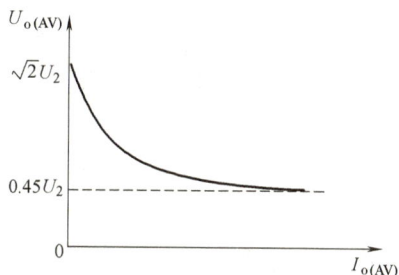

图 1-37 半波整流电容滤波的外特性曲线

3）流过二极管的平均电流 $I_{D(AV)}$ 与二极管承受的最大反向电压 U_{DRM}

$$I_{D(AV)} = I_{o(AV)} \approx \frac{(1 \sim 1.1)U_2}{R_L} \tag{1-11}$$

$$U_{DRM} = 2\sqrt{2}\,U_2 \tag{1-12}$$

在这种电路中，二极管导通时间很短，即导通角小于 180°，但平均输出电流提高了，二极管在短暂的导电时间内流过一个很大的冲击电流，对管子的寿命不利，因此，在选用二极管时，$I_{D(AV)}$ 应远小于 I_{FM}，二极管承受最大反向电压 U_{DRM} 应小于 U_{RM}。

4）滤波电容容量与耐压的确定。为了获得较好的滤波效果，在 R_L 一定的条件下，C 越大，滤波效果越好，一般情况使放电时间常数 $R_L C > (3 \sim 5)\dfrac{T}{2}$。$T$ 为电源交流电压周期，所以滤波电容容量为

$$C > (3 \sim 5)\frac{T}{2R_L} \tag{1-13}$$

电容耐压值 $U_C > 2\sqrt{2}\,U_2$。

（2）单相桥式整流电容滤波电路

图 1-38 所示电路是单相桥式整流电容滤波电路。图 1-38a 为电路原理图。电容 C 并联在负载 R_L 两端，由于电容两端的电压不能突变，所以它能够阻止电压的脉动。图 1-38b、d 是这个电路中电压和电流的波形图。图 1-38c 是放电时间常数 $R_L C$ 对输出电压 u_o 的影响。

1）工作原理。假定电容 C 上初始电荷为零，接通电源时 u_2 由零逐渐增大，二极管 VD_1、VD_3 正偏导通，此时 u_2 经二极管 VD_1、VD_3，一方面向负载 R_L 提供电流；另一方面向电容器 C 充电，充电时间常数很小（$\tau_{充} = R_n C$，R_n 是由电源变压器、二极管构成的总的等效直流电阻），C 上电压很

1.2.2 滤波电路—单相桥式整流电容滤波电路

快充电到 u_2 的峰值，即 $U_{Cm} = \sqrt{2}\,U_2$，（充电期间 $i_D = i_C + i_o$）。u_2 达到最大值以后按正弦规律下降，当 $u_2 < u_C$ 时，VD_1、VD_3 的阳极电位低于阴极电位，所以 VD_1、VD_3 截止，C 只能通过负载 R_L 放电。放电时间常数 $\tau_{放} = R_L C$，$R_L C$ 越大，放电越慢，u_o（即 u_C）的波形越平滑（放电期间 $i_C = i_o$）。当 C 放电到二极管 VD_2、VD_4 的阳极电位大于阴极电位时（此时 u_2 处于负半周），VD_2、VD_4 正偏导通，u_2 通过 VD_2、VD_4 向 C 充电，同样 C 上电压很快充电到 u_2 的峰值，过了该时刻以后，VD_2、VD_4 因阳极电位低于阴极电位而截止，C 通过负载放电，如此周而复始，使负载电压波形平滑，输出脉动大大减小。

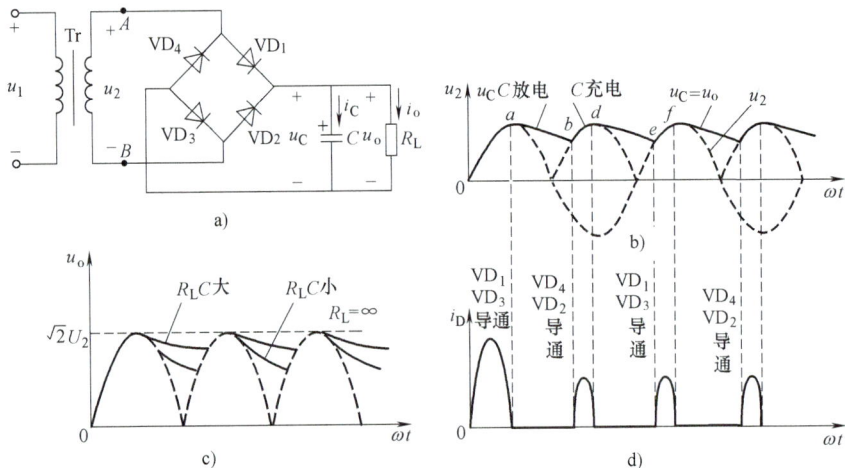

图 1-38　单相桥式整流电容滤波电路

a）电路原理图　b）u_2、u_o、u_C 波形　c）$R_L C$ 对 u_o 的影响　d）二极管电流 i_D 的波形

2）输出直流电压 $U_{o(AV)}$ 的估算。在输出电压波形中，直流分量 $U_{o(AV)}$ 的精确计算较烦琐，一般按经验公式估算。在桥式整流电容滤波电路中，当 R_L 趋近于 ∞ 时，$U_{o(AV)} = \sqrt{2}\,U_2$。随着负载增加（即 R_L 减小），$I_{o(AV)}$ 增大，放电加快，输出电压波形脉动加大，$U_{o(AV)}$ 值减小。$U_{o(AV)}$ 的最小极限值为 $U_{o(AV)} = 0.9 U_2$（即 $C = 0$，无电容滤波时）。图 1-39 所示为桥式整流电容滤波电路的外特性曲线。因为桥式整流电容滤波电路的外特性比半波整流电容滤波电路的外特性硬，所以通常取

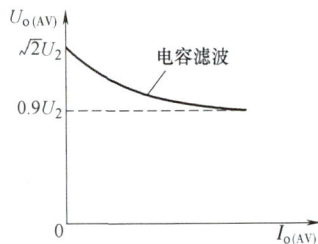

图 1-39　桥式整流电容滤波电路的外特性曲线

$$U_{o(AV)} \approx 1.2 U_2 \qquad (1\text{-}14)$$

3）流过二极管的平均电流 $I_{D(AV)}$ 与二极管承受的最大反向电压 U_{DRM}

$$I_{D(AV)} = \frac{1}{2} I_{o(AV)} \approx \frac{1.2\,U_2}{2\,R_L} \qquad (1\text{-}15)$$

$$U_{DRM} = \sqrt{2}\,U_2 \qquad (1\text{-}16)$$

在选择二极管时，$I_{D(AV)}$ 应远小于 I_{FM}，二极管承受的最大反向电压 U_{DRM} 应小于 U_{RM}。

4）滤波电容容量与耐压的确定。滤波电容容量的大小仍按式（1-13）计算，电容 C 的耐压必须大于 $\sqrt{2}\,U_2$。

电容滤波电路结构简单，使用方便，但是当要求输出电压的脉动成分很小时，势必要求

电容的容量很大，有时可能很不经济。在这种情况下，可以考虑采用其他形式的滤波电路，以进一步减小输出脉动。

【例 1-3】 某电子设备要求直流电压 $U_{o(AV)} = 24V$，直流电流 $I_{o(AV)} = 120mA$，交流电源电压 $U_1 = 220V$，频率 $f = 50Hz$。采用单相桥式整流电容滤波电路，试选择电路中的元器件。

解： 1）电源变压器参数的计算。

变压器二次绕组电压有效值为

$$U_2 = \frac{U_{o(AV)}}{1.2} = 20V$$

变压器的电压比为

$$K = \frac{U_1}{U_2} = \frac{220V}{20V} = 11$$

变压器二次绕组电流有效值为

$$I_2 = (1.5 \sim 2)I_{o(AV)} = 2 \times 120mA = 240mA$$

2）整流二极管的选择。

流过二极管的平均电流为

$$I_{D(AV)} = \frac{1}{2}I_{o(AV)} = \frac{1}{2} \times 120mA = 60mA$$

二极管承受的最大反向电压为

$$U_{DRM} = \sqrt{2}U_2 = \sqrt{2} \times 20V = 28.2V$$

因此，可选 2CZ53B 硅整流二极管，其允许的最大整流电流为 300mA，最大反向工作电压为 50V，均留有较大容量；也可选用最大整流电流为 200mA 和最大反向工作电压为 50V 的 QL3 全桥硅堆。

3）选择滤波电容。

$$C > (3 \sim 5)\frac{T}{2R_L} = 4 \times \frac{T}{2R_L} = 2 \times 10^{-4}F = 200\mu F$$

电容耐压为

$$U_{CM} = \sqrt{2}U_2 = 28V$$

可选容量为 220μF、耐压为 50V 的电解电容。

2. 电感滤波电路

图 1-40 所示为桥式整流电感滤波电路，电感 L 串联在负载 R_L 回路中。由于电感的直流电阻很小，交流阻抗很大，所以直流分量经过电感后基本上没有损失，但是对于交流分量，在 $j\omega L$ 和 R_L 上分压以后，大部分交流分量降在电感上，而在负载上的交流压降很小，故降低了输出电压中的脉动成分，使负载 R_L 上得到较为平滑的直流电压。在忽略滤波电感 L 上的直流压降时，则输出的直流电压 $U_o = 0.9U_2$。

电感滤波电路的优点是，输出特性比较平坦，而且电感 L 越大，R_L 越小，输出电压的脉动越小，适合于负载电流较大的场合；缺点是体积大，成本高。

1.2.2 滤波电路—电感滤波电路和复式滤波电路

3. 复式滤波电路

（1）π 形 RC 滤波电路

图 1-41 所示为单相桥式整流 π 形 RC 滤波电路。这种滤波电路是在电容滤波基础上再加

一级 RC 滤波。经过第一次电容 C_1 滤波以后，C_1 两端脉动电压（包含一个直流分量和一个交流分量）加在 R 和 C_2 组成的分压器上，由于电容 C_2 对交流分量电压呈现的阻抗远小于电阻 R（通常选择滤波元件的参数，使满足关系 R 远大于 $\frac{1}{\omega C_2}$），所以交流分量电压绝大部分降在 R 上，使负载上交流分量压降很小，而直流分量电压由

图 1-40　桥式整流电感滤波电路

于 R_L 远大于 R 而绝大部分降在 R_L 上。这样直流分量最大限度地降在负载上，而交流分量最大限度地降在 R 上，起到了减小纹波、进一步滤波的作用。

负载 R_L 上得到直流电压为

$$U_{o(AV)} = 1.2U_2\frac{R_L}{R+R_L} \tag{1-17}$$

这种滤波电路 R 上要损失一部分直流能量，故它只适用于负载电流较小的场合。

（2）π 形 LC 滤波电路

图 1-42 所示为 π 形 LC 滤波电路。由于电感 L 的直流电阻很小，所以电感 L 上的直流压降很小，负载上直流电压 $U_{o(AV)} \approx U_{C1} = 1.2U_2$。

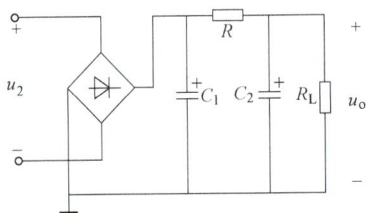

图 1-41　单相桥式整流 π 形 RC 滤波电路

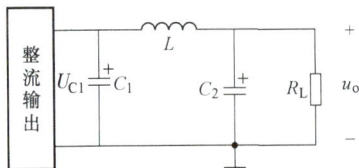

图 1-42　π 形 LC 滤波电路

对于输出电压的交流分量来说，由于 ωL 远大于 $\frac{1}{\omega C_2}$，所以电感上的交流分量压降很大，负载上的交流分量压降很小。这种滤波电路在负载电流较大或较小时均有良好的滤波作用。

1.2.3　倍压整流电路

1.2.3　倍压整流和 1.2.4 限幅电路

实践中有时需要高电压、小电流的直流电源，这时若采用前述整流电路，则势必要求变压器二次绕组有很高的电压。这样，二次绕组的匝数就会增加，使层间绝缘困难，体积增大，制造复杂，同时对二极管的耐压要求高。这时可采用倍压整流电路，即用低电压的交流电源和低耐压的整流二极管获得高于输入电压许多倍的输出电压。

图 1-43 所示为倍压整流电路，该电路是用 n 个整流二极管和 n 个电容组成 n 倍压整流电路，它的工作原理如下。

设电源变压器二次电压 $u_2 = \sqrt{2}U_2\sin\omega t$，电容两端初始电压为零。

当 u_2 为正半周时，二极管 VD_1 正偏导通，通过 VD_1 向电容 C_1 充电，在理想情况下，充电至 $u_{C1} \approx \sqrt{2}U_2$，极性右正左负。

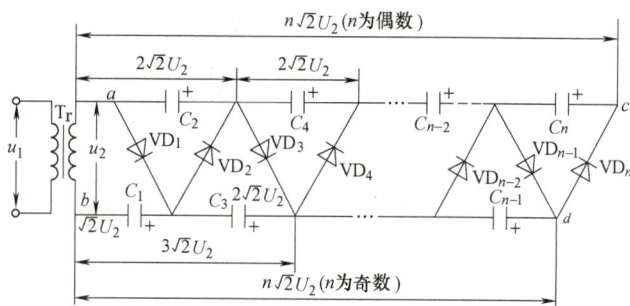

图 1-43　倍压整流电路

当 u_2 为负半周时，二极管 VD$_1$ 反偏截止，VD$_2$ 正偏导通，电容 C_2 充电至 $u_{C2} \approx 2\sqrt{2}\,U_2$，极性右正左负。

当 u_2 再次为正半周时，VD$_1$、VD$_2$ 反偏截止，VD$_3$ 正偏导通，电容 C_3 充电至 $u_{C3} \approx 2\sqrt{2}\,U_2$，极性右正左负。

当 u_2 再次为负半周时，VD$_1$、VD$_2$、VD$_3$ 反偏截止，VD$_4$ 正偏导通，电容 C_4 充电至 $u_{C4} \approx 2\sqrt{2}\,U_2$，极性右正左负。依次类推。

从图 1-43 中 a、c 两端取出电压为 $n\sqrt{2}\,U_2$，其中 n 为偶数；而从 b、d 两端取出电压为 $n\sqrt{2}\,U_2$，其中 n 为奇数。可以根据需要选择输出电压。在电路中，除了电容 C_1 承受电压为 $\sqrt{2}\,U_2$ 外，其他电容上承受的电压均为 $2\sqrt{2}\,U_2$，每个整流管的反向电压为 $2\sqrt{2}\,U_2$。该电路虽可得到较高的直流输出电压，但它的输出特性很差，所以只适用于负载电流很小、且负载基本上不变的场合。

倍压整流电路在许多工业设备中都可以见到。例如，静电涂装、静电喷塑、静电除尘等工艺的关键设备是静电场电源，其电压要求高达数百千伏；示波管的阳极电压高达 10 000V 左右；它们都可由倍压整流电路获得。

1.2.4　限幅电路

利用二极管的单向导电性和导通后两端电压基本不变的特点，可组成限幅（削波）电路，用来限制输出电压的幅度。二极管限幅电路如图 1-44 所示。

在图 1-44a 所示电路中，设 u_i 为幅值大于直流电源电压 U_{C1}（$=U_{C2}$）值的正弦波。当 u_i 为正半周时，若 $u_i < U_{C1}$，则二极管 VD$_1$、VD$_2$ 均截止，输出电压 $u_o = u_i$；若 $u_i > U_{C1}$，则 VD$_1$ 正偏导通，VD$_2$ 仍截止，$u_o = U_{C1}$。

当 u_i 为负半周时，若 $u_i > -U_{C2}$，则二极管 VD$_1$、VD$_2$ 均截止，输出电压 $u_o = u_i$；若 $u_i < -U_{C2}$，则 VD$_2$ 正偏导通，VD$_1$ 截止，$u_o = -U_{C2}$。u_o 的波形如图 1-44b 所示。可见，输出电压正、负半波的幅度同时受到了限制，该电路称为双向限幅电路。

若去掉 VD$_2$ 和 U_{C2}，则输出电压正半波的幅度受到限制，其电路称为正向限幅电路；若去掉 VD$_1$ 和 U_{C1}，则构成负向限幅电路。请读者自行分析，并画出它们的波形。

二极管限幅电路可用作保护电路，以保护半导体器件不受过电压的危害，也可用来产生数字信号中的恒幅波等。

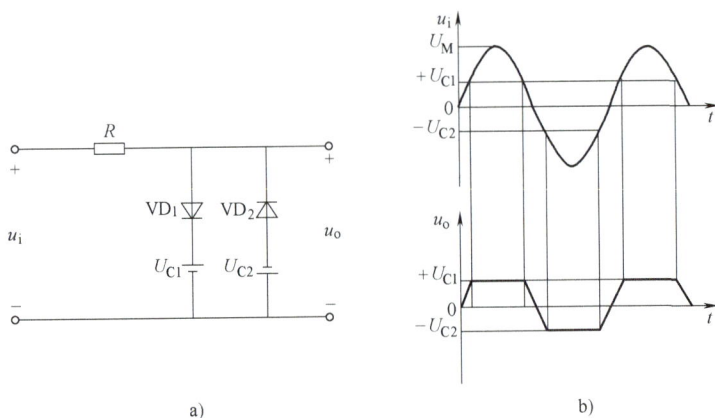

图 1-44　二极管限幅电路
a）电路　b）波形

仿 真 训 练

电源电路中二极管的应用

1. 仿真电路

在各种电子设备和装置中，都需要稳定的直流电源，常常采用二极管桥式整流滤波电路，然后再经过稳压得到。图 1-45 为二极管桥式整流滤波仿真电路。图 1-46 为接 $47\mu F$ 滤波电容的数据情况，图 1-47 为接 $470\mu F$ 滤波电容的数据情况。

2. 仿真内容及要求

1）搭接二极管桥式整流滤波电路。注意 4 只二极管以及滤波电容的极性，不要接错。

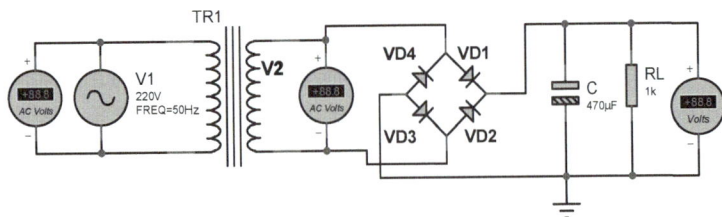

图 1-45　二极管桥式整流滤波仿真电路

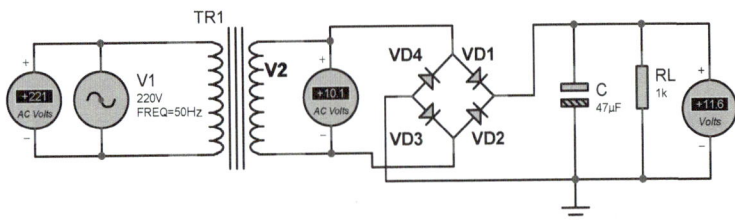

图 1-46　接 $47\mu F$ 滤波电容的数据情况

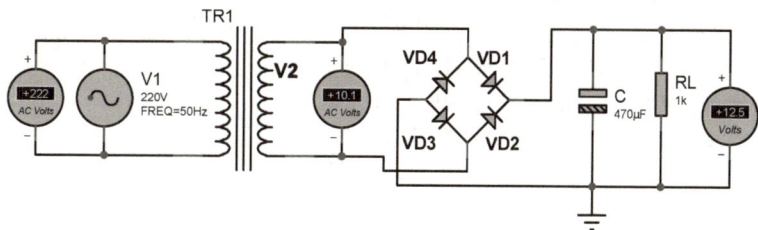

图 1-47   接 470μF 滤波电容的数据情况

2）优化调整电路结构和元器件参数。根据用电设备所需的直流电源，估算变压器二次电压、二极管型号、滤波电容及负载阻值的参数。用电压表测试输出电压，不断调试电路，调整参数，直至电路性能符合要求。改接不同容量的滤波电容，比较它们的输出电压值，进一步理解滤波电容的大小对滤波效果的影响。

技 能 实 训

桥式整流滤波电路的设计、安装与调试

根据所学知识，设计收音机电源电路中的桥式整流滤波电路，并进行安装与调试。

1. 实训目的

1）进一步掌握二极管的作用及其工作原理，培养对简单电路的设计能力，初步掌握设计电路的基本方法。

2）掌握桥式整流滤波电路中元器件的连接特点，能够对电路中的相关参数进行合理测试，并能正确判断出电路的工作状态。

3）掌握简单电路的装配方法，进一步熟练使用各种仪器仪表。

4）进一步提高分析问题和解决问题的能力。

2. 实训器材

数字万用表 1 只；双踪示波器 1 台；小功率变压器 1 只；整流二极管 4 只；电阻 1 只；电容若干；面包板 1 块；导线若干；电源插头 1 只。

3. 实训内容及要求

利用桥式整流电路和变压器，将市电（电压 220V）变为输出直流电压为 3V（负载电阻为 100Ω）的直流电源电路，正确选择变压器和整流二极管。

4. 注意事项

1）为防止市电电压触电，变压器一次接线端子要进行绝缘处理。

2）切不可将二极管反接，否则容易发生短路，造成电路损坏。

3）万用表的档位选择要准确，要分清楚直流档位和交流档位、电压档位和电流档位。

5. 考评内容及评分标准

桥式整流滤波电路设计与制作的考评内容及评分标准如表 1-5 所示。

表 1-5　桥式整流滤波电路设计与制作的考评内容及评分标准

步骤	考评内容	评分标准	标准分数	扣分及原因	得分
1	画出整流滤波电路原理图；电路图中应包含变压器和桥式整流滤波电路两部分	1）元器件符号正确 2）各物理量标注正确 3）元器件连接正确 错一处扣 5 分，扣完为止 （学生自查）	15		
2	计算出变压器和二极管的相关参数，并选择元器件型号	1）计算数据准确 2）元器件型号选择正确 错一处扣 5 分，扣完为止 （教师检查）	15		
3	根据电路原理图进行电路的连接；使用万用表进行在路电阻和电容的测量，分析电路连接是否正确	1）在路电阻和电容的测量正确 2）不得出现断路（脱焊）、短路及元器件极性接反等错误 错一处扣 5 分，扣完为止 （教师检查、同学互查）	20		
4	确认检查无误后，进行通电测试。利用万用表进行各点电压测量，准确判断电路的工作状态	1）仪表档位、量程选择正确 2）读数准确，判断准确 错一处扣 5 分，扣完为止 （教师指导、同学互查）	20		
5	使用双踪示波器进行输入输出电压波形的测量，并进行电路的工作状态分析	1）仪表档位、量程选择正确 2）读数准确，判断准确 错一处扣 5 分，扣完为止 （教师指导、同学互查）	15		
6	注意安全、规范操作。小组分工，保证项目质量，完成时间为 90min	1）小组成员各有明确分工 2）在规定时间内完成该项目 3）各项操作规范、安全 成员无分工扣 5 分，超时扣 10 分 （教师指导、同学互查）	15		
	教师根据学生对二极管及桥式整流滤波电路理论水平和技能水平的掌握情况进行综合评定，并指出存在的问题和具体改进方案		100		

知　识　拓　展

半导体及集成电路的制造工艺

（1）半导体制造

半导体制造业是热门的行业。其主要工艺是拉晶和切片工艺。

1) 拉晶工艺。拉晶工艺流程如图 1-48 所示。

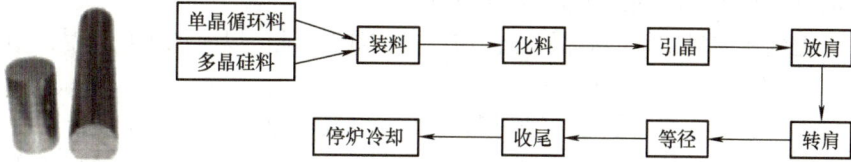

图 1-48　拉晶工艺流程

装料：将多晶硅原料及杂质放入石英坩埚内，杂质的种类依半导体的 N 或 P 型而定，有硼、磷、锑、砷。

化料：将多晶硅原料放入石英坩埚内后，长晶炉必须关闭并抽成真空后充入高纯氩气使之维持在一定压力范围内，然后接通加热器电源，加热至熔化温度（1420℃）以上，将多晶硅原料熔化。

引晶：当硅熔体的温度稳定之后，将籽晶慢慢浸入硅熔体中。由于籽晶与硅熔体场接触时的热应力，会使籽晶产生位错，这些位错必须利用缩颈生长使之消失。缩颈生长是将籽晶快速向上提升，使长出的籽晶的直径缩小到一定大小（4~6mm），由于位错线与生长轴成一个交角，只要缩颈够长，位错便能长出晶体表面，产生零位错的晶体。

放肩：长完细颈之后，需降低温度与拉速，使得晶体的直径渐渐增大到所需的大小。

转肩：转肩前需要根据情况进行预降温。转肩时拉速一般为 1.5~3mm/min。

等径：长完细颈和肩部之后，借着拉速与温度的不断调整，可使晶棒直径维持在正负 1mm 之间，这段直径固定的部分即称为等径部分。单晶硅片取自等径部分。

收尾：在长完等径部分之后，如果立刻将晶棒与液面分开，那么效应力将使得晶棒出现位错与滑移线。于是为了避免此问题的发生，必须将晶棒的直径慢慢缩小，直到成一尖点而与液面分开。这一过程称为尾部生长。

停炉冷却：长完的晶棒被升至上炉室冷却一段时间后取出，即完成一次生长周期。

2) 切片工艺。切片工艺流程如图 1-49 所示。

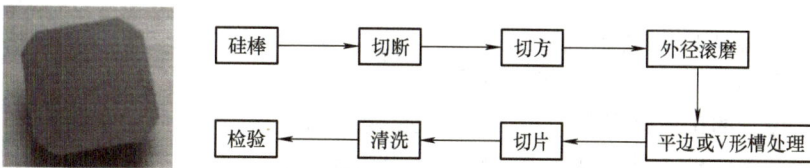

图 1-49　切片工艺流程

切断：目的是切除单晶硅棒的头部、尾部及超出客户规格的部分，将单晶硅棒分段成切片设备可以处理的长度，切取试片测量单晶硅棒的电阻率、含氧量。

切方：将切断的硅棒按照晶向方向切成准正方形。

外径滚磨：由于单晶硅棒的外径表面并不平整且直径也比最终抛光晶片所规定的直径规格大，通过外径滚磨可以获得较为精确的直径。

平边或 V 形槽处理：指定方位及指定加工，以单晶硅棒上的特定结晶方向进行平边处理或 V 形槽处理。

切片：指将单晶硅棒切成具有精确几何尺寸的薄晶片。

清洗：在单晶硅片加工过程中很多步骤需要用到清洗，这里的清洗主要是抛光后的最终清洗。清洗的目的在于清除晶片表面的所有污染。

检验：在无尘车间对切好的硅晶片进行各项性能的测试，以保证出厂产品的质量。

（2）集成电路制造

集成电路设计和制造行业是一个非常特殊的高科技行业，工艺流程十分复杂，对加工精度的要求也非常苛刻，半导体产品的测量尺度不是以 mm 为单位，而是以 nm 为单位（$1mm = 10^6 nm$）。

硅晶片生产流程如图 1-50 所示。

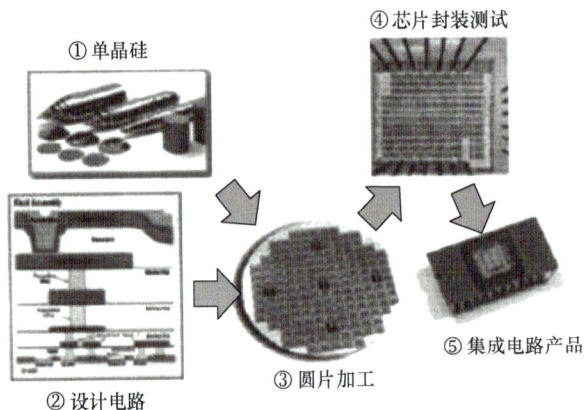

图 1-50　硅晶片生产流程

自我检测题

一、填空题

1. 在杂质半导体中，多数载流子的浓度取决于_____，而少数载流子的浓度则与_____有很大关系。

2. 在 P 型半导体中，多数载流子是_____，少数载流子是_____；在 N 型半导体中，多数载流子是_____，少数载流子是_____。

3. 理想二极管的正向电阻为_____，反向电阻为_____。

4. 二极管在正向导通时，直流电阻随工作电流增大而_____，交流电阻随工作电流增大而_____。

5. 若二极管在正向电压为 0.65V 时的电流为 $100\mu A$，则其直流电阻等于_____。若正向电压增大到 0.75V，电流随之增大到 $150\mu A$，则其交流电阻等于_____。

6. 二极管具有_____性；当_____时，二极管呈_____状态；当_____时，二极管呈_____状态。

7. 桥式整流电路的变压器二次电压有效值为 U_2，则输出电压的平均值 $U_{o(AV)}$ 为_____，如果在加入一个电容量很大的电容器滤波后，输出电压的平均值 $U_{o(AV)}$ 就为_____。

二、选择题

1. 杂质半导体中多数载流子的浓度取决于（　　　　）。

A. 温度　　　　　　　　B. 杂质浓度　　　　　　　　C. 电子空穴对数目

2. 在电场作用下，空穴与自由电子运动形成的电流方向（　　）。

A. 相同　　　　　　　　　　B. 相反

3. 光电二极管应在（　　）下工作。

A. 正向电压　　　　　　　　B. 反向电压

4. 下列半导体材料哪一种材料的热敏性突出（导电性受温度影响最大）？（　　）

A. 本征半导体　　　　　B. N 型半导体　　　　　C. P 型半导体

5. 稳压管的工作是利用伏安特性中的（　　）。

A. 正向特性　　　　　B. 反向特性　　　　　C. 反向击穿特性

6. P 型半导体中空穴多于电子，则 P 型半导体呈现的电性为（　　）。

A. 正电　　　　　　B. 负电　　　　　　C. 电中性

7. 当 PN 结加上反向电压时，其耗尽层会（　　）。

A. 变窄　　　　　　B. 变宽　　　　　　C. 不变

8. 当硅二极管正偏时，试比较正偏电压等于 0.5V 与正偏电压等于 0.7V 时，二极管呈现的电阻大小（　　）。

A. 相同　　　　　　　　　　B. 不相同

9. 若用万用表的欧姆档测量二极管的正向电阻，测得的阻值为最小时，试问用的是哪一档？（　　）

A. $R×10Ω$ 档　　　　　B. $R×100Ω$ 档　　　　　C. $R×1kΩ$ 档

10. 用万用表不同欧姆档测量二极管的正向电阻时，会观察到其测得的阻值不同，究其根本原因是（　　）。

A. 万用表不同的欧姆档有不同的内阻

B. 二极管有非线性的特性

C. 二极管的质量差

思考题与习题

1. 在某电子电路中一旦二极管损坏，在更换二极管时应怎样考虑？

2. 图 1-51 所示电路中的二极管为理想二极管，试判断电路中的二极管是导通还是截止？并求 U_{ab} 等于多少？

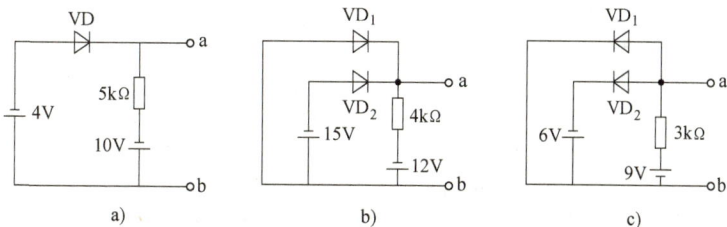

图 1-51　题 2 图

3. 电容滤波桥式整流电路如图 1-52 所示。已知 $R_L = 40Ω$，$C = 1000\mu F$，用交流电压表量得 $U_2 = 20V$（有效值），现在用直流电压表测量 R_L 两端电压（记作 $U_{o(AV)}$），如果 C 断开，

$U_{o(AV)} =$ _____；如果 R_L 断开，$U_{o(AV)} =$ _____；如果电路完好，$U_{o(AV)} =$ _____；如果 VD_1 断开，$U_{o(AV)} =$ _____；如果 C 断开，VD_1 也断开，$U_{o(AV)} =$ _____。

4. 在图 1-53 所示电路中，已知交流电频率 f 为 50Hz，负载电阻 R_L 为 120Ω，直流输出电压 $U_{o(AV)}$ 为 30V。试求：

1）直流负载电流 $I_{o(AV)}$。

2）选择整流二极管。

3）选择滤波电容。

4）确定电源变压器二次绕组的电压和电流。

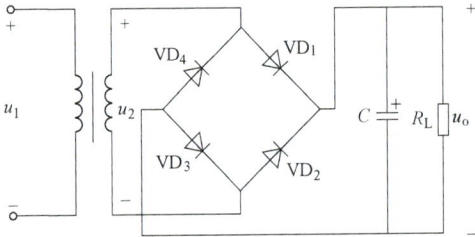

图 1-52 题 3 图

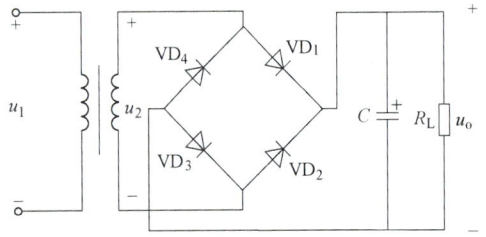

图 1-53 题 4 图

5. 全波整流电路如图 1-54 所示。变压器二次中心抽头接地，若 $u_2 = \sqrt{2} U_2 \sin\omega t$，则试求：

1）画出 u_2、i_{VD_1}、i_{VD_2}、u_o 的波形。

2）若 $U_2 = 10V$，$R_L = 1k\Omega$，则 $U_{o(AV)}$、$I_{D(AV)}$ 和 U_{DRM} 为多少？

3）二极管 VD_1 断开或反接会出现什么问题？

4）如果负载短路会出现什么问题？

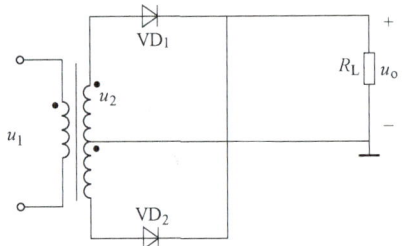

图 1-54 题 5 图

6. 某半导体收音机的电源如图 1-55 所示。图中 0.01μF 电容能对高频干扰起旁路作用，R_2 的接入可减小外接负载 R_L 变化时对输出电压 u_o 的影响。分别试估算开路时和接 $R_L = 100Ω$ 时的 $U_{o(AV)}$ 值。

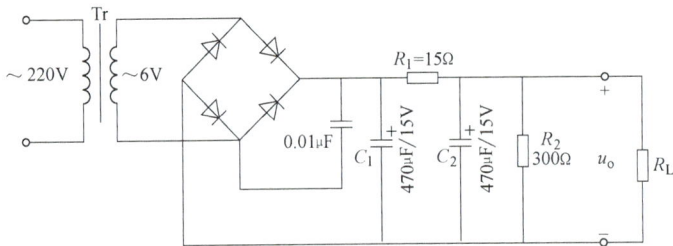

图 1-55 题 6 图

7. 桥式整流电感滤波电路如图 1-56 所示。已知 $U_2 = 10V$（有效值），若忽略电感 L 的电阻，则负载上输出的直流电压 $U_{o(AV)}$ 为多少？

8. 某桥式整流电路如图 1-57 所示。

1）分别用带箭头的实线和虚线在图中画出 u_2 正、负两个半周中电流的流程。

2）画出一个周期中的电流波形和电压波形。

3）设 $U_2 = 12\text{V}$，则 $U_{\text{o(AV)}}$ 和二极管承受的最大反向电压 U_{DRM} 为多少？

4）将用于滤波的电解电容画入图中。

5）求滤波电容接入后的 $U_{\text{o(AV)}}$ 和 U_{DRM}。

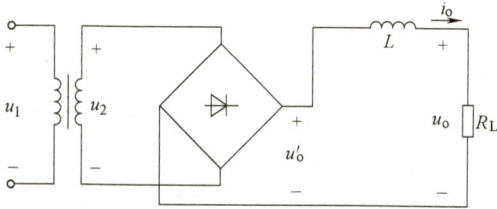 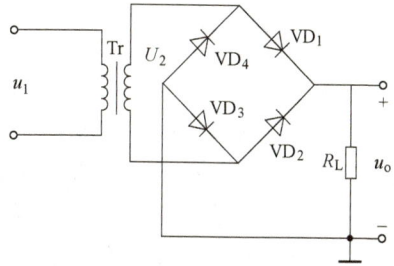

图 1-56　题 7 图　　　　　　　　图 1-57　题 8 图

9. 在图 1-58 所示的限幅电路中，已知输入信号为 $u_i = 8\sin\omega t\,\text{V}$，试画出输出电压 u_o 的波形。设二极管为理想二极管。

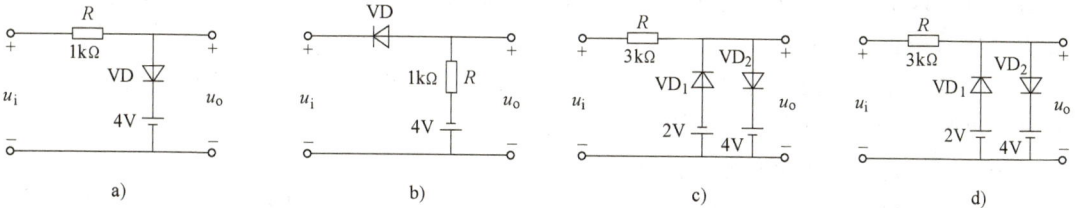

图 1-58　题 9 图

10. 某稳压电路如图 1-59 所示。已知 $U_i = 18 \sim 20\text{V}$，$R = 10\Omega$，$U_o = 15\text{V}$，$I_o = 0 \sim 100\text{mA}$。试求：

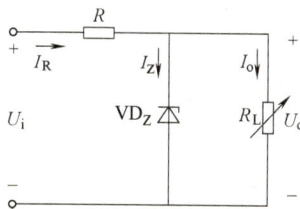

图 1-59　题 10 图

1）R 上的最大功耗。

2）VD_Z 上的最大功耗。

3）VD_Z 中的最小电流 $I_{Z\min}$。

4）当 R_L 不慎短路时，R 上的最大功耗是多少？

模块 2　晶体管的分析与应用

学习目的

要知道：晶体管管型、符号、晶体管各电极电流关系，晶体管处于放大状态时各电极电位的关系，晶体管处于放大、饱和、截止三种状态的条件。3 种基本放大电路的特点和适用场合及输出与输入相位关系；放大电路的动态指标。静态、动态、直流通路、交流通路、非线性失真等基本概念。各种场效应晶体管的符号、主要参数、工作原理和使用方法。

会计算：3 种基本放大电路的静态工作点、电压放大倍数、输入电阻、输出电阻。用等效电路法计算共源极场效应晶体管放大电路的电压放大倍数、输入电阻和输出电阻。

会画出：典型的固定偏流共射基本放大电路、分压式工作点稳定电路、共集电极基本放大电路以及它们的直流通路、交流通路、交流微变等效电路。共源极场效应晶体管放大电路的微变等效电路。

会确定：晶体管放大电路的 3 种组态；晶体管在电路中的放大、饱和、截止状态；由 3 个电极电位关系确定晶体管管型。

会使用：光电晶体管和光电耦合器。

会判断：根据已知 U_{DS}、U_{GS} 值，判断场效应晶体管的工作区域；根据已知特性曲线，判断管型。

会识别：各种场效应晶体管的特性曲线及其 $U_{GS(th)}$、$U_{GS(off)}$。

单元 2.1　晶体管的认知

知 识 准 备

PN 结具有单向导电性，所以二极管可作为整流、开关、检波、稳压等电路的主要器件。但是，它没有放大电信号的能力。而在电子设备中，经常需要对微弱的电信号进行放大。在生产实践和科学实验中，从传感器获得的模拟信号通常很微弱，只有经过放大后才能进一步处理，或者使之具有足够的能量来驱动执行机构，完成特定的工作。例如在收音机电路中，接收到的无线电信号比较微弱，必须经过放大以后才能进行检波处理，并且检波后的音频信号也必须经过前置放大和功率放大后才能够推动扬声器发声。由两个 PN 结组成的半导体晶体管正好具有这种放大作用。客观需要促成了半导体晶体管的产生与发展。

晶体管也是最早诞生的半导体器件之一，其应用非常广泛。特别是在各种电子电路中，利用不同参数的晶体管和一定参数的电阻、电容、电感等元器件进行合理的连接，就能构成不同功能的电路，以实现对交流信号的放大和对调制信号的检波、限幅，也可以构成振荡或开关电路以及实现对电源电压的稳压调节等多种作用。无论在常见的收音机电路中还是在其他家用电子产品或工业控制电路中，都可以找到晶体管的踪迹。常用的晶体管有低频小功率晶体管、低频大功率晶体管、光电晶体管、开关晶体管等。

2.1.1　晶体管的放大原理

1. 晶体管的结构与符号

晶体管又称为双极型晶体管。晶体管结构示意图如图 2-1 所示。其中图 2-1a 所示为 NPN 型晶体管（简称 NPN 管），图 2-1b 所示是 PNP 型晶体管（简称 PNP 管）。从图中可以看出，它们有 3 个区，并相应引出 3 个电极，即发射区引出发射极 E，基区引出基极 B，集电区引出集电极 C。晶体管有两个 PN 结，发射区和基区间的 PN 结称为发射结，集电区和基区间的 PN 结称为集电结。晶体管的电路符号和文字符号如图 2-2 所示，图中箭头方向表示发射结正偏时电流的实际方向。晶体管文字符号用 VT 表示。

2.1.1　晶体管的放大原理

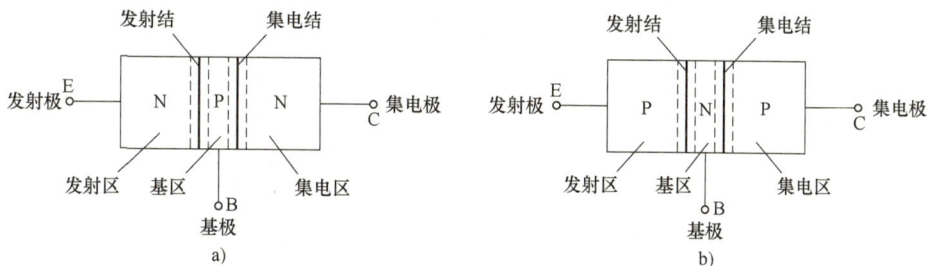

图 2-1　晶体管结构示意图
a）NPN 型晶体管　b）PNP 型晶体管

晶体管的种类很多，除上述按结构分为 NPN 型和 PNP 型外，按制造材料分，还可以分为硅管和锗管；按功率大小分，可分为大、中、小功率管；按工作频率分，可分为高频管和低频管；按用途分，可分为放大管和开关管等。不论是 NPN 型晶体管还是 PNP 型晶体管，它们的结构都有一个共同特点，即发射区是高浓度掺杂区，基区很薄，且掺杂浓度低，集电区的面积大，这是晶体管具有电流放大作用的内部条件。

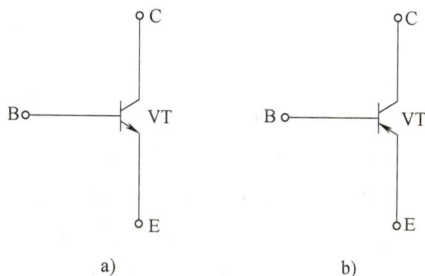

图 2-2　晶体管的电路符号和文字符号
a）NPN 型晶体管　b）PNP 型晶体管

2. 晶体管放大的概念

在电子电路中所说的"放大"有两方面的含义：一是指放大的对象是变化量，二是指对能量的控制作用。所谓放大就是在输入端用一个小的变化量去控制能量，使输出端产生一个大的与输入变化相对应的变化量。例如，人讲话时一般只有毫瓦级的功率，而经过放大器之后送到扬声器的功率可达到几十甚至上千瓦。具有能量控制作用的器件，称为有源器件。晶体管及本书后面所讲的场效应晶体管、集成运放、集成功放都是有源器件。

3. 晶体管的偏置

晶体管基区很薄，发射区的载流子浓度远大于基区的载流子浓度，这是晶体管实现放大的内部条件，而发射结正向偏置、集电结反向偏置是实现放大的外部条件。图 2-3a 所示为 NPN 管组成放大电路的外部电路，U_{CC} 通过 R_C 给集电结加一个反向电压（$U_{CB}>0$），U_{BB} 通过 R_B 给发射结加一个正向电压（$U_{BE}>0$）。因为 $U_{CB}=U_{CE}-U_{BE}$，所以只要 $U_{CE}>U_{BE}$，便可满足 $U_{CB}>0$，实现集电结反向偏置。显然，如果以发射极为参考电位，晶体管 3 个电极的电位满足 $U_C>U_B>U_E$，则可满足发射结正向偏置、集电结反向偏置的条件。而图 2-3b 为 PNP 管组成放大电路的外部电路，与 NPN 管的外部电路正好相反。若符合发射结正向偏置、集电结反向偏置，则必须满足 $U_C<U_B<U_E$。

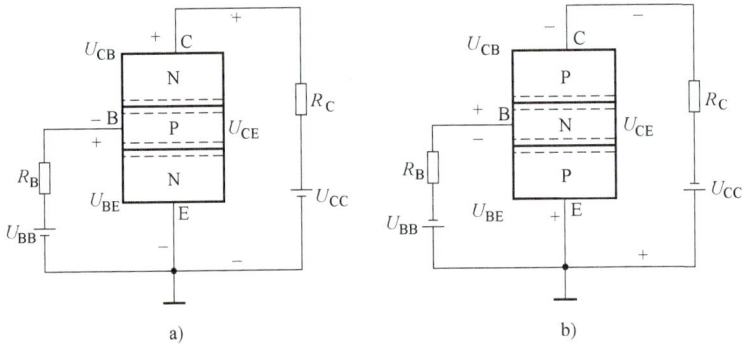

图 2-3　由晶体管组成放大电路的外部电路
a）由 NPN 管组成放大电路的外部电路　b）由 PNP 管组成放大电路的外部电路

4. 晶体管内部载流子的运动和各极电流的形成

图 2-4 是一个简单的共射放大电路，图中 ΔU_I 是一个作为控制用的微小的变化电压，它接在基极和发射极所在的回路（称为输入回路）中，放大后的信号出现在集电极和发射极所在的回路（称为输出回路）中，由于输入和输出回路以发射极为公共端，所以称为共发射极电路（简称共射电路）。不难看出，图 2-4 中的晶体管是符合具有放大作用的外部条件的，即发射结正偏、集电结反偏。那么，该电路是否具有放大作用呢？下面从分析晶体管内部载流子的运动情况和电流分配关系入手，先分析 $\Delta U_I=0$ 的情况。

（1）发射区向基区注入电子

晶体管内部载流子的运动和各极电流示意图如图 2-5 所示。由于发射结加正向电压，所以有利于该结两边半导体中多子的扩散。发射区的电子源源不断地越过发射结扩散到基区，同时，基区的空穴也要扩散到发射区。由于基区的掺杂浓度远低于发射区，所以流过发射结的正向电流主要是由发射区的多子（自由电子）向基区扩散形成的。实际上发射区向基区注入电子，为了保持平衡，在外电路通过外电源不断向发射区补充电子，从而形成发射极电流 I_E。由于电流的方向与电子运动方向相反，所以 I_E 从发射极流出管外。

（2）电子在基区的扩散与复合

由发射区来的电子注入基区后，因电子浓度的差别，电子要继续向集电结扩散。在扩散过程中，少数电子与基区空穴复合，复合掉的空穴由基极电源 U_{BB} 补充，从而形成基极电流 I_B 的主要成分 I_{BN}（即与空穴复合的电子流）。由于基区很薄，且掺杂浓度低，电子在基区的复合机会很少，因而基极电流很小，而绝大部分电子将继续向集电结方向扩散。

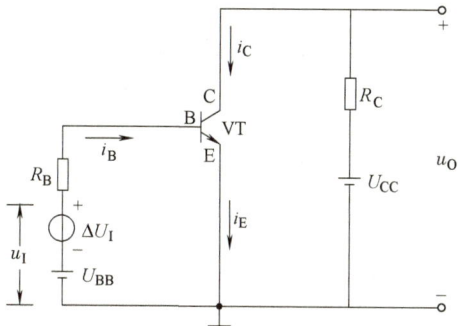

图 2-4　共射放大电路

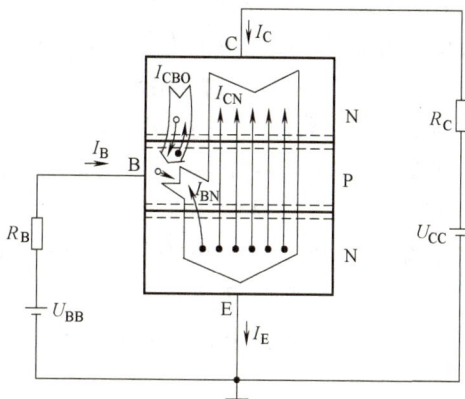

图 2-5　晶体管内部载流子的运动和各极电流示意图

（3）集电区收集电子

由于集电结加反向电压，使集电区的多子（电子）和基区的多子（空穴）很难通过集电结，但对发射区来的电子有很强的吸引力，使得电子很快地漂移过集电结，被集电区收集，形成集电极电流 I_C 的主要成分 I_{CN}。注意：由于集电结反偏，除发射区来的电子形成集电极电流外，还存在少子，所以形成反向饱和电流 I_{CBO}。I_{CBO} 很小，多数情况下可忽略不计。

由以上的分析可知，晶体管发射区的作用是向基区注入载流子，形成 I_E；基区的作用是传送和控制载流子，形成 I_B；集电区的作用是收集载流子，形成 I_C。显然，I_C 必须由发射区越过基区来的载流子形成，而不是由集电区本身的多数载流子运动而形成。

5. 晶体管各极电流的分配关系

由图 2-5 可知晶体管各极的电流分别为

$$I_C = I_{CN} + I_{CBO}$$

$$I_B = I_{BN} - I_{CBO}$$

$$I_E = I_{CN} + I_{BN} = I_C + I_B$$

由以上可知，从发射区扩散到基区的电子（I_E），只有很小的一部分（I_{BN}）在基区复合，大部分（I_{CN}）到达集电区。把 I_{CN} 与 I_{BN} 的比值叫作晶体管的共发射极直流电流放大系数，用 $\overline{\beta}$ 表示，即

$$\overline{\beta} = \frac{I_{CN}}{I_{BN}}$$

则

$$I_C = \overline{\beta} I_B + (1 + \overline{\beta}) I_{CBO} \qquad (2\text{-}1)$$

式（2-1）中的 $(1+\overline{\beta}) I_{CBO}$ 称为穿透电流，用 $I_{CEO(pt)}$ 表示。注意到 I_{CBO} 可忽略不计，得

$$I_C \approx \overline{\beta} I_B \qquad (2\text{-}2)$$

$$I_E = I_C + I_B = \overline{\beta} I_B + I_B = (1 + \overline{\beta}) I_B \qquad (2\text{-}3)$$

晶体管的电流方向与分配关系如图 2-6 所示。对于 PNP 管，其电流分配关系与 NPN 管相同，但由于它们形成电流的载流子极性不同，所以电流方向相反。

6. 晶体管的电流放大作用

由以上分析可知，晶体管中的电流是按比例分配的，即 I_C 的大小不但取决于 I_B，而且远

大于 I_B。因此，只要控制基极回路的小电流 I_B，就能实现对集电极回路大电流 I_C 的控制。这就是晶体管的电流放大作用或电流控制能力。因此常把晶体管称为电流控制器件。

现在来讨论图 2-4 中 $\Delta U_1 \neq 0$ 的情况。此时 $u_1 = U_{BB} + \Delta U_1$，由于发射结两端电压的变化引起了发射极电流的变化，所以基极电流和集电极电流也会发生相应的变化，它们的变化量分别用 Δi_E、Δi_B、Δi_C 表示。在 u_1 的作用下，基极电流 i_B 和集电极电流 i_C 可表示为

$$i_B = I_B + \Delta i_B$$
$$i_C = I_C + \Delta i_C$$

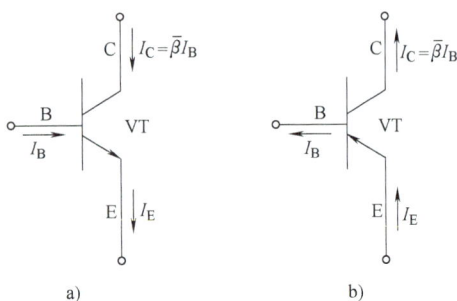

图 2-6　晶体管的电流方向与分配关系
a）NPN 管的电流方向与分配关系
b）PNP 管的电流方向与分配关系

Δi_C 和 Δi_B 的比值称为晶体管的共发射极交流电流放大系数，用 β 表示，即

$$\beta = \frac{\Delta i_C}{\Delta i_B} \tag{2-4}$$

实际上，晶体管导通时，在 I_E 的一个相当大的范围内，β 和 $\bar{\beta}$ 相当接近，可以认为 $\beta \approx \bar{\beta}$，两者可以通用。

综上所述，当晶体管发射结正向偏置、集电结反向偏置时，晶体管具有电流放大作用。所谓电流放大作用，其实质就是基极电流对集电极电流的控制作用：较小的 I_B 变化能引起较大 I_C 的变化，且 I_C 的变化规律与 I_B 的变化规律相同。

2.1.2　晶体管的特性曲线

2.1.2　晶体管的特性曲线

晶体管的特性曲线是指晶体管各电极电压与电流之间的关系曲线，也叫伏安特性。实际上，它是晶体管内部特性的外部表现，是分析放大电路的重要依据。从使用晶体管的角度来说，了解晶体管的外部特性比了解它的内部结构更为重要。晶体管的伏安特性主要有输入特性和输出特性两种。晶体管的特性曲线可用晶体管特性图示仪直接观测，也可以从半导体手册中查得，或通过实验进行测量，并逐点描绘出来。下面以共射放大电路为例，介绍晶体管的输入和输出特性曲线。

1. 共发射极输入特性曲线

晶体管的共发射极输入特性是指当 u_{CE} 为固定值时，i_B 和 u_{BE} 间的关系曲线，即

$$i_B = f(u_{BE})\big|_{u_{CE} = 常数}$$

图 2-7 所示为 NPN 硅管的共发射极输入特性曲线。当 $u_{CE} = 0$ 时，相当于集电极和发射极短路，此时的晶体管相当于发射结和集电结两个二极管正向并联，故它与二极管的正向伏安特性类似。当 u_{CE} 增大时，输入特性曲线向右移动，表示 u_{CE} 对输入特性有影响，但是当 u_{CE} 大于一定值（一般当 $u_{CE} > 1V$ 后），曲线将趋于重合。由图 2-7 可以看出，存在导通电压 U_{on}，即晶体

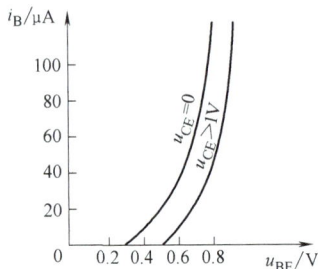

图 2-7　NPN 硅管的共发射极输入特性曲线

管开始导通时，对应的 u_{BE} 值（又称为死区电压或阈值电压），小功率硅管 u_{BE} 约为 0.5V，锗管约为 0.1V。输入特性是非线性的，管子正常工作时发射结正向压降变化不大，硅管约为 0.7V，锗管约为 0.2V。

2. 共发射极输出特性曲线

晶体管的共发射极输出特性曲线是指在基极电流 i_B 一定时，集电极电流 i_C 和集电极与发射极之间电压 u_{CE} 的关系曲线，即

$$i_C = f(u_{CE})\big|_{i_B=常数}$$

图 2-8 所示为 NPN 硅管的共发射极输出特性曲线。实际上，输出特性曲线是 i_B 取不同值时的特性曲线簇。从图中可观察到晶体管的工作状态可分为 4 个区域，即截止区、饱和区、放大区和击穿区。

（1）截止区

$i_B \leq 0$ 曲线以下的区域称为截止区。在此区域内，发射结和集电结均反偏，$i_B = 0$，$i_C = I_{CEO(Pt)} \approx 0$，晶体管 C-E 之间呈高阻状态，相当于开关断开。当然，由于晶体管在输入特性中存在死区电压，所以对硅管而言，当发射结电压 $u_{BE} < 0.5V$ 时，晶体管已开始截止；对锗管而言，当发射结电压 $u_{BE} < 0.1V$ 时，晶体管也进入截止状态。

（2）饱和区

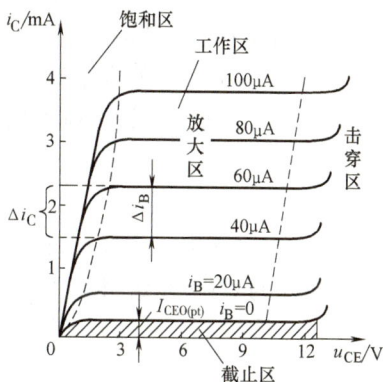

图 2-8　NPN 硅管的共发射极输出特性曲线

u_{CE} 很小（$u_{CE} \leq u_{BE}$）时的输出特性陡直上升的区域称为饱和区。此时，集电结、发射结均正偏。i_B 对 i_C 失去控制作用，因而晶体管工作在饱和区没有放大作用，也不存在 $i_C = \beta i_B$ 的关系。饱和时集电极、发射极间的压降称为饱和压降，用 U_{CES} 表示，一般小功率硅管的 $U_{CES} \approx 0.3V$，锗管的 $|U_{CES}| \approx 0.1V$。由于饱和压降很小，所以可把集电极与发射极之间看作开关的闭合。当 $u_{CE} = u_{BE}$，即 $u_{CB} = 0$ 时，晶体管达到临界饱和；当 $u_{CE} < u_{BE}$ 时，为过饱和状态。

（3）放大区

$i_B = 0$ 的曲线以上，各曲线近似于水平的区域称为放大区。在这个区域里，发射结正偏，集电结反偏，即放大区是指 $i_B > 0$ 和 $u_{CE} > 1V$ 的区域。u_{CE} 超过 1V 后，曲线变得比较平坦。由图可知，对于一定的 i_B，i_C 近似不变，即 u_{CE} 对 i_C 几乎无控制作用，具有电流恒定的特性。改变 i_B 可以改变 i_C，有 $i_C = \beta i_B$，故通过对 i_B 的控制可实现对 i_C 的控制。

（4）击穿区

当 u_{CE} 增加到一定数值后（即 $U_{(BR)CEO}$），加到集电极-发射极之间的反向电压太高，使基极-集电极之间 PN 结发生反向击穿，i_C 迅速上升，晶体管不能正常工作，甚至很快烧毁，这种情形称为击穿现象。晶体管不允许工作在击穿状态。

【例 2-1】　用直流电压表测得某放大电路中一个晶体管的电极对地电位是：$U_1 = 2V$，$U_2 = 6V$，$U_3 = 2.7V$，判断晶体管的各对应电极与晶体管的类型。

解：引脚①、③间的电位差为 $U_{13} = U_3 - U_1 = 0.7V$，故③、①间为发射结；因②脚电位最高，所以②脚为集电极，且晶体管为 NPN 型。因为 $U_{13} = 0.7V$，故此晶体管为硅管。

此管为 NPN 硅管，③脚为基极，②脚为集电极，①脚为发射极。

2.1.3 晶体管的使用常识

1. 晶体管的型号

关于国产晶体管的型号命名方法见 1.1.2 节中的表 1-1。

2. 晶体管的主要参数

晶体管的参数是表征管子各方面性能和安全运用范围的物理量，因此它是设计电路时选择管子、调整、计算电子电路的基本依据。晶体管的参数较多，这里介绍主要的几个。

（1）表征放大性能的参数

1）共射直流电流放大系数。当将晶体管接成共发射极电路时，在没有信号输入的情况下，集电极电流 I_C 和基极电流 I_B 的比值叫作共发射极直流电流放大系数，即

$$\bar{\beta} = \frac{I_C}{I_B}$$

2）共射交流电流放大系数。当将晶体管接成共发射极电路时，在有信号输入的情况下，集电极电流的变化量 Δi_C 和基极电流的变化量 Δi_B 的比值叫作共发射极交流电流放大系数，即

$$\beta = \frac{\Delta i_C}{\Delta i_B}$$

这两个参数的定义是不同的。若晶体管输出特性曲线比较平坦，各条曲线间隔相等，则可认为 $\beta \approx \bar{\beta}$。

由于制造工艺的分散性，同一类型晶体管的 β 值差异很大。常用的小功率晶体管的 β 值一般为 20~200。β 值过小，晶体管电流放大作用小；β 值过大，工作稳定性差。一般选用 β 值在 40~100 的晶体管较为合适。

（2）表征稳定性的参数

极间反向电流是由少子热激发而形成的，它受温度的影响很大，对放大电路的稳定工作，有着不容忽视的作用。

1）反向饱和电流 I_{CBO}。当发射极开路时，集电极和基极之间的反向电流叫作反向饱和电流，它是由少数载流子形成的。这个参数受温度的影响较大。手册上给出的 I_{CBO} 都是在规定的反向电压下测出的，当反向电压大小改变时，I_{CBO} 的数值可能稍有改变。硅晶体管的反向饱和电流要远远小于锗晶体管的反向饱和电流，其数量级在微安和毫安之间。这个值越小越好。

2）穿透电流 $I_{CEO(pt)}$。当基极开路时，集电极与发射极之间加上一定电压时的电流叫作穿透电流。由于它是从集电区穿过基区流入发射区的电流，所以称为穿透电流，它是 I_{CBO} 的 $(1+\bar{\beta})$ 倍。在选择晶体管时要兼顾 $\bar{\beta}$ 和 I_{CBO} 两个参数，不能盲目追求 $\bar{\beta}$ 值大的管。

（3）表征安全工作的参数（晶体管的极限参数）

晶体管的极限参数是保证晶体管安全运行和选择晶体管的依据。

1）集电极最大允许电流 I_{CM}。当晶体管工作在放大区时，如果集电极电流超过一定值，其电流放大系数就会下降。晶体管的 β 值下降到正常值 2/3 时的集电极电流，叫作晶体管的集电极最大允许电流 I_{CM}。当集电极电流超过 I_{CM} 时，晶体管不一定损坏，但 β 显著下降，晶体管性能变差。

2) 集电极最大允许耗散功率 P_{CM}。P_{CM} 是指在允许的集电结结温（硅管约为 150℃，锗管约为 70℃）下，集电极允许消耗的功率。一般小功率晶体管的 $P_{CM}<1W$，大功率管的 $P_{CM}\geqslant$ 1W。P_{CM} 与散热条件和环境温度有关，在加装散热器后，可使 P_{CM} 大大提高。手册中给出的 P_{CM} 值是在常温（25℃）下测得的，对于大功率晶体管则是在常温加装规定尺寸散热器的情况下测得的。当晶体管工作时，U_{CE} 的大部分降在集电结上，因此根据

$$P_{CM}=I_C U_{CE} \tag{2-5}$$

可在输出特性曲线上画出晶体管的最大允许功率损耗线，如图 2-9 所示。

3）反向击穿电压 $U_{(BR)CEO}$、$U_{(BR)CBO}$、$U_{(BR)EBO}$。$U_{(BR)CEO}$ 是指基极开路时，集电极-发射极之间允许施加的最高反向电压；$U_{(BR)CBO}$ 是指发射极开路时，集电极-基极之间允许施加的最高反向电压；$U_{(BR)EBO}$ 是指集电极开路时，发射极-基极之间允许施加的最高反向电压。这 3 个反向击穿电压的大小关系是 $U_{(BR)CBO}>U_{(BR)CEO}>U_{(BR)EBO}$。

由晶体管的 3 个极限参数 I_{CM}、P_{CM}、$U_{(BR)CEO}$ 可以画出晶体管的安全工作区，如图 2-9 所示。使用中，不允许将工作点设在安全工作区以外。

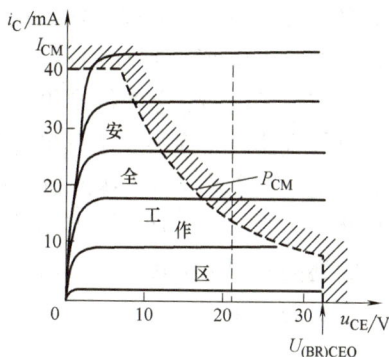

图 2-9 晶体管的安全工作区

2.1.4 特殊晶体管简介

1. 光电晶体管

光电晶体管是将光信号转换成光电流信号的半导体受光器件，并且它还能把光电流放大，其工作原理与光电二极管基本相同。

图 2-10 所示为光电晶体管的外形示意图和电路符号。一般的光电晶体管只引出两个引脚（E、C 极），不引出基极 B，管壳上开有窗口。光电晶体管也具有两个 PN 结，且有 NPN 型和 PNP 型之分。

当使用 NPN 型管时，E 极接电源负极，C 极接电源正极。在没有光照时，流过管子的电流（暗电流）为穿透电流，数值很小，比普通晶体管的穿透电流还小；在有光照时，流过集电结的反向电流增大到 I_L，则流过晶体管的电流（光电流）为

$$I_C=(1+\beta)I_L \tag{2-6}$$

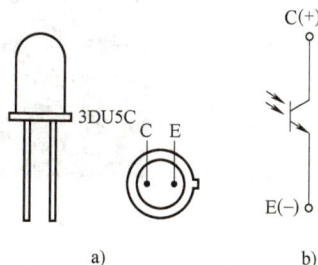

图 2-10 光电晶体管外形示意图和电路符号

a）外形示意图 b）电路符号

可见，在相同的光照条件下，光电晶体管的光电流比光电二极管约大 β 倍（通常光电晶体管的 $\beta = 100 \sim 1000$），因此光电晶体管比光电二极管具有高得多的灵敏度。

2. 光电耦合器

光电耦合器是将发光器件（LED）和受光器件（光电二极管或光电晶体管等）封装在同一个管壳内组成的电-光-电器件，其符号如图 2-11 所示。图中左边是发光二极管，右边是光电晶体管。当在光电耦合器的输入端加电信号时，发光二极管发光，光电管受到光照后产生光电流，由输出端引出，于是实现了电-光-电的传输和转换。

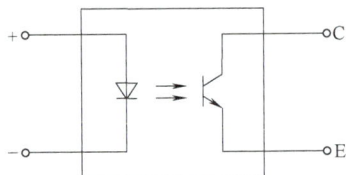

图 2-11　光电耦合器符号

光电耦合器以光为媒介实现电信号传输，输出端与输入端之间在电气上是绝缘的，因此抗干扰性能好，能隔噪声，而且具有响应快、寿命长等优点，当用作线性传输时，失真小、工作频率高；当用作开关时，无机械触头疲劳，具有很高的可靠性；它还能实现电平转换、电信号电气隔离等功能。因此，光电耦合器在电子技术等领域已得到广泛的应用。

仿 真 训 练

单元 2.1 仿真训练
晶体管特性的
研究

晶体管特性的研究

1. 仿真电路

图 2-12a 为晶体管输入特性测试仿真电路，图 2-12b 为晶体管输入特性曲线，图 2-13a 为晶体管输出特性测试仿真电路，图 2-13b 为晶体管输出特性曲线。

2. 仿真内容及要求

1) 晶体管输入特性测试。固定 u_{CE}，改变 u_{BE}，测 i_B，观测晶体管输入特性曲线，注意晶体管的死区电压和晶体管正常工作时发射结正向压降。

2) 晶体管输出特性测试。固定 i_B，改变 u_{CE}，测 i_C，观测晶体管输出特性曲线，进一步深刻理解晶体管的 3 个工作状态。

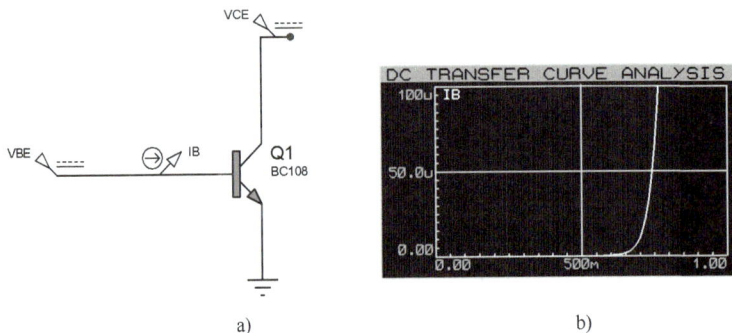

a)

b)

图 2-12　晶体管输入特性测试
a）仿真电路　b）输入特性曲线

a)   b)

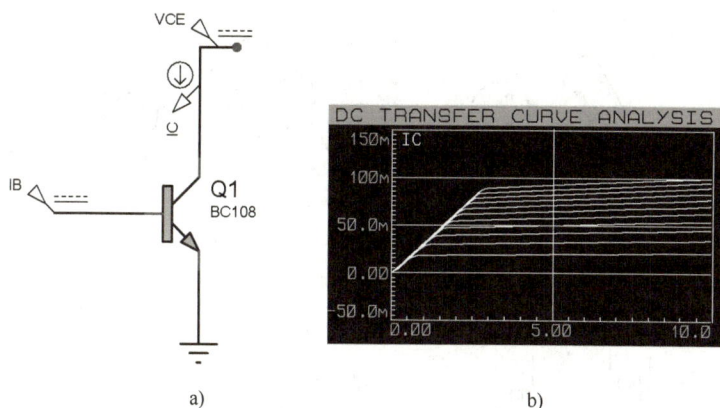

图 2-13　晶体管输出特性测试
a）仿真电路　b）输出特性曲线

技 能 实 训

晶体管的识别与检测

1. 实训目的

1）熟悉各类晶体管外形及引脚的识别方法。

2）学习查阅半导体器件手册的方法，熟悉晶体管的类型及主要性能参数。

3）掌握用万用表检测晶体管性能的方法。

2. 实训器材

万用表一只；半导体器件手册一本；常用不同规格类型的半导体晶体管若干。

3. 实训内容及要求

（1）晶体管外形及引脚排列

分立器件中双极型晶体管比场效应晶体管应用广泛。晶体管的封装有金属壳与塑料封装等。常见晶体管封装外形及引脚排列示意图如图 2-14 所示。需指出的是，图 2-14 中的引脚排列方法是一般规律，对于外壳上有引脚指示标志的，应按标志识别；对外壳上无引脚指示标志的，应以测量为准。

（2）晶体管的检测方法

因为晶体管内部有两个 PN 结，所以可以通过用万用表欧姆档测量 PN 结正、反向电阻的方法来确定晶体管的引脚、管型，并可判断晶体管性能的好坏。

1）基极 B 判别。将万用表（以指针表为例）置于 $R \times 1k\Omega$ 档，用两表笔搭接晶体管的任意两引脚，如果阻值很大（几百千欧以上），就将表笔对调再测一次，若阻值也很大，则剩下那只引脚必是基极 B。

也可以先假设一个电极为基极，分别测另外两个电极与基极之间的电阻，若测的阻值相同（要么都很大，要么都较小），则假设为基极成立。

右侧二维码说明：单元 2.1 技能实训 晶体管的识别 与检测

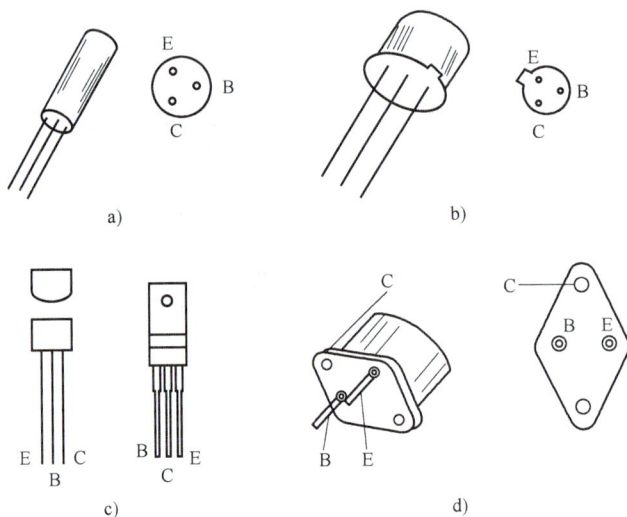

图 2-14　常见晶体管封装外形及引脚排列示意图

2）类型判别。在晶体管基极确定后，可用万用表黑表笔（即表内电池正极）接基极，红表笔（即表内电池负极）接另外两引脚中的任意一个，若测得的电阻值很大（几百千欧以上），则该管是 PNP 型管；若测得电阻值较小（几千欧以下），则该管是 NPN 型管。硅管、锗管的判别方法是，硅管 PN 结的正向电阻为几千欧，锗管 PN 结的正向电阻为几百欧。

3）集电极 C 判别。在测 NPN 型晶体管的集电极时，应先在除基极以外的两个电极中任设一个为集电极，并将万用表的黑表笔搭接在假设的集电极上，红表笔搭接在假设的发射极上，用一大电阻 R（几百千欧）接基极和假设的集电极（也可用手捏住基极和集电极，但是不可以短接），将图 2-15 所示的开关 S 闭合，若万用表指针偏转很小，则假设不正确；若万用表指针有较大的偏转，则以上假设正确。为准确起见，一般将基极以外的两个电极先后假设为集电极，进行两次测量，万用表指针偏转角较大的那次测量中与黑表笔相连的是晶体管的集电极。

4）电流放大能力估测。将万用表置于 $R×1\text{k}\Omega$ 档，黑、红表笔分别与 NPN 型晶体管的集电极 C、发射极 E 相接，测 C、E 之间的电阻值。当用一电阻接于 B、C 两引脚间时，阻值示数会减小，即万用表指针右偏。晶体管的电流放大能力越大，则表针右偏的角度也越大。若在测量过程中发现表针右偏角度很小，则说明被测晶体管的放大能力很低，甚至是劣质管。

5）穿透电流 $I_{\text{CEO(pt)}}$ 及热稳定性检测。可以用在晶体管集电极和电源之间串接直流电流表的办法来测量穿透电流 $I_{\text{CEO(pt)}}$，也可用万用表测晶体管 C、E 间电阻的方法来定性检测。测 C、E 间漏阻及晶体管的热稳定性示意图如图 2-16 所示。测量时，将万用表置于 $R×1\text{k}\Omega$ 档，红表笔与 NPN 型晶体管的发射极相连，黑表笔与集电极相连，基极悬空。所测 C、E 之间的电阻值越大，则漏电流越小，晶体管的性能也就越好。

在测试穿透电流 $I_{\text{CEO(pt)}}$ 的同时，用手捏住晶体管的管帽，受人体温度的影响，C、E 间反向电阻会有所减小。若万用表指针变化不大，则说明该管的稳定性较好；若指针迅速右偏，则说明该管的热稳定性较差。

目前，多数万用表上都设有测量晶体管的插孔，只要把万用表功能置于 h_{FE} 档并校正，就可以很方便地测出晶体管的 β 值，并可判别管型及引脚。

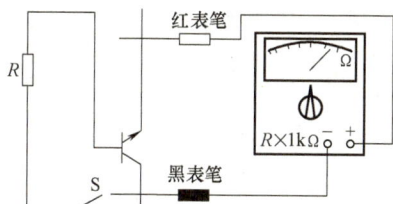

图 2-15　晶体管集电极的判别

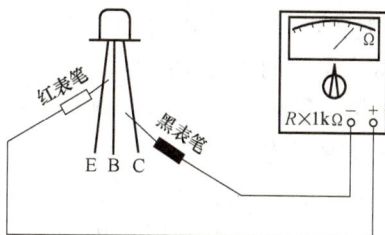

图 2-16　测 C、E 间漏阻及晶体管的热稳定性示意图

（3）要求

1）根据要求自购或取备用晶体管，认识各种半导体晶体管的外形。

2）根据所给晶体管，查阅半导体器件手册，记录所给晶体管的类别、型号及主要参数。

3）用万用表判别晶体管的引脚、类型，比较各晶体管的电流放大系数及穿透电流，并做测试记录。

4）用万用表的 h_{FE} 档测各晶体管的 β，并记录结果。

4. 实训报告要求

填写技能实训的目的和被测晶体管的类型、型号、主要参数、测量数据及质量好坏的判别结果。

单元 2.2　晶体管基本应用电路的分析

知 识 准 备

模拟信号是时间的连续函数，处理模拟信号的电路称为模拟电子电路。模拟电子电路中的晶体管通常工作在放大状态，它和电路中的其他元器件一起构成各种用途的放大电路。晶体管基本放大电路按结构可分为共射、共集和共基极 3 种。而基本放大电路又是构成各种复杂放大电路和线性集成电路的基本单元。在实践中，放大电路的用途是非常广泛的，它能够利用晶体管的电流控制作用把微弱的电信号增强到所要求的数值，例如常见的扩音机就是把微弱的声音变大的放大电路。声音先经过话筒变成微弱的电信号，经过放大器，利用晶体管的控制作用，把电源供给的能量转为较强的电信号，然后经过扬声器还原成为放大了的声音。

2.2.1　基本放大电路

由一个放大元器件组成的简单放大电路叫单管放大电路，也叫基本放大电路。下面将以应用最广泛的共发射极放大电路（简称共射放大电路）为例，说明它的元器件作用、组成原则及基本工作情况。

2.2.1　基本放大电路

1. 基本放大电路的组成和元器件作用

图 2-17 为由一个 NPN 型晶体管组成的共射基本放大电路。AO 为其输入端，外接待放大的信号 u_S，R_S 是信号源的内阻；BO 是放大电路的输出端，外接负载 R_L。发射极是放大电路输入回路与输出回路的公共端，故称该电路为共射基本放大电路。

（1）电路元器件的作用

1）晶体管 VT：图中采用的是 NPN 型硅管，是放大电路的核心元器件。

2）基极直流电源 U_{BB}：为发射结提供正向偏置所需要的电压。

3）基极偏置电阻 R_B：又称偏流电阻，它和电源 U_{BB} 一起，给基极提供一个合适的基极电流 I_B，I_B 通常称为偏置电流。另外，R_B 还保证在输入信号 u_i 的作用下能引起 i_B 做相应的变化。

4）集电极直流电源 U_{CC}：它为集电结提供反向偏置电压，同时为输出信号提供能量。

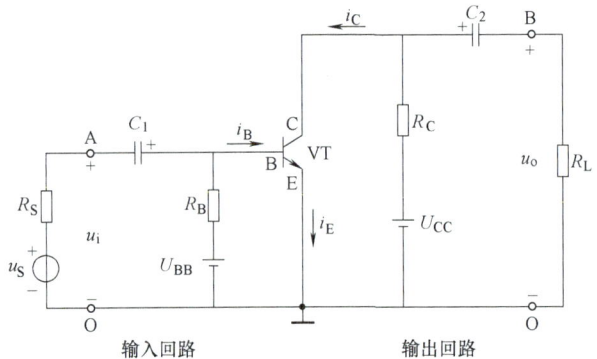

图 2-17　NPN 型晶体管组成的共射基本放大电路

5）集电极负载电阻 R_C：它将集电极电流 i_C 的变化转换成集-射极之间电压 u_{CE} 的变化，即把晶体管的电流放大特性以电压的形式表现出来。

6）耦合电容 C_1 和 C_2：也称隔直电容，其作用是隔离直流、通过交流。我们知道，电容的容抗与频率有关，对于直流，容抗等于无穷大，相当于把电容支路断开，从而避免了信号源与放大电路之间、放大电路与负载之间直流电流的互相影响；对于交流，由于电容的容量选得足够大，所以在输入信号的频率范围内容抗很小，可使交流信号无损耗地通过。通常 C_1、C_2 选用容量大、体积小的电解电容，要注意电解电容有正、负极性，连接时不可接错。

7）图中符号"⊥"表示接机壳或接底板，常称"接地"。必须指出，它并不表示真正接到大地，而仅表示电路的参考零电位。

（2）放大电路的组成原则

通过上面的讨论，可以归纳出在组成基本放大电路时必须遵循的几条原则。

1）必须有直流电源，且电源的极性必须使发射结处于正向偏置而集电结处于反向偏置，以保证晶体管处于放大状态。

2）输入回路的接法，应当使输入的变化电压 u_i 能产生变化的电流 i_B，因为 i_B 直接控制着 i_C。

3）输出回路的接法应产生受 i_B 控制的 i_C，并且尽可能多地流到负载上去，以减少其他支路的分流。

4）为了保证放大电路的正常工作，必须在没有外加信号时使晶体管不仅处于放大状态，而且要有一个合适的直流电压和电流，即必须合理设置静态工作点，以保证输出信号不产生明显的非线性失真。

（3）放大电路的简化

图 2-17 所示电路要用两个电源供电，这在使用上很不方便。在实际应用中，为了简化电路，一般选取 $U_{BB}=U_{CC}$，省去一个电源。又因为电源 U_{CC} 负极接地，所以在图中可以只标出它的极性和大小，而不再画出电源的符号。共射基本放大电路的习惯画法如图 2-18 所示，这种电路的习惯画法以后会经常采用。

2. 基本放大电路的工作情况

放大电路有两种状态，一种状态是没有输入信号（$u_i=0$）时，电路各处的电压、电流处于相对的静止状态，这时晶体管各电极的电压、电流都是不变的直流，称为直流工作状态，简称静态；另一种状态是当输入交流信号 u_i 加到晶体管输入电极时，晶体管各极电压、电流便随信号显著地变化，这种变化状态称为交流工作状态，简称动态。

（1）静态时的情况

当放大电路没有输入信号时，放大电路处于静止状态。但由于直流电源 U_{CC} 已经接通，U_{CC} 通过 R_B、R_C 分别给晶体管的发射结加上正向偏置电压，给集电结加上反向偏置电压，使晶体管产生直流的基极电流 I_B 和集电极电流 I_C，并呈现直流的基极-发射极电压 U_{BE} 和集电极-发射极电压 U_{CE}。静态情况如图 2-19 所示。对于这 4 个数值，可在晶体管的输入、输出特性曲线上各定出一个点，习惯上称它们为静态工作点，简称 Q 点。

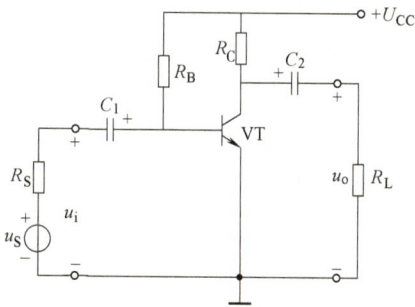

图 2-18　共射基本放大电路的习惯画法　　　图 2-19　静态情况

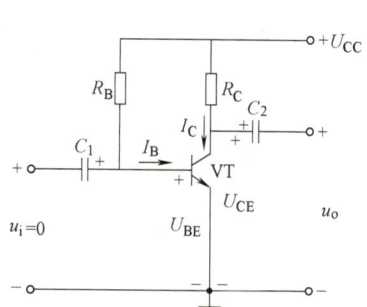

（2）动态时的情况

加入输入信号 u_i 时的放大情况如图 2-20 所示。待放大的输入电压 u_i 从电路的 A、O 两点输入时，放大电路的输出电压 u_o 从 B、O 两点输出。输入端的交流电压 u_i 通过电容 C_1 加到晶体管的基极，从而引起基极电流 i_B 的相应变化。i_B 的变化使集电极电流 i_C 随之变化，且 i_C 的变化量是 i_B 变化量的 β 倍。i_C 的变化量在集电极负载电阻 R_C 上产生压降。集电极电压 $u_{CE} = U_{CC} - i_C R_C$，当 i_C 的瞬时值增大时，u_{CE} 就要减小，所以 u_{CE} 的变化恰与 i_C 相反。u_{CE} 中的变化量（u_{ce}）经耦合电容 C_2 传送到输出端而得到输出电压 u_o。如果电路参数选择适当，u_o 的幅度就将比 u_i 大得多，从而达到放大的目的。

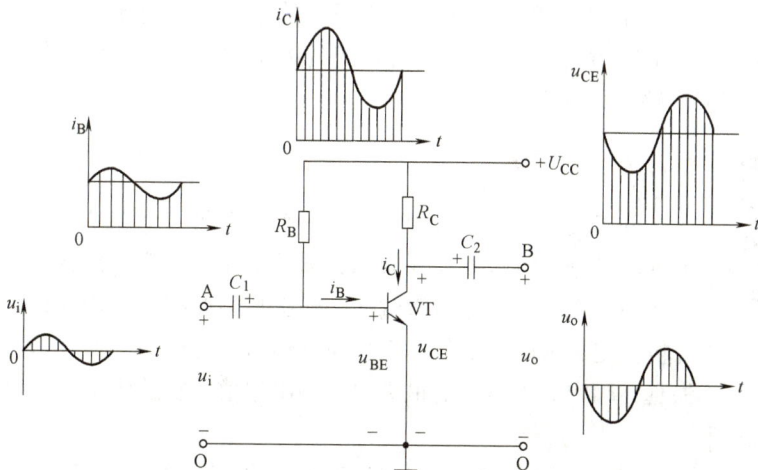

图 2-20　加入输入信号 u_i 时的放大情况

3. 交流通路和直流通路

在分析放大电路时，静态分析的对象是直流成分，而动态分析的对象是交流成分。由于放大电路中存在着电抗性元器件，所以直流成分的通路和交流成分的通路是不一样的。因此，在对放大电路进行具体分析前，必须正确地划分直流通路和交流通路。

（1）直流通路

所谓直流通路，就是在放大电路中直流电流通过的途径。画直流通路的原则是：将耦合电容、旁路电容视为开路，将电感视为短路，这样可得如图 2-21a 所示的共射基本放大电路的直流通路，如图 2-21b 所示。

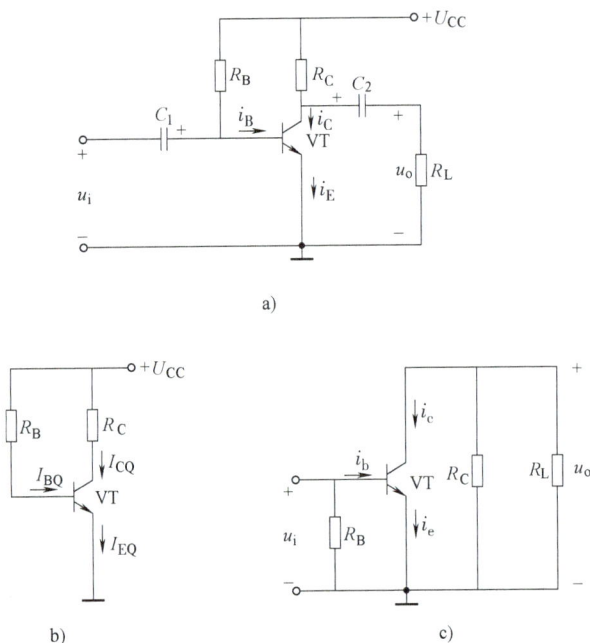

a)

b)   c)

图 2-21 共射基本放大电路及其直流通路和交流通路
a）共射基本放大电路 b）直流通路 c）交流通路

（2）交流通路

所谓交流通路，就是在放大电路中交流电流通过的途径。画交流通路的原则是：将耦合电容、旁路电容视为短路；由于直流电压源对交流的内阻很小，所以可看作短路。这样可得图 2-21a 所示的交流通路，如图 2-21c 所示。

2.2.2 用图解法分析共发射极基本放大电路

分析放大电路的常用方法有图解法和等效电路法。当对一个放大电路进行定量分析时，主要要做两方面的工作，即静态分析和动态分析。

图解法就是在晶体管输入、输出特性曲线上，用作图的方法通过静态分析确定放大电路的静态工作点；通过动态分析，研究放大电路的非线性失真，确定放大电路的最大电压输出幅值。它的优点是形象、直观。

1. 静态分析

图解法静态分析的目的是确定静态工作点，求得 I_{BQ}、U_{BEQ}、I_{CQ} 和

2.2.2 用图解法分析共发射极基本放大电路

U_{CEQ}的具体数值。显然，静态分析的对象应是直流通路，图解法静态分析的关键是作直流负载线。

（1）由输入回路求 I_{BQ}、U_{BEQ}。共射基本放大电路如图 2-22 所示。图 2-23 是图 2-22 的直流通路。已知晶体管的输入特性曲线如图 2-24 所示。由图 2-23 的输入回路可列出输入回路的直流负载线方程，即式（2-7）

$$U_{BE} = U_{CC} - I_B R_B \quad （外部方程，线性部分）\tag{2-7}$$

$$I_B = f(U_{BE}) \quad （内部方程，非线性部分）\tag{2-8}$$

在输入特性曲线坐标上，作直流负载线 AB。A 点：设 $U_{BE}=0$，$I_B = \dfrac{U_{CC}}{R_B} = 40\mu A$；$B$ 点：设 $U_{BE}=2V$，$I_B = \dfrac{U_{CC}-U_{BE}}{R_B} = 33\mu A$，如图 2-24 所示。由于输入回路中的 I_B、U_{BE} 既要满足晶体管的输入特性曲线（式 2-8），又要满足直流负载线（式 2-7），所以它们的交点 Q 就是静态工作点。Q 点所对应的 I_B、U_{BE}，就是所求静态工作点的数值，即 $U_{BEQ}=0.7V$，$I_{BQ}=39\mu A \approx 40\mu A$。

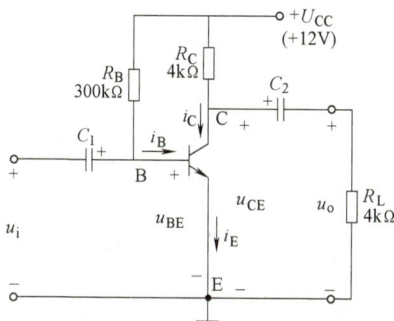

图 2-22   共射基本放大电路　　　　图 2-23   图 2-22 的直流通路

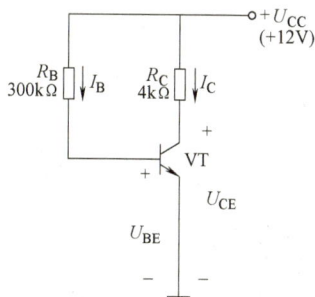

（2）由输出回路求 I_{CQ}、U_{CEQ}。已知晶体管的输出特性曲线如图 2-25 所示。由图 2-23 的输出回路可列出输出回路的直流负载线方程，即式（2-9）

$$U_{CE} = U_{CC} - I_C R_C \quad （外部方程，线性部分）\tag{2-9}$$

$$I_C = f(U_{CE}) \quad （内部方程，非线性部分）\tag{2-10}$$

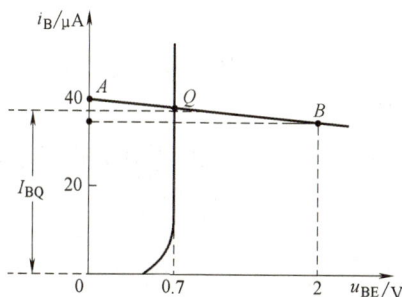

图 2-24   用图解法求 I_{BQ}、U_{BEQ}　　　　图 2-25   用图解法求 I_{CQ}、U_{CEQ}

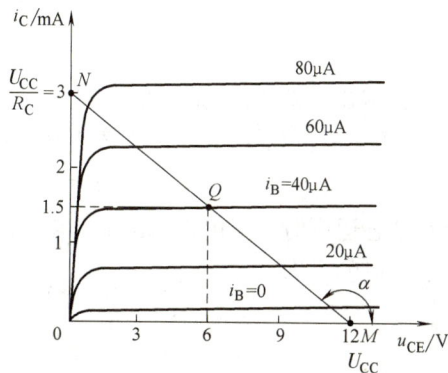

在输出特性曲线坐标上，作直流负载线 MN。M 点：令 $I_C = 0$，$U_{CE} = U_{CC} = 12\text{V}$；$N$ 点：令 $U_{CE} = 0$，$I_C = \dfrac{U_{CC}}{R_C} = 3\text{mA}$，如图 2-25 所示。由于输出回路中的 I_C、U_{CE} 既要满足晶体管的输出特性曲线 [见式（2-10）]，又要满足直流负载线 [见式（2-9）]，所以它们的交点 Q 就是静态工作点。Q 点所对应的 I_C、U_{CE}，就是所求静态工作点的数值，即 $U_{CEQ} = 6\text{V}$，$I_{CQ} = 1.5\text{mA}$。

2. 动态分析

图解法动态分析的目的是观察放大电路的动态工作情况，即输入信号时晶体管各极电压电流的波形，研究放大电路的非线性失真，求得最大不失真输出幅值。而动态分析的对象是交流通路，分析的关键是作交流负载线。

（1）输入回路中 u_{BE} 和 i_B 的波形。设图 2-22 共射基本放大电路的输入信号 $u_i = U_{im}\sin\omega t = 0.02\sin\omega t\text{V}$，在将它加到放大电路的输入端后，就在直流量 U_{BE} 上叠加了交流量 u_i（u_{be}），即 $u_{BE} = (0.7 + 0.02\sin\omega t)\text{V}$，如图 2-26a 中的曲线①所示，其在输入特性曲线上的动态工作范围为 $Q_1 \sim Q_2$，按正弦规律变化。根据 u_{BE} 的波形，在输入特性曲线，可画出对应的 i_B 波形，如图 2-26a 中的曲线②，它是在直流量 I_B 上叠加了交流量。由图可知：

$$i_B = I_{BQ} + i_b = (40 + 20\sin\omega t)\,\mu\text{A}$$

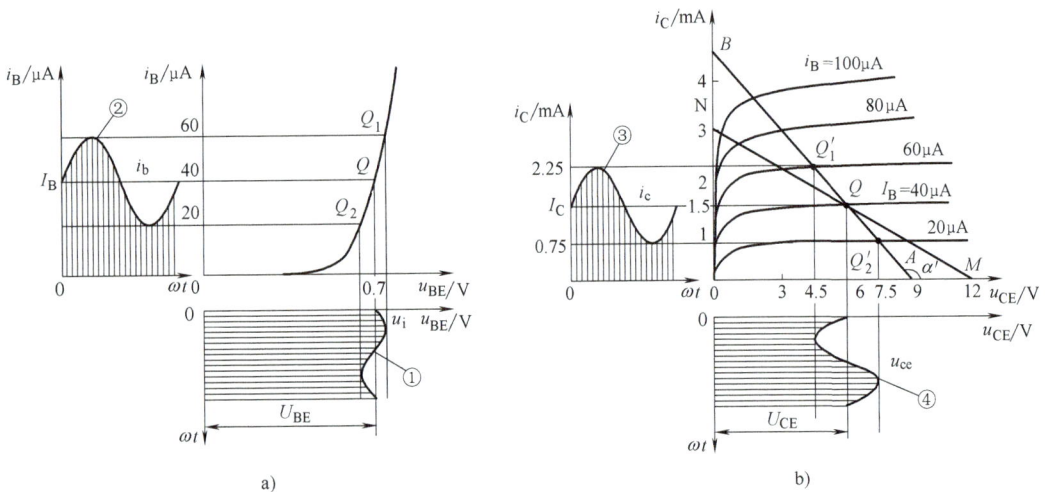

图 2-26　用图解法分析动态工作情况

a）输入回路　b）输出回路

（2）输出回路中 u_{CE} 和 i_C 的波形。

1）作交流负载线。图 2-27 是共射基本放大电路图 2-22 的交流通路，由输出回路可知：

$$u_o = u_{ce} = -i_c R_L'\ (R_L' = R_C /\!/ R_L)$$

在动态运用时，集电极电流 i_C 和电压 u_{CE} 都是在静态时 I_{CQ}、U_{CEQ} 的基础上叠加相应的交流成分而组成的，即

$$i_C = I_{CQ} + i_c$$

$$u_{CE} = U_{CEQ} + u_{ce}$$

则

$$u_{CE} = U_{CEQ} + I_{CQ}R_L' - i_C R_L' \tag{2-11}$$

式（2-11）称为交流负载线方程。根据该方程，在晶体管的输出特性曲线坐标上可作一条直

线，该直线称为交流负载线。如图 2-26b 的 *AB* 所示。

　　2）求 i_C 和 u_{CE} 的波形。由前述已知，电流 i_B 在直流量 I_{BQ}（40μA）的基础上（幅值为 20μA）变化，故交流负载线与输出特性曲线的交点，即为动态工作点的移动轨迹，由 *Q* 点→Q'_1点→*Q* 点→Q'_2点→*Q* 点，如图 2-26b 所示。根据工作点移动的轨迹，可画出 i_C 和 u_{CE} 的波形，如图 2-26b 中的曲线③、④所示。由图可知：

$$i_C = I_{CQ} + i_c = (1.5 + 0.75\sin\omega t)\,\text{mA}$$

$$u_{CE} = U_{CEQ} + u_{ce} = (6 - 1.5\sin\omega t)\,\text{V}$$

$$u_o = u_{ce} = -1.5\sin\omega t\,\text{V}$$

式中，负号表示 u_o 与 u_i 相位相反。

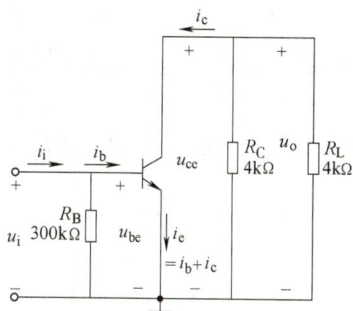

图 2-27　图 2-22 的交流通路

3. 放大电路的非线性失真

　　对于一个放大电路来说，除了希望得到所要求的放大倍数外，还要求输出电压能如实反映输入信号电压的变化，也就是要求输出波形失真要小，否则就失去了放大的意义。由下面的分析可知，如果静态工作点的位置设置不当，输出波形就容易产生明显的非线性失真。

　　（1）截止失真。在图 2-28 所示的截止失真波形中，静态工作点 *Q* 设置过低，在输入信号 u_i 的负半周，工作点进入晶体管输入特性曲线的死区，此时基极电流 i_B 等于零，晶体管进入截止区。由图 2-28 可见，i_B 的负半周被削去一部分，结果 i_C 的负半周、u_{CE} 的正半周也相应地被削去一部分，产生了因晶体管的非线性所引起的非线性失真。由于这是工作点进入截止区而产生的非线性失真，所以叫截止失真。

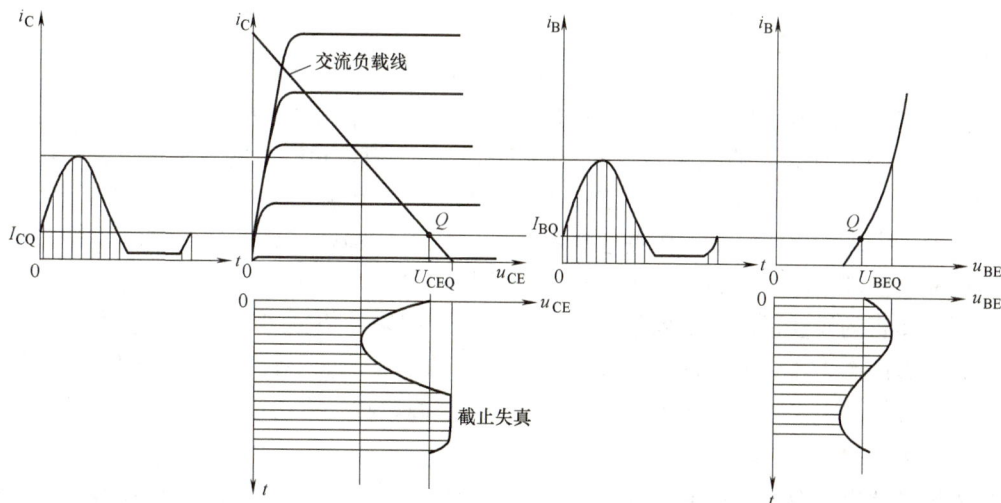

图 2-28　截止失真波形

　　要避免截止失真，就必须减小偏流电阻 R_B，以增大偏流 I_{BQ}，提高工作点的位置。为了使瞬时工作点不进入截止区，一般要求

$$I_{CQ} \geqslant I_{cm} + I_{CEO(pt)} \tag{2-12}$$

这就是说，要保证在输入电压的整个周期内，晶体管都工作在输入特性的线性部分。同时，对输入信号的幅度也要做适当的限制。

（2）饱和失真。在图 2-29 所示的饱和失真波形中，静态工作点 Q 设置过高，此时 i_B 的波形不会发生失真。但在输出特性曲线上，由于 Q 点靠近饱和区，在输入信号 u_i 的正半周，工作点进入饱和区，即 i_C 将不随着 i_B 的增大而增大，出现了饱和的现象，晶体管失去放大作用，所以 i_C 和 u_{CE} 的波形将出现失真。由图 2-29 可见，i_C 的正半周，u_{CE} 的负半周被削掉一部分。由于这是工作点进入饱和区而产生的非线性失真，所以叫饱和失真。

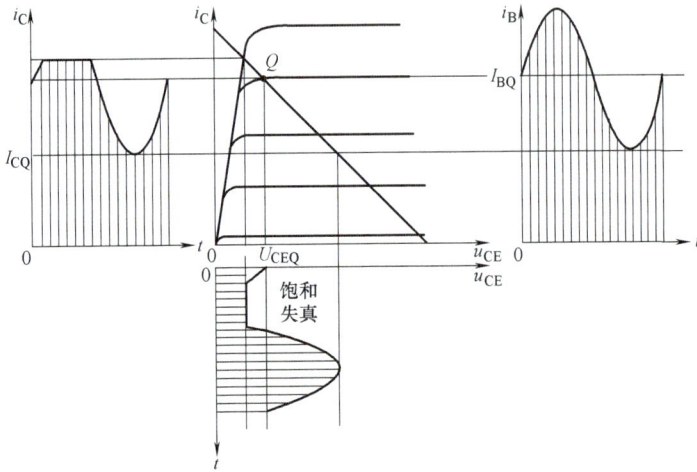

图 2-29　饱和失真波形

要避免饱和失真，一种方法是增大 R_B，以降低偏流 I_{BQ}，使工作点下移。I_{BQ} 的选取应使 i_B 的正半周晶体管不会工作到输出特性的弯曲部分，适当加大 U_{CEQ} 的数值，以保证集电结工作于反向工作状态，即

$$U_{CEQ} \geqslant U_{cem} + U_{CES} \qquad (2\text{-}13)$$

避免饱和失真的另一种方法是减小晶体管的等效负载电阻 $R'_L = R_C /\!/ R_L$，这可以通过减小 R_C 来实现。因为 R_C 决定了直流负载线的斜率，减小 R_C 使直流负载线的斜率增大，Q 点向右移动，同时使交流负载线的斜率也发生相应变化，所以使 Q 点脱离饱和区。

以上两种失真，都是由于工作点选择不当和输入电压幅度过大，从而使晶体管工作在特性曲线的非线性部分而引起的，因此统称为非线性失真。由以上分析可见，正确选择静态工作点，对晶体管的线性运用有重要意义。一般说来，如果希望输出幅度尽可能大而失真又尽可能小，那么静态工作点就最好选择在交流负载线的中点。如果输入信号比较小，产生非线性失真的可能性就不大，这时为了减小功耗，节约能源，减小输出噪声，工作点选低一些好。

4. 估算最大不失真输出电压幅值 U_{om}

放大电路在电路参数已定的条件下，输出端不产生饱和失真和截止失真时的输出电压幅值称为最大不失真输出电压幅值，或简称为最大输出幅值。

最大不失真输出电压幅值是放大电路的主要技术指标之一。可用图解法大致估算出放大电路最大不失真输出的范围。我们知道，当加正弦输入电压 u_i 时，放大电路的工作点将围绕静态工作点 Q 在交流负载线上移动，如图 2-30 所示。如果工作点向上移动进入饱和区，或者向下移动进入截止区，都将使输出波形产生非线性失真。因此，放大电路工作点的动态范围，将由交流负载线与输出特性曲线上临界饱和以及临界截止处的交点 A 和 B 所决定。

如果静态工作点 Q 的位置设置不当，则不能充分利用图 2-30 中的全部动态工作范围（即

AB 段），而使放大电路的最大不失真输出幅值减小。为了尽量使用动态工作范围，在理想情况下，应将 *Q* 点设置在交流负载线 *AB* 的中点。设 *AQ* 和 *BQ* 在横坐标轴上的投影分别为 *CD* 和 *DE*，则此时线段 *CD* 的长度等于 *DE*，而且这个长度就是最大不失真输出幅值 U_{om}。如果 *Q* 点不在 *AB* 的中点，即 $CD \neq DE$，则最大不失真输出幅值取 *CD* 与 *DE* 中的较小者。

为了防止产生非线性失真，在求得最大输出幅值 U_{om} 后，还可以对输入信号的幅值加以限制，规定输入信号电压最大幅值 U_{im} 为

$$U_{im} = \frac{U_{om}}{A_u} \tag{2-14}$$

图 2-30 用图解法估算最大不失真输出电压幅值

式中，U_{im} 为允许加入放大电路输入端的输入信号电压最大幅值，只要静态工作点选择适当使 $U_i < U_{im}$，就不会产生非线性失真。

图解法的特点是可以全面地反映晶体管的工作情况，但在实际使用时会遇到一些困难。因为在分析时要用到晶体管的特性曲线，而生产厂家一般是不提供的。若将每只晶体管的特性曲线都用晶体管的特性图示仪测出来，不仅很费时间，而且用于作图求解也容易产生较大的误差。此外，晶体管的特性曲线只能反映信号变化比较慢时的电压、电流关系。当信号变化比较快时，由于极间电容的存在，上述关系将不再正确，所以图解法一般多适用于分析输出幅度比较大而工作频率不太高的情况，比如分析功率放大级的最大不失真输出幅度和失真情况等。而当信号幅度比较小和信号频率比较高时，则常常用另一种方法来进行分析。

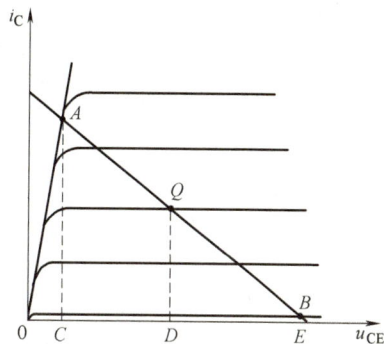

2.2.3 用等效电路法分析共发射极基本放大电路

所谓"等效"，是指在一定条件下，两种不同性质的事物在外观上或实质上具有相同的效果。微变等效电路法就是在信号变化范围很小（微变）的前提下，把非线性的晶体管用线性等效电路来代替。

2.2.3 用等效电路法分析共发射极基本放大电路

1. 静态分析

等效电路法静态分析的目的和图解法一样，是计算放大电路的静态工作点（I_{BQ}、I_{CQ}、U_{CEQ}、U_{BEQ}），而分析的对象同样是直流通路。

图 2-31b 是图 2-31a 所示共射极放大电路的直流通路。由图 2-31b 所示的直流通路可见，在晶体管的基极回路中，静态基极电流 I_{BQ} 从直流电源 U_{CC} 的正端流出，经过基极偏置电阻 R_B 和晶体管的发射结，然后流入公共端。可列出回路电压方程为

$$I_{BQ}R_B + U_{BEQ} = U_{CC}$$

因此

$$I_{BQ} = \frac{U_{CC} - U_{BEQ}}{R_B} \tag{2-15}$$

式中，U_{BEQ} 为静态时晶体管的发射结电压。由于发射结正向偏置，所以其结电压 U_{BEQ} 很低，而且在放大区内通常其变化范围也不大，一般可近似认为硅晶体管约为 0.7V，锗晶体管约为 0.3V。

根据晶体管的电流分配关系可得

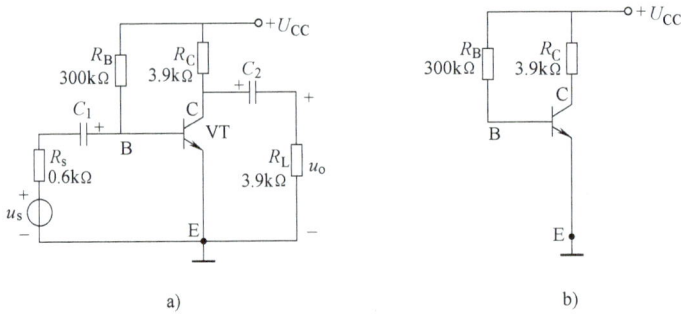

图 2-31　共射极基本放大电路
a) 电路图　b) 直流通路

$$I_{CQ} = \beta I_{BQ} \qquad (2\text{-}16)$$

由图 2-31b 的直流通路可列出集电极回路电压方程如下，即

$$U_{CEQ} = U_{CC} - I_{CQ} R_C \qquad (2\text{-}17)$$

【例 2-2】　在图 2-31a 所示的共射极基本放大电路中，已知晶体管的 $\beta = 40$，$U_{CC} = 12V$，试估算静态时 I_{BQ}、I_{CQ}、U_{CEQ} 之值。

解： 设静态时 $U_{BEQ} = 0.7V$，根据式（2-15）可得

$$I_{BQ} = \frac{U_{CC} - U_{BEQ}}{R_B} = \frac{12 - 0.7}{300} \approx 38\mu A$$

再由式（2-16）和式（2-17）得到

$$I_{CQ} = \beta I_{BQ} = 40 \times 38\mu A = 1.52mA$$

$$U_{CEQ} = U_{CC} - I_{CQ} R_C = 12V - 1.52mA \times 3.9k\Omega \approx 6.1V$$

使用式（2-16）的条件是晶体管必须工作在放大区。如果算得的 U_{CEQ} 值小于 1V，就说明晶体管已处于饱和状态，I_{CQ} 将不再与 I_{BQ} 成 β 倍的关系，此时，集电极电流称为集电极饱和电流 I_{CS}。

$$I_{CS} = \frac{U_{CC} - U_{CES}}{R_C} \approx \frac{U_{CC}}{R_C} \qquad (2\text{-}18)$$

通常令临界饱和基极电流为 I_{BS}

$$I_{BS} = \frac{I_{CS}}{\beta} = \frac{U_{CC}}{\beta R_C} \qquad (2\text{-}19)$$

可以利用式（2-19）来检验晶体管是否处于饱和状态，如果 $I_{BQ} > I_{BS}$，则表明晶体管已进入饱和状态。

【例 2-3】　在图 2-32 所示的电路中，晶体管均为硅管，$\beta = 30$，试分析各晶体管的工作状态。

解： 1）由图可知，基极偏置电源 +6V 大于晶体管的导通电压，故晶体管的发射结正偏，晶体管导通，则有

$$I_{BQ} = \frac{6 - 0.7}{5}mA = 1.06mA$$

临界饱和基极电流为

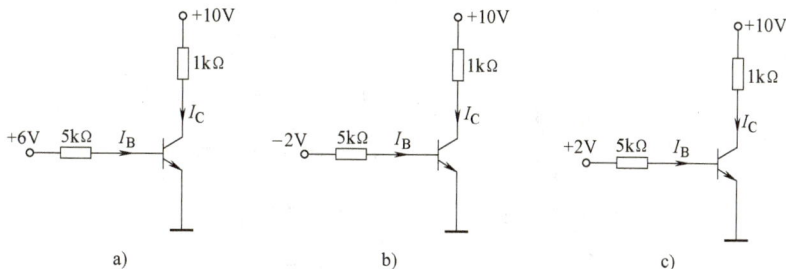

图 2-32　例 2-3 图

$$I_{BS} = \frac{U_{CC}}{\beta R_C} = 0.33\text{mA}$$

因为 $I_{BQ} > I_{BS}$，所以晶体管工作在饱和状态。

2）由图可知，基极偏置电源 -2V 小于晶体管的导通电压，晶体管的发射结反偏，晶体管截止，且集电极电位高于基极电位，故晶体管工作在截止状态。

3）由图可知，基极偏置电源 +2V 大于晶体管的导通电压，故晶体管的发射结正偏，晶体管导通，则有

$$I_{BQ} = \frac{2-0.7}{5}\text{mA} = 0.26\text{mA}$$

临界饱和基极电流为

$$I_{BS} = \frac{U_{CC}}{\beta R_C} = 0.33\text{mA}$$

因为 $I_{BQ} < I_{BS}$，所以晶体管工作在放大状态。

2. 动态分析

等效电路法动态分析的目的是求解放大电路的 3 个动态指标，即电压放大倍数 A_u、输入电阻 R_i 和输出电阻 R_o，而动态分析的对象是交流通路，等效电路法动态分析的关键是将具有非线性特性的晶体管在交流状态下的作用，用一个交流微变等效电路来等效，从而将非线性电路转化为线性电路。

（1）晶体管的交流微变等效电路。

1）晶体管输入回路的微变等效。在图 2-33a 所示的输入特性曲线上，如果静态工作点选择合适，就可以将 Q 点附近适当小范围内的曲线看成直线，因此 Δu_{BE} 与 Δi_B 成正比，其比值可用线性电阻 r_{be} 表示，r_{be} 称为晶体管的输入电阻，取代晶体管输入回路。晶体管及其微变等效电路如图 2-34 所示。

$$r_{be} = \frac{\Delta u_{BE}}{\Delta i_B} = \frac{u_{be}}{i_b} \tag{2-20}$$

它是对信号变化量而言的，因此它是一个动态电阻。对于低频小功率管常用下式估算，即

$$r_{be} = 300 + (1+\beta)\frac{26}{I_E} \tag{2-21}$$

2）晶体管输出回路的微变等效。若晶体管工作在图 2-33b 所示输出特性 Q 点附近，即工作在特性曲线的线性区，则可认为该区域的特性曲线是间隔均匀的水平直线，由图可见，i_c 与 u_{CE} 无关，而仅受 i_B 的控制，在数量关系上 i_c 是 i_B 的 β 倍，即

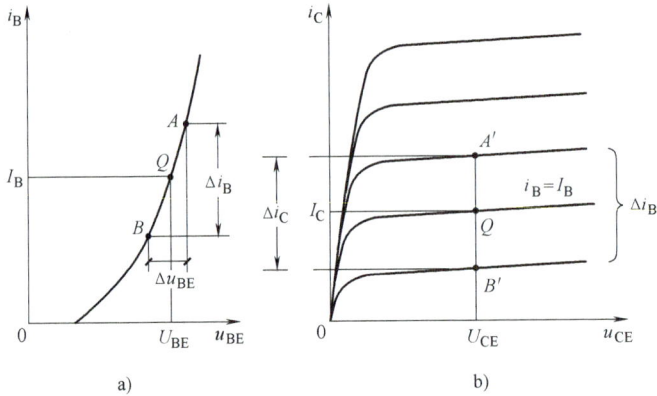

图 2-33　晶体管微变等效电路参数的求法
a）r_{be} 的求法　b）β 的求法

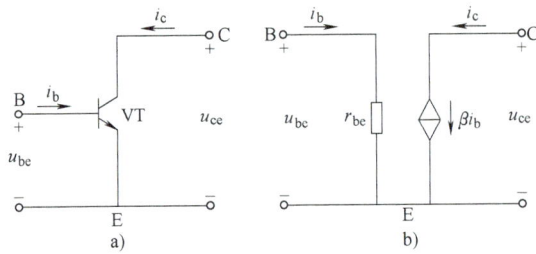

图 2-34　晶体管及其微变等效电路
a）晶体管　b）微变等效电路

$$\Delta i_C = \beta \Delta i_B \tag{2-22}$$

$$i_c = \beta i_b$$

　　所以，晶体管的输出回路可用受控电流源 βi_b 来等效，如图 2-34 所示。图 2-34b 为晶体管的微变等效电路。

　　（2）动态分析的方法和步骤。现在，应用微变等效电路法分析图 2-31a 所示共发射极基本放大电路的电压放大倍数 A_u、输入电阻 R_i 和输出电阻 R_o 等动态性能指标。分析的步骤如下。

　　1）画出放大电路的交流微变等效电路。首先画出放大电路的交流通路。将交流通路中的晶体管用其微变等效电路代替，就得到了整个放大电路的微变等效电路。图 2-31a 所示的共射基本放大电路的交流微变等效电路如图 2-35 所示（图中电压、电流为交流量的有效值）。

　　2）计算放大电路的电压放大倍数 A_u。电压放大倍数是放大电路的输出电压与输入电压的变化量之比，即

$$A_u = \frac{U_o}{U_i} \tag{2-23}$$

由图 2-35 可知

$$U_i = I_b r_{be}$$

$$U_o = -I_c(R_C /\!/ R_L) = -\beta I_b R_L'$$

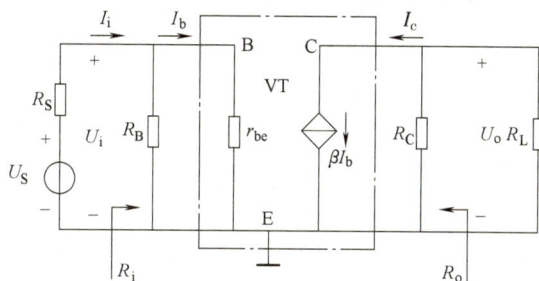

图 2-35　共射基本放大电路的交流微变等效电路

故共射放大电路电压放大倍数为

$$A_u = \frac{U_o}{U_i} = -\frac{\beta I_b R'_L}{I_b r_{be}} = -\frac{\beta R'_L}{r_{be}} \tag{2-24}$$

式中，负号表示输出电压与输入电压相位相反。

如果负载开路，即空载时 $R_L = \infty$，则

$$A_u = \frac{U_o}{U_i} = -\frac{\beta R_C}{r_{be}}$$

因 $R_C > R'_L = R_C // R_L$，所以负载开路后放大倍数上升，有时称负载开路后的电压放大倍数为空载电压放大倍数，或叫开路放大倍数；反之，接入负载，电压放大倍数下降，输出电压也要下降。

3）求输入电阻 R_i。放大电路运用时必定要与其他电路和设备相连接，例如放大电路的输入端要接到信号源，输出端可能带一定的负载，如图 2-35 所示，这样就产生了放大电路与信号源和放大电路与负载之间的相互影响，可用输入电阻和输出电阻来分析。

放大电路的输入电阻和输出电阻如图 2-36 所示。对于信号源（或前级放大电路）来说，放大电路相当于一个负载电阻，这个电阻就是放大电路的输入电阻，它是从放大电路输入端看进去的等效电阻，定义为

$$R_i = \frac{U_i}{I_i} \tag{2-25}$$

由图 2-35 可知

$$U_i = I_i(R_B // r_{be})$$

则

$$R_i = \frac{U_i}{I_i} = R_B // r_{be} \tag{2-26}$$

输入电阻 R_i 反映放大电路对前接信号源输出电压的影响程度，它是放大电路的一个重要指标，它的大小表征向信号源索取电流的多少。

4）求输出电阻 R_o。对于负载（或后级放大电路），放大电路相当于一个具有内阻 R_o 的电压源 U'_o，如图 2-36 所示。R_o 称为放大电路的输出电阻，它是从放大电路输出端看进去的等效电阻。输出电阻是衡量一个放大电路带负载能力的指标，输出电阻越小，放大电路带负载能力越强。

求放大电路的输出电阻（如图 2-37 所示）可采用加电压求电流法，令 $U_s = 0$，保留 R_s，

将负载开路（$R_L = \infty$），在放大电路的输出端外加一个电压 U，求出在 U 的作用下输出端中的电流 I，则输出电阻为

$$R_o = \frac{U}{I}\bigg|_{U_S=0, R_L=\infty} \tag{2-27}$$

则

$$R_o = \frac{U}{I} = R_C$$

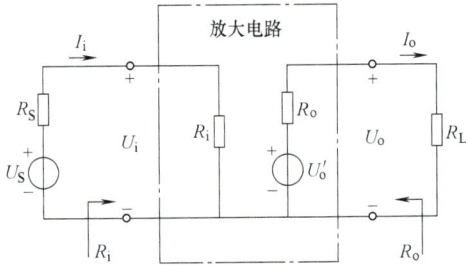

图 2-36　放大电路的输入电阻和输出电阻

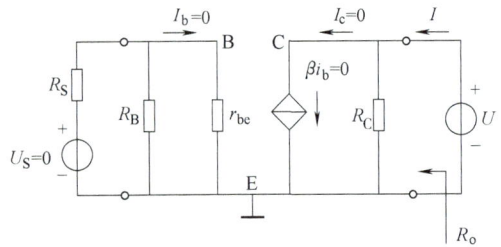

图 2-37　求放大电路的输出电阻

求输出电阻的另一种方法是负载开路接入法，如图 2-36 所示，在输入端加上一个固定的交流信号，先测出负载开路时的输出电压 U_o'，U_o'就是开路输出电压，再接上电阻 R_L 为已知数的负载，测出这时的输出电压 U_o，根据两者的比值

$$\frac{U_o' - U_o}{R_o} = \frac{U_o}{R_L}$$

可得出

$$R_o = \left(\frac{U_o'}{U_o} - 1\right) R_L \tag{2-28}$$

5）考虑信号源内阻 R_S 时的电压放大倍数。在考虑信号源内阻 R_S 后，电压放大倍数为输出电压 U_o 与信号源电压 U_S 之比，即

$$A_{us} = \frac{U_o}{U_S} \tag{2-29}$$

A_{us} 称为源电压放大倍数。

由图 2-35 可知

$$A_{us} = \frac{U_o}{U_s} = \frac{U_o}{U_i} \frac{U_i}{U_S} = A_u \frac{U_i}{U_S}$$

而

$$U_i = \frac{U_s}{R_S + R_i} R_i$$

则

$$A_{us} = A_u \frac{R_i}{R_S + R_i} \tag{2-30}$$

【例 2-4】　在图 2-31a 所示的共发射极基本放大电路中，已知晶体管的 $\beta = 40$，$U_{CC} = 12\text{V}$，电容 C_1、C_2 足够大，试用等效电路法求放大电路的电压放大倍数 A_u、输入电阻 R_i、输出电阻 R_o 和源电压放大倍数 A_{us}。

解： 由例 2-2 可知

$$I_E = I_C = 1.52\text{mA}$$

则
$$r_{be}=300+(1+\beta)\frac{26}{I_E}=1k\Omega$$

交流微变等效电路如图 2-35 所示。

则
$$A_u=-\frac{\beta R_L'}{r_{be}}=-78$$

其中
$$R_L'=R_C//R_L=1.95k\Omega$$
$$R_i=R_B//r_{be}\approx1k\Omega$$
$$R_o=R_C=3.9k\Omega$$
$$A_{us}=A_u\frac{R_i}{R_S+R_i}=-48.8$$

2.2.4 用等效电路法分析共集电极基本放大电路

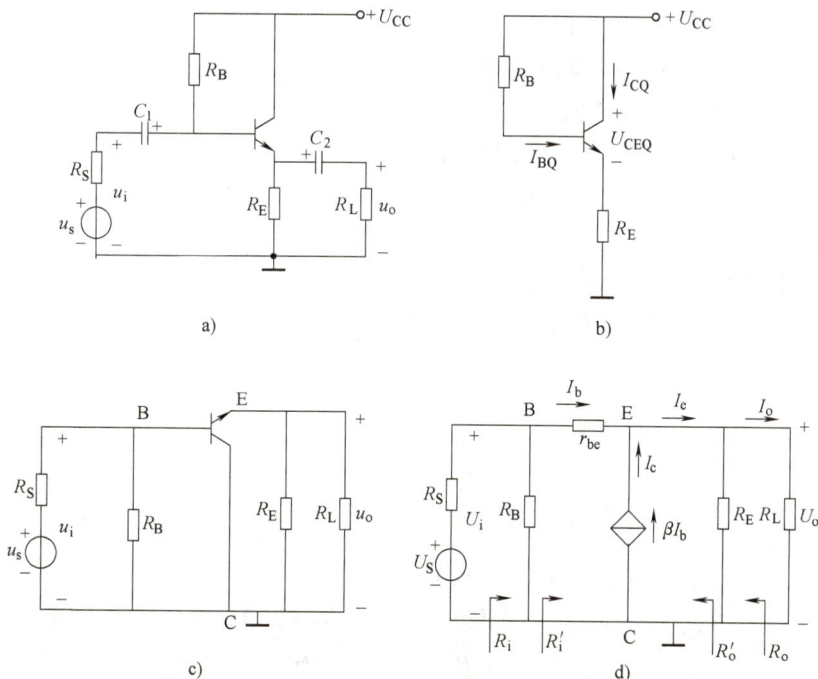

图 2-38a 是共集电极基本放大电路。图 2-38c 是它的交流通路。由交流通路可见，输入信号 u_i 从基极和集电极之间加入，输出信号 u_o 由发射极与集电极之间取出，集电极是输入回路和输出回路的公共端，所以称为共集电极电路。又因为输出信号从发射极引出，所以又叫射极输出器。

2.2.4 用等效电路法分析共集电极基本放大电路

1. 静态分析

图 2-38a 的直流通路如图 2-38b 所示，可列出以下方程
$$I_{BQ}R_B+U_{BEQ}+I_{EQ}R_E=U_{CC}$$

图 2-38 共集电极基本放大电路

a）共集电极电路原理图 b）直流通路 c）交流通路 d）微变等效电路

则

$$I_{BQ} = \frac{U_{CC} - U_{BEQ}}{R_B + (1+\beta) R_E} \tag{2-31}$$

$$I_{CQ} = \beta I_{BQ} \tag{2-32}$$

$$U_{CEQ} = U_{CC} - I_{EQ} R_E \approx U_{CC} - I_{CQ} R_E \tag{2-33}$$

2. 动态分析

图 2-38a 的交流通路和微变等效电路分别如图 2-38c 和图 2-38d 所示。

（1）电压放大倍数 A_u。由图 2-38d 可知

$$U_i = I_b r_{be} + (1+\beta) I_b (R_E \text{ // } R_L) = I_b [r_{be} + (1+\beta) R'_L]$$

上式中

$$R'_L = R_E \text{ // } R_L$$

又

$$U_o = I_e R'_L = (1+\beta) I_b R'_L$$

所以

$$A_u = \frac{U_o}{U_i} = \frac{(1+\beta) I_b R'_L}{I_b [r_{be} + (1+\beta) R'_L]} = \frac{(1+\beta) R'_L}{r_{be} + (1+\beta) R'_L} \tag{2-34}$$

由式（2-34）可见，分母总是大于分子，即电压放大倍数 A_u 的值恒小于 1，故射极输出器没有电压放大作用。由于 $(1+\beta) R'_L \gg r_{be}$，所以 A_u 虽然小于 1，但又接近于 1。而且 A_u 的值为正，说明输出电压 u_o 与输入电压 u_i 同相。综上所述，射极输出器的输出电压与输入电压相位相同，数值相近，即输出电压将跟随输入电压而变化，因此，射极输出器又称为射极跟随器。

（2）输入电阻 R_i。由图 2-38d 可知

$$U_i = I_b [r_{be} + (1+\beta) R'_L]$$

则

$$R'_i = \frac{U_i}{I_b} = r_{be} + (1+\beta) R'_L$$

$$R_i = R'_i \text{ // } R_B = [r_{be} + (1+\beta) R'_L] \text{ // } R_B \tag{2-35}$$

式（2-35）说明，射极输出器的输入电阻比较大，一般可达几十千欧到几百千欧。

（3）输出电阻 R_o。根据输出电阻的定义，令放大电路的信号源电压 U_s 等于零，但保留信号源内阻 R_s，使负载电阻 R_L 开路，并在输出端外加一个电压源 U_o，其输出电流为 I_o，则二者之比即是该放大电路的输出电阻 R_o。共集电极电路输出电阻的等效电路如图 2-39 所示。

$$R_o = \frac{U_o}{I_o} = R_E \text{ // } R'_o \tag{2-36}$$

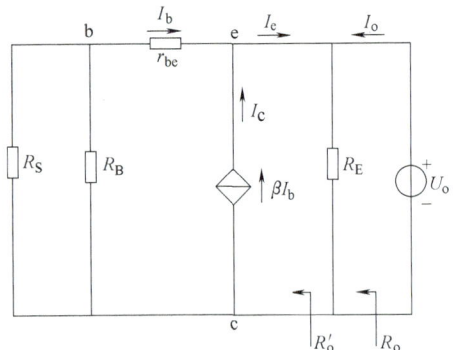

图 2-39　共集电极电路
输出电阻的等效电路

由图 2-39 可知，

$$R'_o = \frac{U_o}{-I_e} = \frac{U_o}{-(1+\beta) I_b}$$

$$U_o = -I_b [r_{be} + (R_B \text{ // } R_S)]$$

所以

$$R'_o = \frac{U_o}{-(1+\beta) I_b} = \frac{r_{be} + (R_B \text{ // } R_S)}{1+\beta}$$

则

$$R_o = \frac{r_{be} + (R_B \text{ // } R_S)}{1+\beta} \text{ // } R_E \approx \frac{r_{be} + (R_B \text{ // } R_S)}{1+\beta} \tag{2-37}$$

由式（2-37）可见，射极输出器的输出电阻比共发射极电路的输出电阻小得多，一般只有几欧至几百欧。

综上所述，虽然射极输出器的电压放大倍数略小于 1，但具有输入电阻大、输出电阻小的特点，因此常用来实现阻抗的转换；因为输入电阻大，所以放大电路向信号源索取的电流小，所以射极输出器常用作多级放大电路的输入级；因为输出电阻小，所以带负载能力强，所以射极输出器常用作多级放大电路的输出级。

2.2.5　用等效电路法分析共基极基本放大电路

图 2-40a 为共基极基本放大电路的电路图，图 2-40b 为它的习惯画法。从图 2-40d 所示的交流通路可知，发射极是信号的输入端，集电极是信号的输出端，而基极是输入回路和输出回路的公共端，故该电路为共基极放大电路，简称共基放大电路。

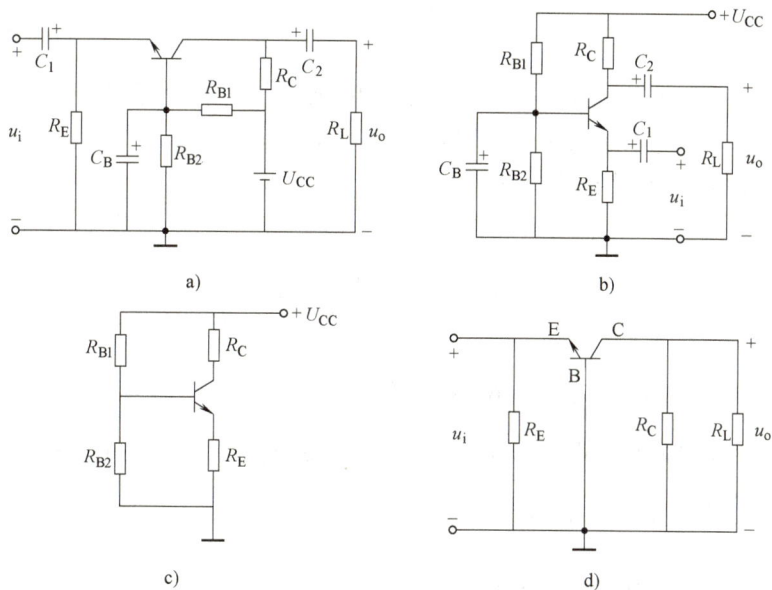

图 2-40　共基极基本放大电路
a）电路图　b）习惯画法　c）直流通路　d）交流通路

1. 静态分析

共基极放大电路的直流通路如图 2-40c 所示，与下一节的分压式工作点稳定电路的直流通路相同。下一节将对它的静态工作点进行详细分析和估算。

2. 动态分析

图 2-40d 为共基极基本放大电路的交流通路。图 2-41 所示为其微变等效电路。

（1）电压放大倍数 A_u。由图 2-41 可知

$$U_o = -I_c(R_C /\!/ R_L) = -\beta I_b R_L'$$

2.2.5　用等效电路法分析共基极基本放大电路

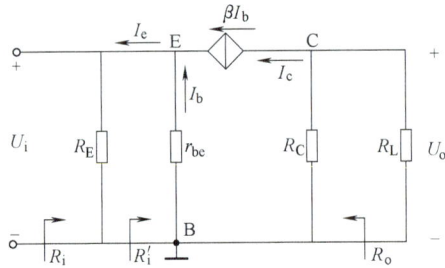

图 2-41　共基极基本放大电路的微变等效电路

其中
$$R_L' = R_C//R_L$$

又
$$U_i = -I_b r_{be}$$

则
$$A_u = \frac{U_o}{U_i} = \frac{\beta R_L'}{r_{be}} \tag{2-38}$$

由式（2-38）可知，共基极基本放大电路与共射极基本放大电路的电压放大倍数大小相同，但没有倒相作用，其输出电压 u_o 与输入电压 u_i 同相。

（2）输入电阻 R_i。由图 2-41 可知

$$U_i = -I_b r_{be}$$

$$R_i' = \frac{U_i}{-I_e} = \frac{-I_b r_{be}}{-(1+\beta)I_b} = \frac{r_{be}}{1+\beta}$$

$$R_i = R_E//R_i' = R_E//\frac{r_{be}}{1+\beta} \tag{2-39}$$

可见，与共射极基本放大电路相比，共基极基本放大电路的输入电阻很低，当不考虑 R_E 的作用时，为晶体管输入电阻 r_{be} 的 $\frac{1}{1+\beta}$ 倍。

（3）输出电阻 R_o。由图 2-41 可知

$$R_o \approx R_C \tag{2-40}$$

综上所述，共基极基本放大电路的电压放大倍数与共射极基本放大电路的电压放大倍数大小相同，但输出电压与输入电压同相；输入电阻小，输出电阻较大；频率响应好。在要求频率特性高的场合多采用共基极放大电路。

3. 3 种基本放大电路的比较

（1）共射极基本放大电路。共射极基本放大电路是应用最普遍、最广泛的放大电路。它具有较大的电压放大倍数和电流放大倍数，同时输入电阻和输出电阻适中，宜作为多级放大电路的中间级。

（2）共集电极基本放大电路。共集电极基本放大电路的特点是输入电阻在 3 种基本放大电路中最大，而输出电阻最小；电压放大倍数接近于 1 且小于 1，具有电压跟随的性质。共集电极基本放大电路虽无电压放大作用，但具有较好的电流放大作用。利用其输入电阻高的特点，常被用作多级放大电路的输入级，以减小对信号源索取的电流；利用输出电阻低的特点，又常被用作多级放大电路的输出级，以提高带负载能力；它也可以用作起隔离作用的中间级，

以减小前后两级之间的相互影响。

（3）共基极基本放大电路。共基极基本放大电路具有输入电阻小、输出电阻大的特点，有比较大的电压放大倍数，但无电流放大作用。共基极基本放大电路的一个突出优点是频率响应好，因此常被用于宽频带放大电路。

2.2.6　稳定静态工作点的放大电路

在实际工作中，由于温度的变化、晶体管的更换、电路元器件的老化和电源电压的波动等原因，都可能导致静态工作点不稳定。在这诸多的因素中，以温度变化的影响最大。下面着重介绍温度变化对静态工作点的影响，并介绍能稳定静态工作点的放大电路。

2.2.6　稳定静态工作点的放大电路

1. 温度对静态工作点的影响

（1）温度对 U_{BE} 的影响。温度升高时，管内载流子运动加剧，如果保持 I_B 不变，U_{BE} 就将减小，即输入特性曲线要左移。一般温度每升高 1℃，U_{BE} 约减小 2.5mV，导致 I_{BQ} 将增大。

（2）温度对 I_{CBO} 的影响。晶体管的反向饱和电流 I_{CBO} 将随温度的升高而急剧增大，一般当温度每升高 10℃ 时，I_{CBO} 约增大一倍。由于穿透电流 $I_{CEO(pt)} = (1+\beta)I_{CBO}$，所以 $I_{CEO(pt)}$ 上升更显著。$I_{CEO(pt)}$ 的增加，表现为输出特性曲线族向上平移，结果使 I_{CQ} 增大。

（3）温度对 β 的影响。当温度升高时，晶体管的 β 值将增大，表现为输出特性各条曲线间隔的增大。实验证明，温度每升高 1℃，β 值增大 0.5%~1.0%。

综上所述，在放大电路中，当温度升高时，晶体管参数 U_{BE}、β、I_{CBO} 发生变化，都会使集电极电流 I_{CQ} 增大，结果使静态工作点向饱和区移动。

2. 分压式工作点稳定电路

为了抑制放大电路静态工作点的移动，以获得比较稳定的技术指标，需要采取有效的措施。在实际工作中常常采用适当的电路结构形式，使温度变化时，尽量减小静态工作点的变化。分压式工作点稳定电路就是一种结构比较简单，成本比较低，并能够有效地保持静态工作点稳定的电路。图 2-42 所示为分压式工作点稳定电路。

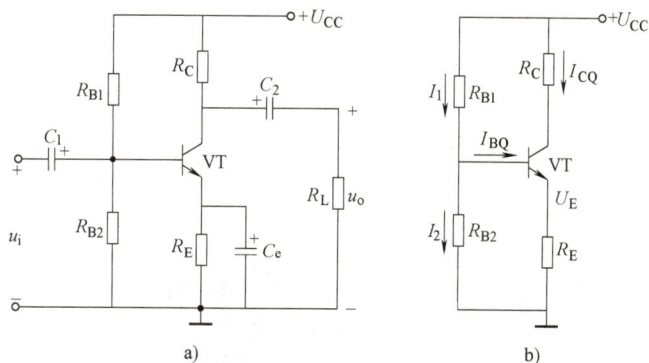

图 2-42　分压式工作点稳定电路
a）电路图　b）直流通路

（1）稳定静态工作点的原理

1）利用 R_{B1} 和 R_{B2} 的分压作用固定基极电位 U_B。在图 2-42b 中，当选用 R_{B1}、R_{B2} 时，使 I_1（或 I_2）$\gg I_{BQ}$，则 U_B 只是由 U_{CC} 通过 R_{B1} 和 R_{B2} 的分压所决定，即 $U_B=\dfrac{R_{B2}}{R_{B1}+R_{B2}}U_{CC}$ 固定不变，不受晶体管和温度变化的影响。

2）利用发射极电阻 R_E 来获得反映电流 I_C 变化的信号，再引回到输入端，实现工作点稳定。当温度升高时，I_C 增大，I_E 也增大，则发射极电位 $U_E=I_ER_E$ 也增大，因 $U_{BE}=U_B-U_E$，在 U_B 固定条件下，U_{BE} 将减小，I_B 减小，则 I_C 也随之下降，达到自动稳定静态工作点的目的。

（2）静态分析。由图 2-42b 可知，当 $I_1\gg I_{BQ}$，$I_1\approx I_2$ 时

$$U_B=\frac{R_{B2}}{R_{B1}+R_{B2}}U_{CC} \tag{2-41}$$

则

$$I_{CQ}\approx I_{EQ}=\frac{U_E}{R_E}=\frac{U_B-U_{BEQ}}{R_E}\approx\frac{U_B}{R_E} \tag{2-42}$$

$$I_{BQ}=\frac{I_{CQ}}{\beta} \tag{2-43}$$

$$U_{CEQ}=U_{CC}-I_{CQ}R_C-I_{CQ}R_E=U_{CC}-I_{CQ}(R_C+R_E) \tag{2-44}$$

（3）动态分析。根据微变等效电路分析法，图 2-42a 所示电路的交流通路和微变等效电路如图 2-43 所示。

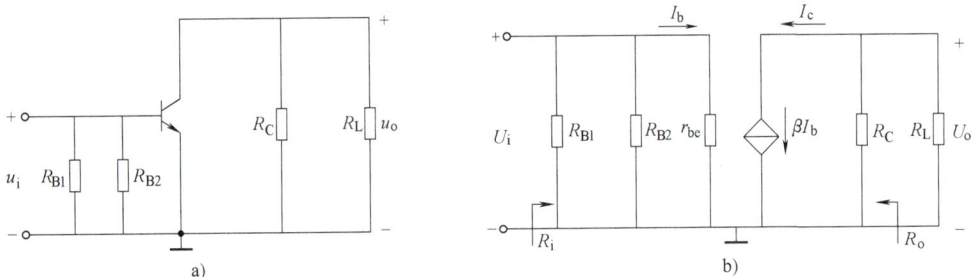

图 2-43　图 2-42a 所示电路的交流通路和微变等效电路
a）交流通路　b）微变等效电路

由图 2-43b 可知

$$U_i=I_br_{be}$$
$$U_o=-I_cR_L'=-\beta I_bR_L'$$

其中
$$R_L'=R_C//R_L$$

则电压放大倍数为
$$A_u=\frac{U_o}{U_i}=-\frac{\beta R_L'}{r_{be}} \tag{2-45}$$

输入、输出电阻为
$$R_i=R_{B1}//R_{B2}//r_{be} \tag{2-46}$$
$$R_o=R_C \tag{2-47}$$

如果将图 2-42a 中的发射极旁路电容 C_e 去掉，那么交流通路和微变等效电路就会发生变化。将图 2-42a 电路去掉 C_e 后的交流通路和微变等效电路如图 2-44 所示。

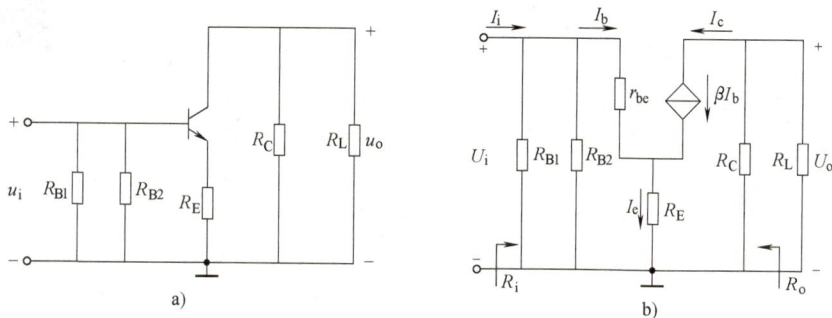

图 2-44 将图 2-42a 电路去掉 C_e 后的交流通路和微变等效电路
a）交流通路 b）微变等效电路

由图 2-44b 可知

$$U_i = I_b r_{be} + I_e R_E = I_b r_{be} + (1+\beta) I_b R_E$$
$$U_o = -I_c R_L' = -\beta I_b R_L'$$

其中
$$R_L' = R_C // R_L$$

则
$$A_u = \frac{U_o}{U_i} = -\frac{\beta R_L'}{r_{be} + (1+\beta) R_E}$$

$$R_i = \frac{U_i}{I_i} = R_{B1} // R_{B2} // \left[r_{be} + (1+\beta) R_E \right]$$

$$R_o = R_C$$

仿 真 训 练

基本放大电路特性的研究

1. 仿真电路

图 2-45 为单管共射放大的仿真电路。图 2-46 为输出波形的观测图。

2. 仿真内容及要求

1）搭接单管共射放大电路。注意电容的极性，不要接错。

2）优化调整电路结构和元器件参数。接通直流电源，测量电路的静态工作点。在电路的输入端输入交流信号，然后用示波器观察输出波形，调整电路，当其波形没有失真时，测量有关参数并计算出单管共射放大电路的 3 个动态指标。增大输入信号幅值，测量最大不失真输出电压幅值。比较测量值和理论估算值，进一步深刻理解放大电路的特性。

单元 2.2 仿真训练
基本放大电路
特性的研究

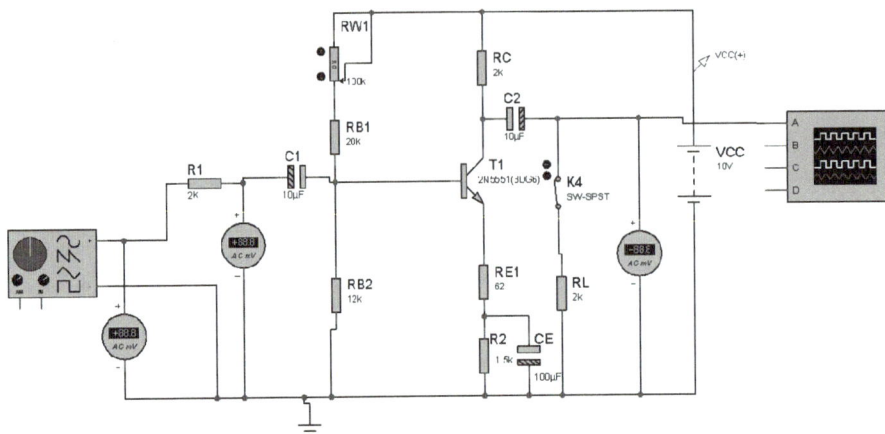

图 2-45　单管共射放大的仿真电路

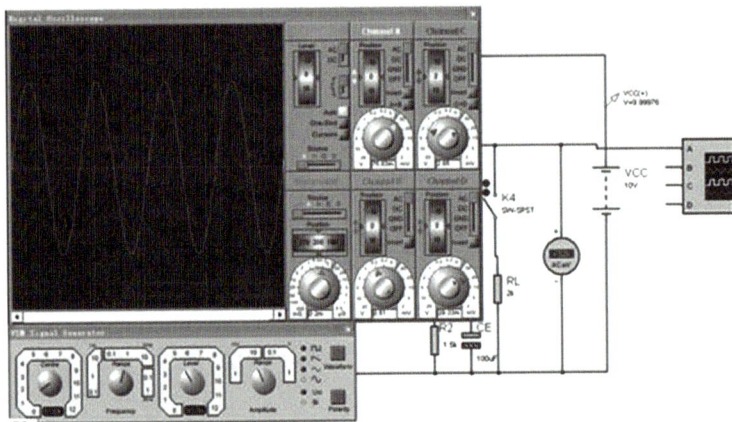

图 2-46　输出波形的观测图

技 能 实 训

基本放大电路的装配与测试

1. 实训目的

1）掌握电子电路布线、安装等基本技能。

2）熟悉放大电路静态工作点、电压放大倍数、输入电阻和输出电阻的测量方法。

3）掌握对简单电路故障的排除方法，培养独立解决问题的能力。

4）熟悉常用电子仪器的使用方法和技巧。

2. 实训器材

1）仪器：直流稳压电源、信号发生器、电子交流毫伏表、双踪示波器各一台，万用表一只。

单元 2.2 技能实训
基本放大电路
的装配与测试

2) 元器件：晶体管 9014 一只；1/8W 阻值为 62Ω、1.5kΩ、12kΩ、20kΩ 的电阻各一只，阻值为 2kΩ 的电阻 3 只；电解电容 10μF/16V 两只；47μF/25V 一只；面包板一块；连接导线若干。

3. 预习要求

1) 共发射极放大电路的测试电路如图 2-47 所示。分析电路的工作原理，指出各元器件的作用，并说明各元器件值大小对放大器特性有何影响。

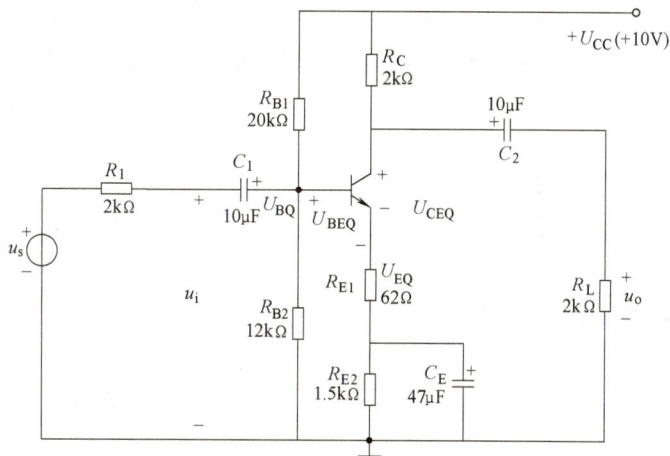

图 2-47　共发射极放大电路的测试电路

2) 令 $\beta = 100$，计算放大电路的静态工作点、电压放大倍数、输入电阻和输出电阻。

3) 复习有关电子仪器的使用方法以及放大电路调整与测试的基本方法。

4. 实训内容及要求

1) 检查各元器件的参数是否正确，测量晶体管的 β 值。

2) 按图 2-47 所示电路，在面包板上接线。在安装完毕后，应认真检查接线是否正确、牢固。

3) 在检查接线无误后，接通 10V 直流电源，用万用表直流档测量静态工作电压 U_{BQ}、U_{EQ}、U_{BEQ}、U_{CEQ}，并记于表 2-1 中。测量 R_C 两端电压，求得 I_{CQ}，也记于表 2-1 中。

表 2-1　静态工作点测量

方法	内容					
	U_{CC}/V	U_{BQ}/V	U_{EQ}/V	U_{BEQ}/V	U_{CEQ}/V	I_{CQ}/mA
理论估算值						
测量值						

4) 测量电压放大倍数、输入电阻及输出电阻。将信号发生器输出信号调到频率为 1kHz、幅度为 50mV 左右，接到放大器的输入端，然后用示波器观察输出电压 u_o。当其波形没有失真时，用交流电子毫伏表测量电压 U_s、U_i 和 U_o，断开 R_L 后测出输出电压 U_{ot}，均记于表 2-2 中。根据有关公式计算出 A_u、R_i、R_o，并与理论估算值进行比较。

表 2-2 动态测量

方法	内容						
	A_u	R_i	R_o	U_s	U_i	U_o	U_{ot}
理论估算值							
测量值							

5）测量最大不失真输出电压的幅度。调节信号发生器的输出，使 U_s 逐渐增大，用示波器观察输出电压的波形，直到输出波形刚要出现失真的瞬间即停止增大 U_s，这时示波器所显示的正弦波电压幅度即为放大电路最大不失真输出电压的幅度。然后继续增大 U_s，观察此时输出电压波形的变化。

5. 实训报告要求

1）填写训练目的、测试电路及测试内容。

2）整理测试数据，分析静态工作点、A_u、R_i、R_o 的测量值与理论估算值存在差异的原因。

3）说明故障现象及其处理情况。

单元 2.3 场效应晶体管及其基本放大电路的分析

知 识 准 备

2.3.1 场效应晶体管的认知

场效应晶体管（俗称场效应管）出现于 20 世纪 60 年代初，它是一种电压控制型半导体器件，通过改变电场强弱来控制固体材料的导电能力。与电流控制型半导体器件——晶体管相比，场效应晶体管的突出优点是输入电阻高，能满足高内阻的信号源对放大电路的要求，因此它是较理想的前置输入级放大器件。此外，场效应晶体管还具有功耗低、制造工艺简单、便于集成化、噪声低、热稳定性好和抗辐射能力强等优点，得到了广泛的应用。场效应晶体管按其结构不同，可以分为结型（JFET）和绝缘栅型（JGFET）两大类，它们都只有一种载流子（多数载流子）参与导电，故又称为单极型晶体管。

1. 结型场效应晶体管

（1）结型场效应晶体管的结构、符号和工作原理

1）结构和符号。N 沟道结型场效应晶体管的结构示意图如图 2-48a 所示。它是在一块 N 型半导体材料两边扩散高浓度的 P 型区（用P$^+$表示），形成两个 PN 结（耗尽层）。两边 P$^+$型区相连后引出一个电极，称为栅极 G，在 N 型半导体两端分别引出的两个电极，称为源极 S 和漏极 D。场效应晶体管的栅极 G、源极 S 和漏极 D 分别相当于半导体晶体管的基极 B、发射极 E 和集电极 C。两个 PN 结中间的 N 型区域称为导电沟道，因为导电沟道是 N 型半导体，所以称为 N 沟道。图 2-48b 所示是它的符号，符号中箭头的方向表示当栅极与源极之间的 PN 结正向偏置时，PN 结正向电流的方向。文字符号

2.3.1 场效应晶体管的认知—结型场效应晶体管

用 VT 表示。

　　另外，若中间半导体改用 P 型材料，两侧是高掺杂的 N 型区（用N⁺表示），则得到 P 沟道结型场效应晶体管，其结构示意图和符号如图 2-49 所示。

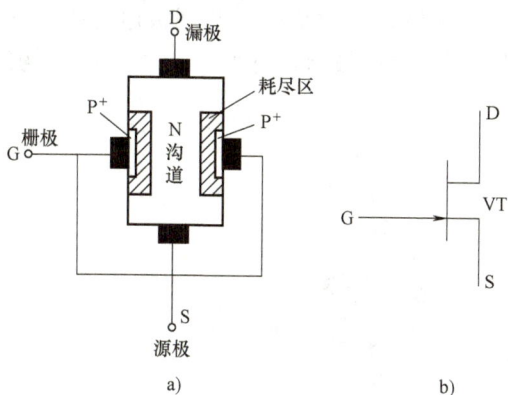

图 2-48　N 沟道结型场效应
晶体管结构示意图和符号
a）结构示意图　b）符号

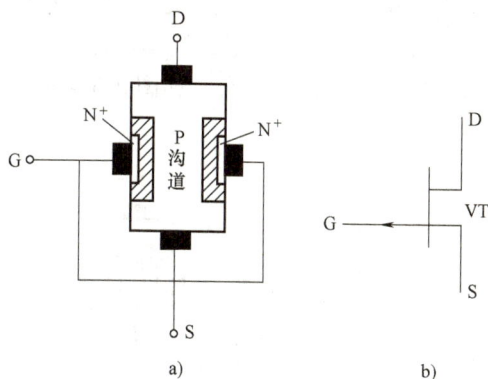

图 2-49　P 沟道结型场效应
晶体管结构示意图和符号
a）结构示意图　b）符号

　　2）工作原理。下面以 N 沟道结型场效应晶体管为例进行介绍。当 N 沟道结型场效应晶体管工作于放大电路时，在漏极和源极之间需加正向电压，即 $u_{DS}>0$，这时 N 沟道中的多数载流子（电子）在电场作用下，就会由源极向漏极漂移，形成漏极电流 i_D，为了控制漏极电流，在栅极与源极之间需加反向电压，即 $u_{GS}<0$，当 u_{GS} 变化时，漏极电流 i_D 就会随之变化；由于 $u_{GS}<0$，使栅极与沟道间的两个 PN 结均反向偏置，栅极电流近似为零，所以场效应晶体管呈现高达$10^7\Omega$ 以上的输入电阻。

　　① 栅源电压 u_{GS} 对导电沟道的影响。为了介绍方便，先假设漏源电压 $u_{DS}=0$。当 $u_{GS}=0$ 时，场效应晶体管两侧的 PN 结处于零偏置，因此耗尽层很薄，中间的导电 N 沟道最宽，沟道电阻最小，如图 2-50a 所示。当 u_{GS} 负值增大时，场效应晶体管两侧的 PN 结的耗尽层加宽，因此中间的导电沟道变窄，沟道电阻增大，如图 2-50b 所示。当 u_{GS} 的反偏值进一步增大到某一数值时，场效应晶体管两侧的耗尽层便相遇，中间的导电沟道被全部夹断，表现出极大的

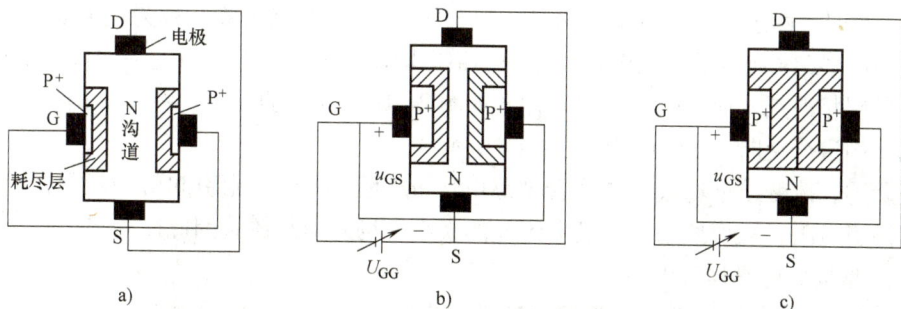

图 2-50　$u_{DS}=0$ 时，u_{GS} 对导电沟道的影响
a）$u_{GS}=0$ 沟道最宽　b）$U_{GS(off)}<u_{GS}<0$ 沟道变窄　c）$u_{GS}\leq U_{GS(off)}$ 沟道全夹断

沟道电阻,如图 2-50c 所示。使两侧的耗尽层刚刚相遇时的栅源电压称为夹断电压,用 $U_{GS(off)}$ 表示。由此可见,栅源电压 u_{GS} 起着控制漏源之间导电沟道电阻大小的作用。

② 漏源电压 u_{DS} 对导电沟道的影响。假设栅源电压 $u_{GS}=0$。当 u_{DS} 自零开始增加时,漏极电流 i_D 也从零开始增加。当 i_D 流过沟道时,沿着沟道产生电压降,使沟道各点电位不相等,靠近源极端电位为零,耗尽层最窄,沟道最宽;靠近漏极端电位最高,与栅极电位差最大。因而加在漏极端 PN 结上的反偏电压最大,耗尽层最宽,沟道最窄。可见,u_{DS} 的影响使沟道变成上窄下宽的楔形分布,如图 2-51a 所示。

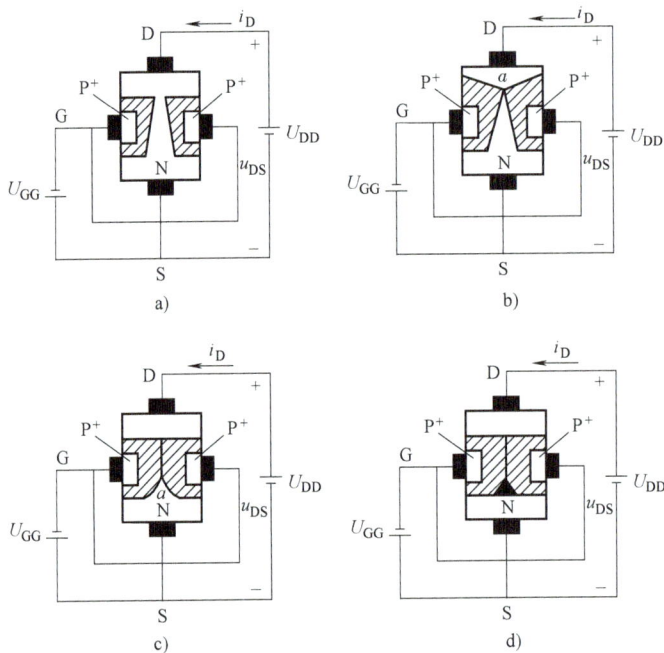

图 2-51 U_{GS} 和 U_{DS} 并存时对沟道电阻和漏极电流 i_D 的影响
a) 预夹断前 b) 预夹断 c) 预夹断后 d) 全夹断

③ u_{DS} 和 u_{GS} 并存时对沟道电阻和漏极电流的影响。假设 u_{DS} 为一个固定值。由于 u_{DS} 与 u_{GS} 同时存在,因此加在漏极端 PN 结的反偏电压 $u_{GD}=u_{GS}+(-u_{DS})=u_{GS}-u_{DS}$。随着 u_{GS} 向负值增大,使呈楔形分布的耗尽层加宽,u_{GS} 负值越大,沟道电阻越大,i_D 越小。当 u_{GD} 的负值达到夹断电压 $U_{GS(off)}$ 时,两边耗尽层在 a 点相遇(即合拢),沟道开始夹断,称为预夹断,如图 2-51b 所示。它与图 2-51a 所示的沟道电阻相比,沟道电阻增大,i_D 减小。当进一步增大负值 u_{GS} 时,使两边耗尽层相遇点 a 向源极端方向延伸,如图 2-51c 所示,直至 $u_{GS}=U_{GS(off)}$ 时,两边耗尽层完全合拢,沟道全夹断,$i_D=0$,如图 2-51d 所示。

综上所述,改变结型场效应晶体管栅源电压 u_{GS} 的大小,就能引起管内耗尽层宽窄变化,即改变了沟道电阻,从而控制了漏极电流 i_D 的大小。场效应晶体管因此而得名。

(2)结型场效应晶体管的特性曲线

1)漏极特性。漏极特性又称为输出特性,它是以 u_{GS} 为参变量,漏极电流 i_D 和漏源电压 u_{DS} 之间的关系,即

$$i_D=f(u_{DS})\Big|_{u_{GS}=常数}$$

图 2-52 所示为某 N 沟道结型场效应晶体管的一簇漏极特性曲线。漏极特性曲线可分为以下 4 个区域。

① 可变电阻区。当 u_{DS} 较小时，场效应晶体管的漏源之间相当于一个线性电阻 R_{DS}，因此随着 u_{DS} 从零增大，i_D 也随之线性增大。由于沟道电阻的大小随栅源电压 u_{GS} 而变，所以称该区域为可变电阻区。该区域类似于半导体晶体管的饱和区。

② 夹断区。当 $u_{GS} \leq U_{GS(off)}$ 时，场效应晶体管的沟道全部夹断，$i_D \approx 0$，场效应晶体管截止。场效应晶体管的夹断区类似于半导体晶体管输出特性的截止区。

图 2-52　N 沟道结型场效应晶体管的一簇漏极特性曲线

③ 恒流区（放大区或饱和区）。当 u_{DS} 增大到使 $u_{GD} = u_{GS} - u_{DS} = U_{GS(off)}$（即 $u_{DS} = u_{GS} - U_{GS(off)}$）时，沟道开始预夹断，电流 i_D 不再随 u_{DS} 的增大而增大，i_D 趋向恒定值。在恒流区，i_D 由 u_{GS} 控制，而与 u_{DS} 无关，类似于半导体晶体管的放大区。

④ 击穿区。在 u_{DS} 增大到一定数值后（即 $U_{(BR)DS}$），加到沟道耗尽层的反偏电压太高时，使栅漏间 PN 结发生反向击穿，i_D 迅速上升，管子不能正常工作，甚至很快烧毁。这种情形称为击穿现象，场效应晶体管不允许工作在击穿状态。u_{GS} 的负值越大，出现击穿时 u_{DS} 值越小。

由前述可知，当产生预夹断时，$u_{DS} = u_{GS} - U_{GS(off)}$。若 $u_{DS} > u_{GS} - U_{GS(off)}$，则场效应晶体管工作在恒流区。若 $u_{DS} < u_{GS} - U_{GS(off)}$，则场效应晶体管工作在可变电阻区。

2.3.1　场效应晶体管的认知—结型场效应晶体管的主要参数

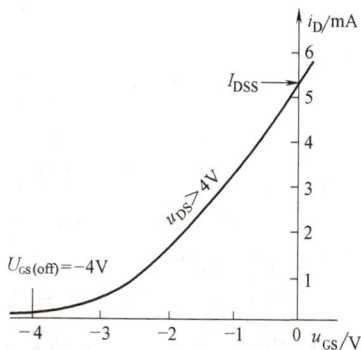

2）转移特性。转移特性是以 u_{DS} 为参变量，漏极电流 i_D 与栅源电压 u_{GS} 之间的关系，表达式为

$$i_D = f(u_{GS}) \big|_{u_{DS}=常数}$$

图 2-53 所示为某 N 沟道结型场效应晶体管的转移特性曲线。从图中看出，随着反偏压 u_{GS} 增大，漏极电流 i_D 变小。当 $u_{GS} = U_{GS(off)}$ 时，i_D 接近于零。当 $u_{GS} = 0$ 时，漏极电流最大，称为饱和漏极电流 I_{DSS}。实验表明，在 $U_{GS(off)} \leq u_{GS} \leq 0$ 的范围内，漏极电流 i_D 与栅源电压 u_{GS} 的关系近似可表示为

$$i_D = I_{DSS}\left(1 - \frac{u_{GS}}{U_{GS(off)}}\right)^2 \qquad (2-48)$$

（3）结型场效应晶体管的主要参数

1）直流参数。

① 夹断电压 $U_{GS(off)}$。夹断电压 $U_{GS(off)}$ 指在规定的环境温度和漏源电压 u_{DS} 下，当漏极电流 i_D 趋向于零（如 $10\mu A$）时所需的栅源反偏电压 u_{GS}。对于 N 沟道场效应晶体管，$U_{GS(off)}$ 为负值；对于 P 沟道场效应晶体管，$U_{GS(off)}$

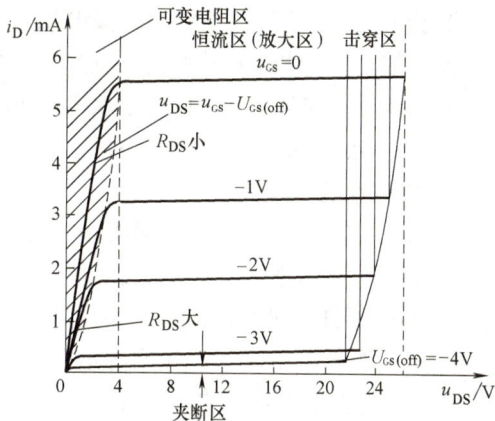

图 2-53　N 沟道结型场效应晶体管的转移特性曲线

为正值。

② 饱和漏极电流 I_{DSS}。饱和漏极电流 I_{DSS} 指管子工作在放大区且 $u_{GS}=0$ 时的漏极电流，也就是结型场效应晶体管的最大漏极电流，它反映了零栅压时沟道的导电能力。

③ 直流输入电阻 R_{GS}。直流输入电阻 R_{GS} 是栅、源极之间所加直流电压与栅极直流电流之比值。结型场效应晶体管的 R_{GS} 一般在 $10^7 \sim 10^9 \Omega$。

2）极限参数。

① 最大漏源电压 $U_{(BR)DS}$（漏源击穿电压）。漏源击穿电压指当 u_{DS} 增加时，致使栅漏间的 PN 结击穿，i_D 开始剧增时的 u_{DS} 值。对 N 沟道晶体管，u_{GS} 越负，相应 $U_{(BR)DS}$ 越小。在使用时，晶体管的 u_{DS} 不许超过此值，否则会烧坏晶体管。

② 最大栅源电压 $U_{(BR)GS}$（栅源击穿电压）。栅源击穿电压指栅极与沟道间的 PN 结反向击穿，电流开始急剧上升时的 u_{GS} 值。

③ 最大耗散功率 P_{DM}。P_{DM} 是决定晶体管温升的参数。在某管的 P_{DM} 确定后，就可以在漏极特性曲线上画出它的临界损耗线，应满足 $u_{DS}i_D < P_{DM}$。

3）交流参数（微变参数）

① 低频跨导 g_m。低频跨导 g_m 是在 u_{DS} 为规定值的条件下，漏极电流变化量和引起这个变化的栅源电压变化量之比，即

$$g_m = \frac{\Delta i_D}{\Delta u_{GS}}\bigg|_{u_{DS}=常数} \tag{2-49}$$

低频跨导的单位为西门子（S），有时也用毫西门子（mS）表示。低频跨导 g_m 表示栅源电压对漏极电流的控制能力，g_m 大，表示 u_{GS} 控制 i_D 的能力强。

② 漏极输出电阻 r_{DS}。

$$r_{DS} = \frac{\Delta u_{DS}}{\Delta i_D}\bigg|_{u_{GS}=常数} \tag{2-50}$$

r_{DS} 大小说明 u_{DS} 对 i_D 的影响程度，在恒流区 r_{DS} 数值很大，一般在几十千欧到几百千欧之间。

③ 极间电容。场效应晶体管的电极之间存在着极间电容，即栅源间极间电容 C_{GS}、栅漏间极间电容 C_{GD} 和漏源间极间电容 C_{DS}，它们是影响场效应晶体管高频性能的交流参数，其值越小越好。C_{DS} 为 $0.1 \sim 1pF$，C_{GS}、C_{GD} 一般为 $1 \sim 3pF$。

场效应晶体管的参数也会受温度的影响，但比半导体晶体管要小得多，这主要是因为场效应晶体管靠多子导电。

【例 2-5】已知某一型号 N 沟道结型场效应晶体管的 $U_{GS(off)} = -5V$，当用直流电压表测得 U_{GS}、U_{DS} 为下列 3 种情况时，试判别该管分别工作在哪个区？1）$U_{GS} = -8V$，$U_{DS} = 4V$；2）$U_{GS} = -3V$，$U_{DS} = 4V$；3）$U_{GS} = -3V$，$U_{DS} = 1V$。

解： 1）因为 $U_{GS} = -8V$，小于 $U_{GS(off)} = -5V$，所以不论 U_{DS} 如何，晶体管总是工作在截止状态，沟道全夹断。

2）因为 $U_{GS} = -3V$，$U_{DS} = 4V$，预夹断处的 $U_{DS} = U_{GS} - U_{GS(off)} = [-3-(-5)]V = 2V$，$U_{DS}$ 大于预夹断处的 U_{DS} 值，所以晶体管工作在预夹断后的恒流区。

3）因为 $U_{GS} = -3V$，$U_{DS} = 1V$，预夹断处的 $U_{DS} = U_{GS} - U_{GS(off)} = [-3-(-5)]V = 2V$，现在 $U_{DS} = 1V$ 小于预夹断处的 U_{DS} 值，所以晶体管工作在预夹断前的可变电阻区。

2. 绝缘栅场效应晶体管

在结型场效应晶体管中，栅源间输入电阻虽然可达 $10^6 \sim 10^9 \Omega$，但栅极与源极之间 PN 结反偏时仍有反向电流，而且反向漏电流随温度上升而增大，尤其当栅极、源极加正向电压时，出现栅极电流，使输入电阻迅速下降，这是结型场效应晶体管的不足之处。下面介绍一种栅极与其他电极绝缘的场效应晶体管，这种晶体管的栅、源之间输入阻抗很高，为 $10^8 \sim 10^{10} \Omega$，高的可达 $10^{15} \Omega$。绝缘栅场效应晶体管是由金属、氧化物和半导体制成的，故又称为金属-氧化物-半导体场效应晶体管，即 MOSFET，简称为 MOS 管，按制造工艺和性能可分为增强型与耗尽型两类。

（1）增强型绝缘栅场效应晶体管

1）结构和符号。N 沟道增强型 MOSFET 的结构如图 2-54a 所示。在一块 P 型硅片（称为衬底）上，通过扩散工艺形成两个高掺杂 N 型区作为源极和漏极，在栅极（铝电极）与沟道之间，被一层很薄的二氧化硅（SiO_2）所绝缘，故称为绝缘栅。图 2-54b 是 N 沟道增强型 MOSFET（简称为 NMOS）的符号。图 2-54c 是 P 沟道增强型 MOSFET（简称为 PMOS）的符号。晶体管衬底引出一个引脚，用符号 B 表示，通常衬底 B 与源极 S 相连。

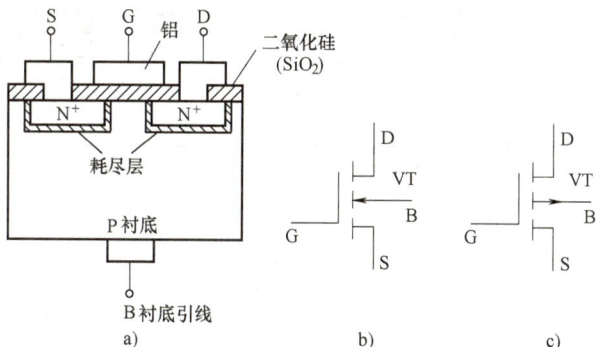

图 2-54　增强型绝缘栅场效应晶体管的结构和符号
a）N 沟道增强型 MOSFET 结构　b）N 沟道增强型 MOSFET 符号　c）P 沟道增强型 MOSFET 符号

2）工作原理。N 沟道增强型绝缘栅场效应晶体管的基本工作原理示意图如图 2-55 所示。在图 2-55a 中，栅极与源极短接，栅源电压 $u_{GS} = 0$。由于两个 N 区被 P 型衬底隔开，形成两个背靠背的 PN 结，不管 u_{DS} 的极性如何，其中总有一个 PN 结是反偏的，所以漏源之间没有形成导电沟道，基本上没有电流流过，即 $i_D = 0$。

若在栅源之间加上正向电压，则在栅极下面的二氧化硅绝缘层中产生一个由栅极指向 P 型衬底的电场，在电场效应作用下，排斥栅极下面的 P 型衬底中的空穴（多子），将电子（少子）吸引到衬底表面，形成一个 N 型薄层，又称为反型层，将两个 N⁺ 区连通，形成了 N 型导电沟道，这时如果在漏极和源极之间加上正向电压 u_{DS}，就会有漏极电流 i_D 产生，如图 2-55b 所示。开始形成导电沟道的 u_{GS}，记为 $U_{GS(th)}$，称为开启电压。随着 u_{GS} 的增加，必将有更多的电子被吸引到衬底表面，使导电沟道增宽，沟道电阻减小。因此，在同样的 u_{DS} 下，u_{GS} 越大，i_D 越大，从而实现栅源电压 u_{GS} 对漏极电流 i_D 的控制。故这种场效应晶体管称为增强型场效应晶体管。

当 $u_{GS} > U_{GS(th)}$ 时，若外加较小的 u_{DS}，则漏极电流 i_D 将随 u_{DS} 上升而迅速增大，电流方向是从漏极沿沟道指向源极。这时沟道各点对衬底的电位不同，使沟道的厚度不均匀，靠近源极端厚，靠近漏极端薄，如图 2-55c 所示。在 u_{DS} 增大到一定数值后，靠近漏极端被夹断，形成夹断区，如图 2-55d 所示。在沟道被夹断后，u_{DS} 增大，i_D 趋于饱和。

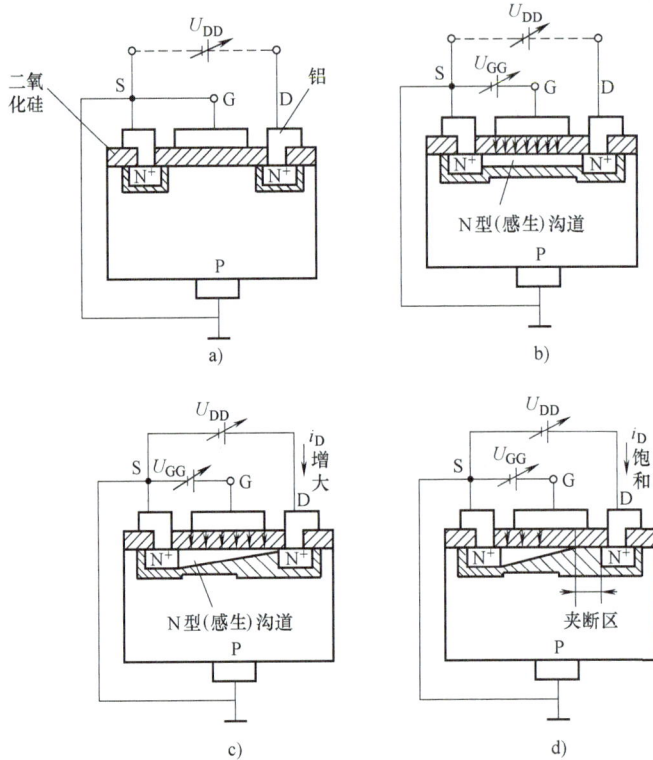

图 2-55 N 沟道增强型绝缘栅场效应晶体管的基本工作原理示意图

a）$u_{GS}=0$ 时没有导电沟道 b）$u_{GS}>U_{GS(th)}$ 出现 N 型沟道

c）u_{DS} 较小时 i_D 迅速增大 d）u_{DS} 较大出现夹断时，i_D 趋于饱和

3）特性曲线。

① 漏极特性。漏极特性曲线指 $i_D=f(u_{DS})\big|_{u_{GS}=常数}$ 的关系曲线，如图 2-56a 所示，它的形状与结型场效应晶体管相似，曲线也有 4 个工作区，即夹断区、可变电阻区、恒流区和击穿区。

a. 夹断区。当 $u_{GS}<U_{GS(th)}$ 时，晶体管没有导电沟道，$i_D=0$，在图 2-56a 所示的漏极特性曲线中，$u_{GS}=U_{GS(th)}$ 漏极特性曲线以下的区域为夹断区。

b. 可变电阻区。当 $u_{GS}>U_{GS(th)}$ 时，u_{DS} 较小，晶体管没有出现预夹断的情况，i_D 与 u_{DS} 近似为线性关系，这时漏极与源极之间可以看成一个受 u_{GS} 控制的可变电阻。由特性曲线可知，u_{GS} 越大，曲线越陡，D、S 之间的等效电阻越小。

c. 恒流区。当 $u_{GS}>U_{GS(th)}$，且 u_{DS} 较大时，在晶体管出现预夹断以后，i_D 只取决于 u_{GS}，而与 u_{DS} 无关，该区是一组近似的水平曲线。在这个区域内，u_{DS} 对 i_D 不起控制作用，不管 u_{DS} 增大或减小，i_D 都如同饱和，所以这个区域又称为饱和区。

d. 击穿区。当 u_{DS} 过大时，PN 结因承受过大的反向电压而击穿，使 i_D 急剧增大。

应当指出，恒流区与可变电阻区是以预夹断点的连线为分界线的，若当 $u_{GD}=u_{GS}-u_{DS}=U_{GS(th)}$ 时，沟道预夹断，则预夹断时的漏源电压为 $u_{DS}=u_{GS}-U_{GS(th)}$。

② 转移特性。转移特性曲线指 $i_D = f(u_{GS})|_{u_{DS}=常数}$ 的关系曲线，图 2-56b 所示就是恒流区的转移特性。当 $u_{GS} < U_{GS(th)}$ 时，没有导电沟道，$i_D = 0$；当 $u_{DS} > u_{GS} - U_{GS(th)}$ 时，晶体管工作在恒流区，u_{GS} 增大，i_D 跟随增大。在恒流区时，i_D 与 u_{GS} 的关系可近似地表示为

$$i_D = I_{DO}\left(\frac{u_{GS}}{U_{GS(th)}} - 1\right)^2 \tag{2-51}$$

式中，I_{DO} 是 $u_{GS} = 2U_{GS(th)}$ 时的 i_D 值。

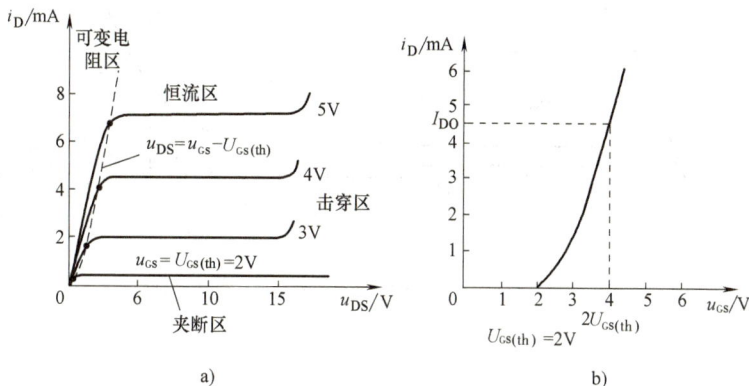

图 2-56   N 沟道增强型 MOS 管特性曲线
a）漏极特性曲线   b）转移特性曲线

（2）耗尽型绝缘栅场效应晶体管

1）结构、符号和工作原理。N 沟道耗尽型绝缘栅场效应晶体管的结构和增强型 MOS 管基本相同，只是在制作过程中预先在 SiO$_2$ 绝缘层中掺入大量正离子。N 沟道耗尽型 MOS 管的结构和符号如图 2-57 所示。由于正离子的作用，即使在 $u_{GS} = 0V$ 时，漏源之间也存在导电沟道，如果漏源之间加上电压 U_{DD}，就有漏极电流 i_D 产生。当 $u_{GS} > 0$ 时，沟道加宽，i_D 增大；当 $u_{GS} < 0$ 时，沟道变窄，i_D 减小。当 u_{GS} 减小到一定负值时，沟道消失，$i_D = 0$，此时 u_{GS} 的值称为夹断电压，用 $U_{GS(Off)}$ 表示。可见，耗尽型 MOS 管可以在正、负及零栅源电压下工作。

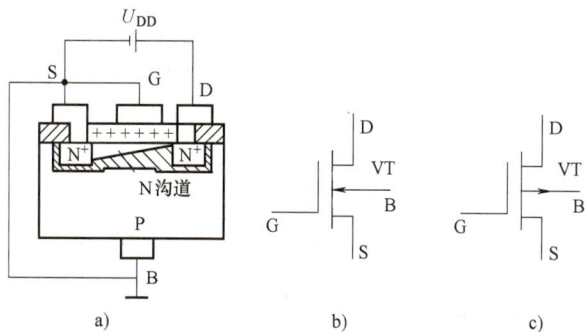

图 2-57   N 沟道耗尽型 MOS 管的结构和符号
a）N 沟道耗尽型 MOS 管的结构   b）N 沟道耗尽型 MOS 管符号   c）P 沟道耗尽型 MOS 管符号

2）特性曲线。N 沟道耗尽型绝缘栅场效应晶体管的特性曲线如图 2-58 所示。它在恒流区 i_D 与 u_{GS} 的关系可近似地表示为

$$i_D = I_{DSS} \left(1 - \frac{u_{GS}}{U_{GS(off)}}\right)^2$$

式中，I_{DSS} 是 $u_{GS} = 0$ 时的漏极电流。

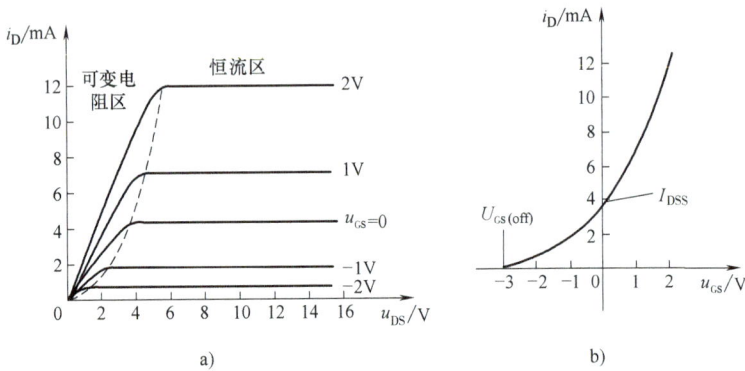

图 2-58 N 沟道耗尽型绝缘栅场效应晶体管的特性曲线

a) 漏极特性曲线 b) 转移特性曲线

3）绝缘栅场效应晶体管的主要参数

耗尽型绝缘栅场效应晶体管主要参数的名称及含义，与结型场效应晶体管一样，有 $U_{GS(off)}$、I_{DSS}、R_{GS}、$U_{(BR)GS}$、$U_{(BR)DS}$、P_{DM}、g_m、r_{DS}、C_{GS}、C_{GD}、C_{DS} 等。

开启电压 $U_{GS(th)}$ 是增强型绝缘栅场效应晶体管的参数，$U_{GS(th)}$ 是指 u_{DS} 为某一固定值下，刚刚产生漏极电流 i_D（约 $10\mu A$）所需的最小 u_{GS} 值。增强型绝缘栅场效应晶体管的其他主要参数与耗尽型绝缘型场效应晶体管类似，这里不再赘述。

（3）各种场效应晶体管的特性比较及使用注意事项

1）场效应晶体管的特性比较。各种场效应晶体管的符号、极性和特性曲线如表 2-3 所示。

表 2-3 各种场效应晶体管的符号、极性和特性曲线

类型	符号和极性	转移特性	输出特性
N 沟道 结型 FET			
P 沟道 结型 FET			

（续）

类型	符号和极性	转移特性	输出特性
N 沟道增强型 IGFET （增强型 NMOS）	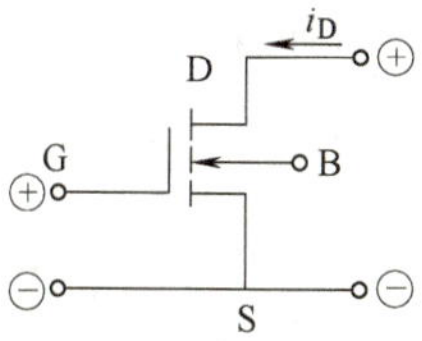	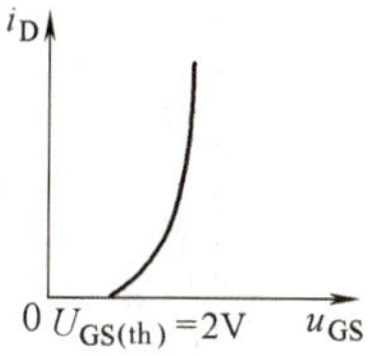	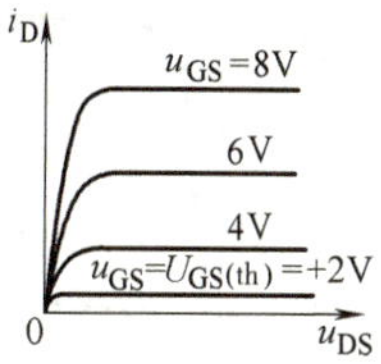
P 沟道增强型 IGFET （增强型 PMOS）	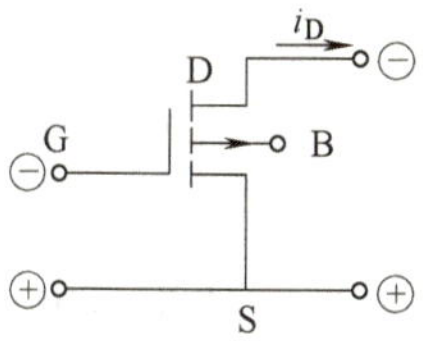	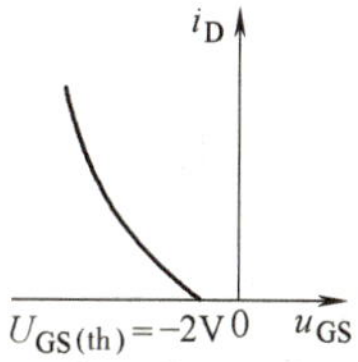	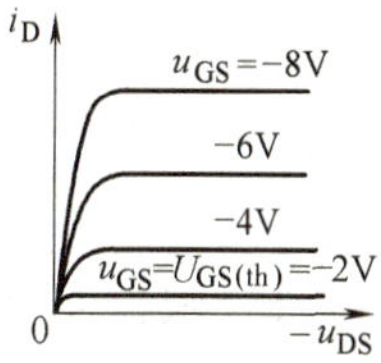
N 沟道耗尽型 IGFET （耗尽型 NMOS）	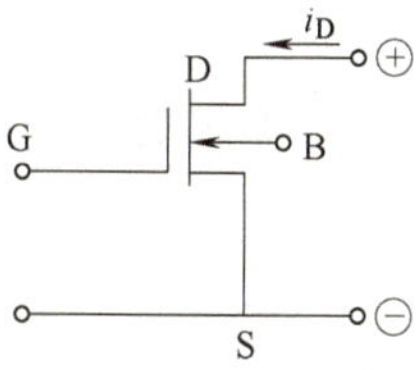	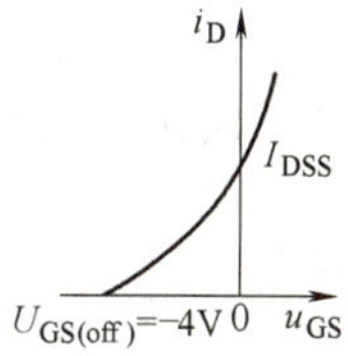	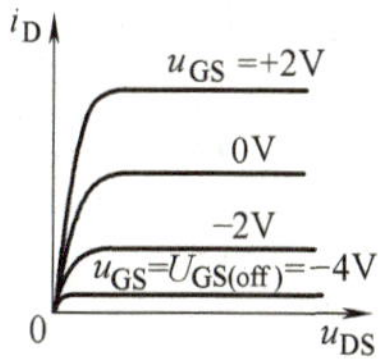
P 沟道耗尽型 IGFET （耗尽型 PMOS）	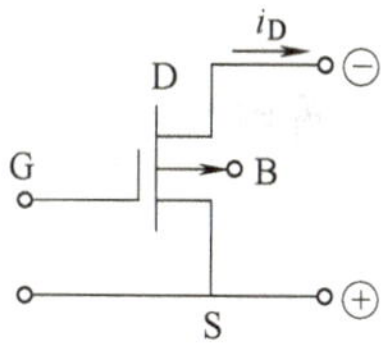	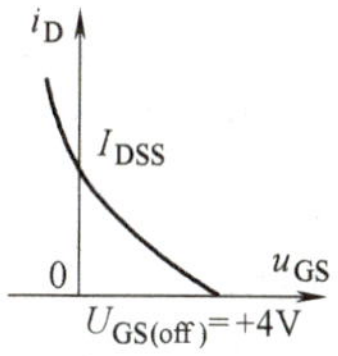	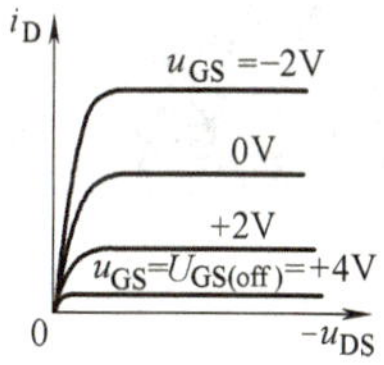

2）场效应晶体管的使用注意事项。

① 结型场效应晶体管的栅源电压不能接反，但可以在开路状态下保存，正常工作时，N 沟道结型场效应晶体管 $u_{GS}<0$，P 沟道结型场效应晶体管 $u_{GS}>0$。

② MOS 场效应晶体管应注意防止栅极悬空，以免感应电荷无法泄放，导致栅源电压升高而击穿栅源之间的二氧化硅绝缘薄层，所以，在保存 MOS 管时，务必将各电极短路，禁止栅极悬空。

③ 焊接时，电烙铁外壳必须有外接地线，以防止损坏管子。特别是在焊接绝缘栅场效应晶体管时，最好断电后再焊接。

为保护 MOS 管免受过电压损坏，在有些改进型的 MOS 管中装有栅极保护电路，使用时与结型管一样方便。

【例 2-6】　已知场效应晶体管的漏极特性曲线如图 2-59 所示。分别对应图 2-59a、图 2-59b 和图 2-59c 试判断各管类型，即写明是结型场效应晶体管还是绝缘栅场效应晶体管，是 N 沟道还是 P 沟道，是增强型还是耗尽型。

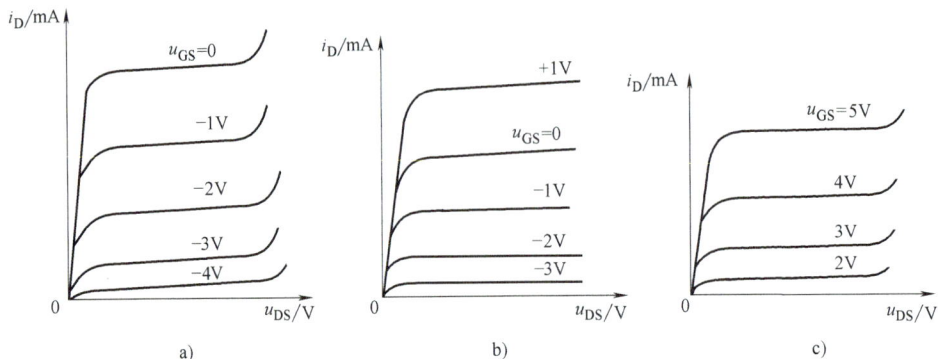

图 2-59　场效应晶体管漏极特性曲线

解：1）根据 u_{DS} 极性为正可知，图 2-59a 所示为 N 沟道管，又根据 u_{GS} 极性为负与 u_{DS} 极性相反，所以该管为 N 沟道结型场效应晶体管。

2）根据 u_{DS} 正极性，图 2-59b 所示为 N 沟道。再根据 u_{GS} 极性可正可负，所以该管为 N 沟道耗尽型绝缘栅场效应晶体管。

3）用同样的办法可判断图 2-59c 所示为 N 沟道增强型绝缘栅场效应晶体管。

2.3.2　场效应晶体管放大电路的分析

1. 场效应晶体管的偏置电路及静态分析

2.3.2　场效应晶体管放大电路的分析

为了不失真地放大信号，场效应晶体管放大电路也必须设置合适的静态工作点。场效应晶体管是电压控制器件，因此它没有栅极电流，关键是要有合适的静态栅源电压 U_{GS}，常用的偏置电路有自偏压电路和分压式自偏压电路两种。

（1）自偏压电路

图 2-60 所示为耗尽型场效应晶体管（包括结型场效应晶体管及耗尽型绝缘栅场效应晶体管）构成的共源极放大电路的自偏压电路。对于耗尽型场效应晶体管，即使在 $U_{GS}=0$ 时，也有漏极电流 I_D，则源极电位 $U_S=I_D R_S$；由于栅极不取电流，R_G 上没有压降，栅极电位 $U_G=0$，所以在静态时的栅偏压

$$U_{GS}=-I_D R_S \qquad (2\text{-}52)$$

可见，这种栅偏压是依靠场效应晶体管自身电流 I_D 产生的，故称为自偏压电路。增强型场效应晶体管只有栅源电压达到开启电压 $U_{GS(th)}$ 时才有漏极电流 I_D，因此这类管子不能用于图 2-60 所示的自偏压电路。

场效应晶体管放大电路的静态工作点指直流量 U_{GS}、I_D 和 U_{DS}。对于耗尽型场效应晶体管，当工作在放大区时，其 I_D 和 U_{GS} 之间的关系由式（2-48）近似表示。对于图 2-60 所示电路，可将式（2-48）和式（2-52）联立求解，即

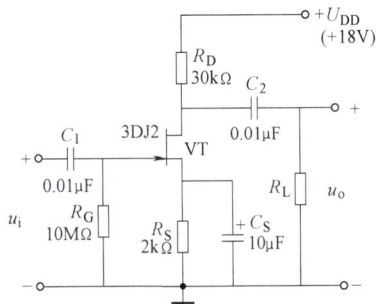

图 2-60　耗尽型场效应晶体管构成的
共源极放大电路的自偏压电路

$$I_{\mathrm{D}} = I_{\mathrm{DSS}} \left(1 - \frac{U_{\mathrm{GS}}}{U_{\mathrm{GS(off)}}} \right)^2$$

$$U_{\mathrm{GS}} = -I_{\mathrm{D}} R_{\mathrm{S}}$$

求得静态工作点 I_{D} 和 U_{GS}，则

$$U_{\mathrm{DS}} = U_{\mathrm{DD}} - I_{\mathrm{D}}(R_{\mathrm{D}} + R_{\mathrm{S}}) \qquad (2\text{-}53)$$

（2）分压式自偏压电路

分压式自偏压电路（如图 2-61 所示）是在自偏压电路的基础上加接分压电阻后组成的。这个电路的栅源电压除与 R_{S} 有关外，还随 R_{G1} 和 R_{G2} 的分压比而改变，因此适应性较大。由图 2-61 可得

$$U_{\mathrm{GS}} = U_{\mathrm{G}} - U_{\mathrm{S}} = \frac{R_{\mathrm{G2}}}{R_{\mathrm{G1}} + R_{\mathrm{G2}}} U_{\mathrm{DD}} - I_{\mathrm{D}} R_{\mathrm{S}} \qquad (2\text{-}54)$$

图 2-61 中的 R_{G3} 阻值很大，用以隔离 R_{G1}、R_{G2} 对信号的分流作用，以保持高的输入电阻。

由式（2-54）可见，当适当选取 R_{G1}、R_{G2} 和 R_{S} 值时，U_{GS} 可正、可负或为零，故分压式自偏压电路适用于由各类场效应晶体管构成的放大电路。

对于由结型场效应晶体管和耗尽型绝缘栅场效应晶体管构成的放大电路，可联立求解式（2-48）和式（2-54），求出静态工作点 U_{GS}、I_{D}。

对于由增强型绝缘栅场效应晶体管构成的放大电路，可联立求解式（2-51）和式（2-54），求出静态工作点 U_{GS}、I_{D}。

而

$$U_{\mathrm{DS}} = U_{\mathrm{DD}} - I_{\mathrm{D}}(R_{\mathrm{D}} + R_{\mathrm{S}})$$

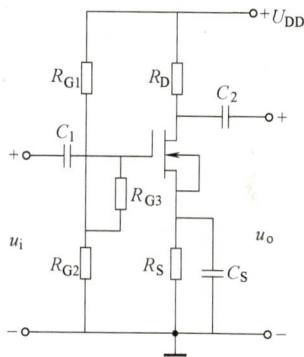

图 2-61　分压式自偏压电路

2. 场效应晶体管放大电路的微变等效电路及动态分析

（1）场效应晶体管的微变等效电路

在小信号作用下，当场效应晶体管工作在恒流区（即放大区）时，也可用线性微变等效电路来代替。从输入回路看，场效应晶体管输入电阻很高，栅极电流 $i_{\mathrm{g}} \approx 0$，可视作开路；从输出回路看，场效应晶体管漏极电流 i_{d} 主要受栅源电压 u_{gs} 控制，即 $i_{\mathrm{d}} = g_{\mathrm{m}} u_{\mathrm{gs}}$，可等效为受控电流源。场效应晶体管微变等效电路如图 2-62 所示。

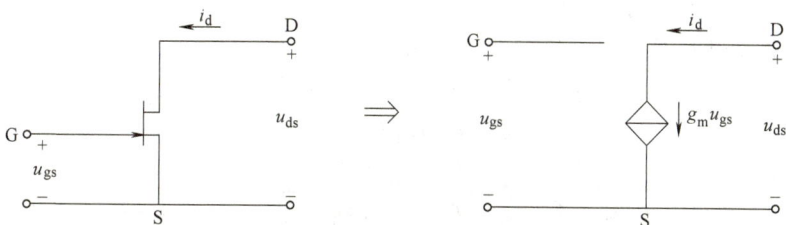

图 2-62　场效应晶体管微变等效电路

（2）场效应晶体管放大电路的动态分析

在场效应晶体管放大电路中，场效应晶体管的接法也有 3 种，分别是共源、共漏、共栅，与晶体管的共射、共集、共基对应。用微变等效电路法分析场效应晶体管放大电路，其步骤

与分析半导体晶体管放大电路基本相同。

1）共源极场效应晶体管放大电路

图 2-63a 所示为共源极场效应晶体管放大电路，它的输入、输出信号是以源极为公共端。图 2-63b 为源极有旁路电容 C_S 的微变等效电路。源极无旁路电容 C_S 的微变等效电路如图 2-63c 所示。

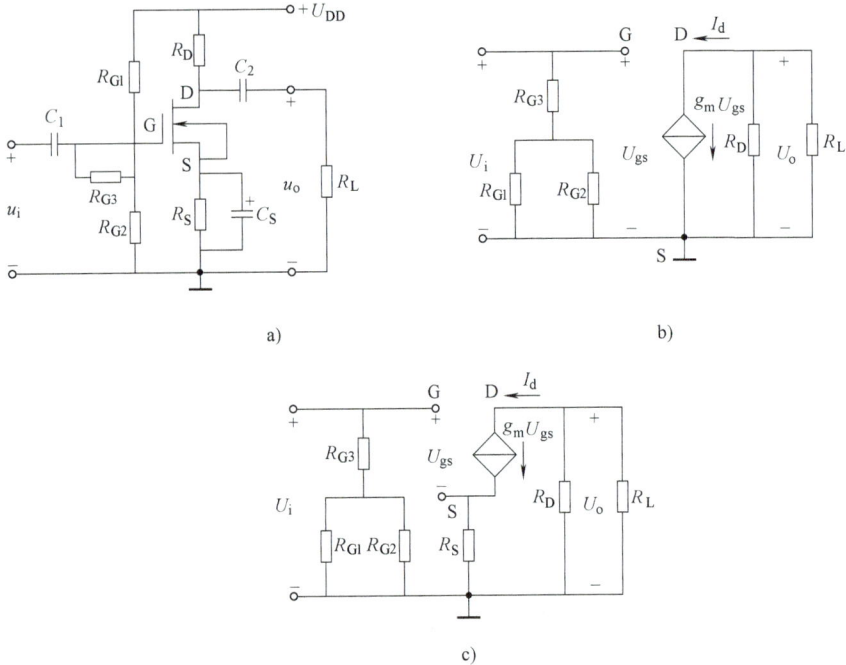

图 2-63 共源极场效应晶体管放大电路

a）电路图 b）源极有旁路电容 C_S 的微变等效电路 c）源极无旁路电容 C_S 的微变等效电路

① 电压放大倍数 A_u。当源极有旁路电容 C_S 时，由图 2-63b 可知

$$U_o = -g_m U_{gs}(R_D // R_L)$$

$$U_i = U_{gs}$$

故

$$A_u = \frac{U_o}{U_i} = -g_m(R_D // R_L) \tag{2-55}$$

式中，负号表示输出电压与输入电压反相。

当源极无旁路电容 C_S 时，由图 2-63c 可知

$$U_o = -g_m U_{gs}(R_D // R_L)$$

$$U_i = U_{gs} + g_m U_{gs} R_S$$

故

$$A_u = \frac{U_o}{U_i} = -\frac{g_m(R_D // R_L)}{1 + g_m R_S} \tag{2-56}$$

可见，当源极电阻两端没有并联电容 C_S 时，电压放大倍数下降了。

由于一般场效应晶体管的跨导只有几个毫西，所以场效应晶体管放大电路的放大倍数通常比双极型晶体管放大电路的放大倍数要小。

② 输入电阻 R_i。无论源极是否接有旁路电容 C_S，由图 2-63b、c 均可知

$$R_i = R_{G3} + (R_{G1} // R_{G2}) \tag{2-57}$$

通常 $R_{G3} \gg (R_{G1}//R_{G2})$，则

$$R_i \approx R_{G3}$$

由式（2-57）可看出，R_{G3} 的接入大大提高了放大电路的输入电阻。

③ 输出电阻 R_o。由"加压求流法"和图 2-63b、c 可知，无论源极是否接有 C_S，均有

$$R_o \approx R_D \qquad (2\text{-}58)$$

由上述分析可知，共源极场效应晶体管放大电路的输出电压与输入电压反相，输入电阻高，输出电阻主要由漏极电阻 R_D 决定。

2）共漏极场效应晶体管放大电路

图 2-64a 所示是由耗尽型 NMOS 管构成的共漏极场效应晶体管放大电路。由交流通路可见，漏极是输入、输出信号的公共端。由于信号是从源极输出，所以也称源极输出器。图 2-64b 为其微变等效电路。

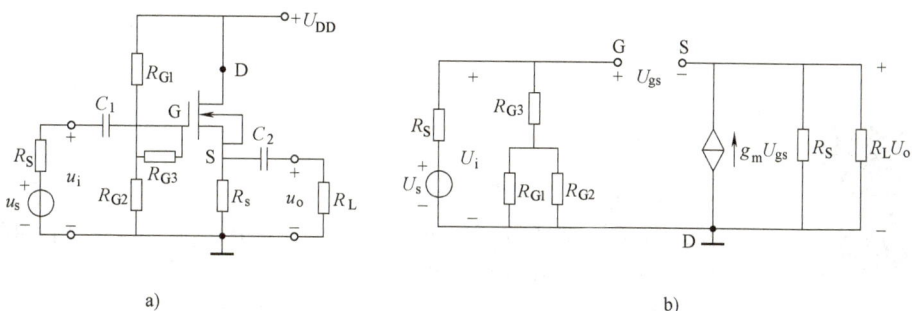

图 2-64　由耗尽型 NMOS 管构成的共漏极场效应晶体管放大电路

a）电路图　b）微变等效电路

① 电压放大倍数 A_u。由图 2-64b 可得

$$U_o = g_m U_{gs}(R_S//R_L)$$
$$U_i = U_{gs} + U_o = U_{gs} + g_m U_{gs}(R_S//R_L)$$

故

$$A_u = \frac{U_o}{U_i} = \frac{g_m(R_S//R_L)}{1 + g_m(R_S//R_L)} \qquad (2\text{-}59)$$

从式（2-59）可见，输出电压与输入电压同相，且由于 $g_m(R_S//R_L) \gg 1$，所以 A_u 小于 1，但接近于 1。

② 输入电阻 R_i。由图 2-64b 可知

$$R_i = R_{G3} + (R_{G1}//R_{G2}) \qquad (2\text{-}60)$$

当 $R_{G3} \gg (R_{G1}//R_{G2})$ 时，则

$$R_i \approx R_{G3}$$

③ 输出电阻 R_o。用"加压求流法"求源极输出器输出电阻 R_o 的电路如图 2-65 所示。图中信号源 U_s 已短路，保留其内阻 R_S，负载电阻 R_L 已去掉，在输出端外加了一个电压 U。

由于栅极电流 $I_g = 0$，所以

$$U = -U_{gs}$$

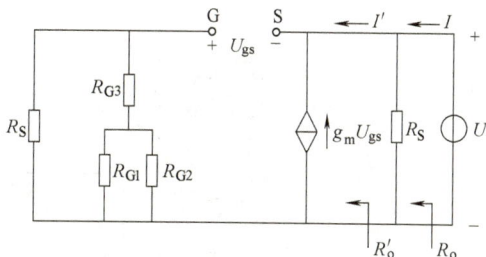

图 2-65　求源极输出器输出电阻 R_o 的电路

又 $$I' = -g_m U_{gs}$$

所以 $$R'_o = \frac{U}{I'} = \frac{1}{g_m}$$

$$R_o = R_S // R'_o = R_S // \frac{1}{g_m} \tag{2-61}$$

由以上分析可知，源极输出器与双极型的射极输出器有相似的特点，即 $A_u \leqslant 1$，R_i 大，R_o 小。但它的输入电阻比射极输出器还大得多，一般可达几十兆欧（射极输出器为几千欧至几百千欧），而源极输出器的输出电阻比射极输出器的输出电阻大，为取长补短，可采用场效应晶体管——晶体管混合跟随器，它能大大提高输入电阻和减小输出电阻。这种混合跟随器作为多级放大电路的输入级或输出级是理想的。

共栅极场效应晶体管放大电路用得很少，故不做介绍。

仿 真 训 练

场效应晶体管放大电路特性的研究

1. 仿真电路

图 2-66 为结型场效应管共源极放大电路的仿真电路，图 2-67 为负载 $R_L = 10\text{k}\Omega$ 时，输入和输出波形的观测图。

2. 仿真内容及要求

1）搭接结型场效应管共源极放大电路。注意电容的极性，不要接错。

2）优化调整电路结构和元器件参数。令 $u_i = 0$，接通直流电源，测量电路的静态工作点。在电路的输入端输入交流信号，然后用示波器观察输出波形，调整电路，当其波形没有失真时，测量有关参数并计算出共源极放大电路的 3 个动态指标。用示波器同时观察 u_i 和 u_o 的波形，描绘出来并分析它们的相位关系。比较测量值和理论估算值，总结场效应晶体管放大器的特点，进一步深刻理解放大电路的特性。

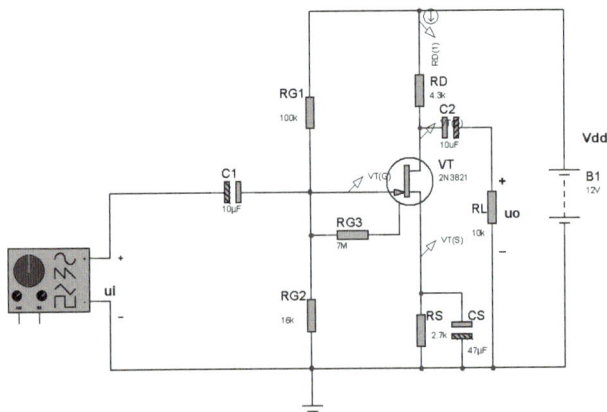

单元 2.3 仿真训练
场效应晶体管
放大电路特性
的研究

图 2-66 结型场效应管共源极放大电路的仿真电路

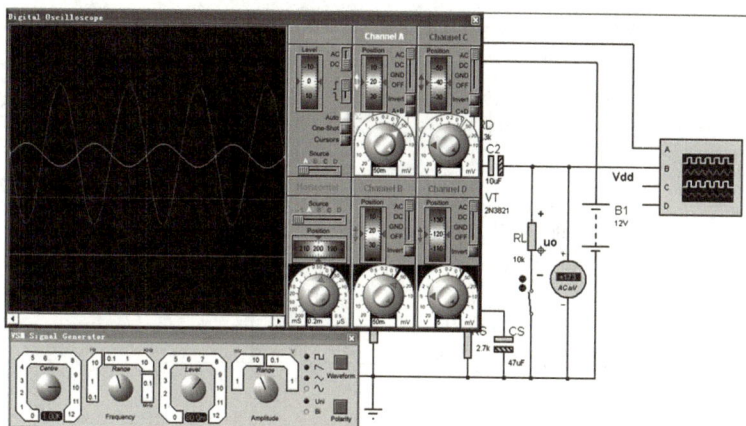

图 2-67　负载 $R_L = 10k\Omega$ 时，输入和输出波形的观测图

技 能 实 训

场效应晶体管放大电路的装配与测试

1. 实训目的

1）掌握电子电路布线、安装等基本技能。

2）了解结型场效应晶体管的性能和特点。

3）进一步熟悉放大电路静态工作点、电压放大倍数、输入电阻和输出电阻的测量方法。

4）掌握对简单电路故障的排除方法，培养独立解决问题的能力。

5）熟悉常用电子仪器的使用方法和技巧。

单元 2.3 技能实训
场效应晶体管
放大电路的装
配与测试

2. 实训器材

1）仪器：直流稳压电源、信号发生器、电子交流毫伏表、双踪示波器各一台；万用表一只。

2）元器件：结型场效应晶体管 3DJ6F 一只；阻值为 100kΩ、16kΩ、4.3kΩ、2.7kΩ、10kΩ、1MΩ 电阻各一只；10μF、50μF、0.1μF 的电解电容各一只；面包板一块；连接导线若干。

3. 预习要求

1）复习有关场效应晶体管的部分内容，并估算晶体管的静态工作点、电压放大倍数、输入电阻和输出电阻（根据图 2-68 所示的结型场效应晶体管共源极放大电路的参数），求出工作点处的跨导 g_m。

2）场效应晶体管放大器输入回路的电容 C_1 为什么可以取得小一些（可以取 $C_1 = 0.1\mu F$）？

3）当测量场效应晶体管静态工作电压 U_{GS} 时，能否用直流电压表直接并在 G、S 两端测量？为什么？

4）为什么测量场效应晶体管输入电阻时要用测量输出电压的方法？

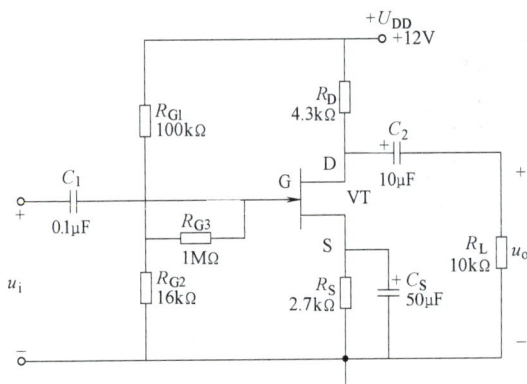

图 2-68　结型场效应晶体管共源极放大电路

4. 实训内容及要求

（1）静态工作点的测量和调整

1）查阅手册或用图示仪测量实训中所用场效应晶体管的特性曲线和参数，并记录下来备用（3DJ6F 的输出特性和转移特性曲线如图 2-69 所示）。

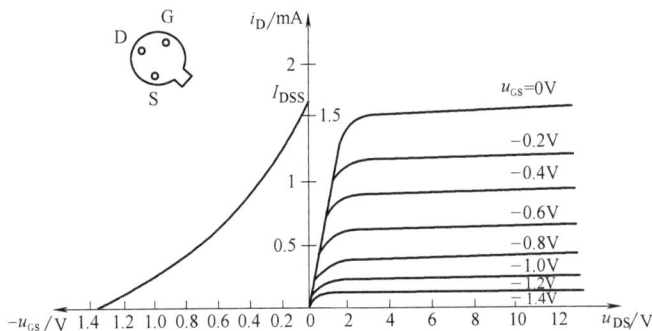

图 2-69　3DJ6F 的输出特性和转移特性曲线

2）按图 2-68 连接电路（自行搭接电路，各连线尤其是接地连线应尽量短），令 $u_i = 0$，接通 +12V 电源，用直流电压表测量 U_G、U_S 和 U_D。检查静态工作点是否在特性曲线放大区的中间部分。若合适，则把结果记入表 2-4。

3）若不合适，则适当调整 R_{G2} 和 R_S，再测量 U_G、U_S 和 U_D，记入表 2-4。

表 2-4　静态工作点测量

测　量　值						计　算　值		
U_G/V	U_S/V	U_D/V	U_{DS}/V	U_{GS}/V	I_D/mA	U_{DS}/V	U_{GS}/V	I_D/mA

（2）电压放大倍数 A_u、输入电阻 R_i 和输出电阻 R_o 的测量

1）A_u 和 R_o 的测量。在放大器的输入端加入 $f = 1\text{kHz}$ 的正弦信号 u_i（$\approx 50 \sim 100\text{mV}$），并用示波器监视输出电压 u_o 的波形。在输出电压 u_o 没有失真的条件下，用交流毫伏表分别测量 $R_L = \infty$ 和 $R_L = 10\text{k}\Omega$ 的输出电压 u_o。（注意：保持 u_i 不变），记入表 2-5。

表 2-5 A_u 和 R_o 的测量

测 量 值				计 算 值		u_i 和 u_o 波形
	U_i/V	U_o/V	A_u	$R_o/k\Omega$	A_u	$R_o/k\Omega$	
$R_L = \infty$							
$R_L = 10k\Omega$							

用示波器同时观察 u_i 和 u_o 的波形，描绘出来并分析它们的相位关系。

2）R_i 的测量。按图 2-70 所示的输入电阻测量电路改接实训电路，选择合适大小的输入电压 U_S（为 50~100mV）。将开关 S 掷向"1"，测出 $R=0$ 时的输出电压 U_{o1}，然后将开关掷向"2"（接入 R），保持 U_S 不变，再测出 U_{o2}，根据式（2-62）求出 R_i，记入表 2-6。

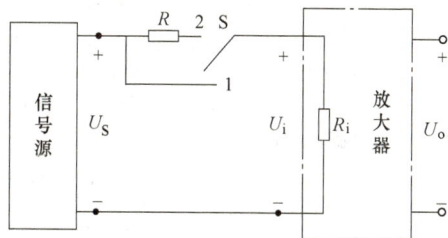

图 2-70 输入电阻测量电路

$$R_i = \frac{U_{o2}}{U_{o1} - U_{o2}} R \qquad (2\text{-}62)$$

表 2-6 R_i 的测量

测 量 值			计 算 值
U_{o1}	U_{o2}	$R_i/k\Omega$	$R_i/k\Omega$

5. 实训报告要求

1）整理实训数据，将测得的 A_u、R_i、R_o 与理论计算值进行比较。

2）把场效应晶体管放大电路与晶体管放大电路进行比较，总结场效应晶体管放大器的特点。

3）分析测试中的问题，总结实训收获。

6. 考评内容及评分标准

场效应晶体管放大电路装配与测试的考评内容及评分标准如表 2-7 所示。

表 2-7 场效应晶体管放大电路装配与测试的考评内容及评分标准

步骤	考评内容	评分标准	标准分	扣分及原因	得分
1	画出放大电路原理图，并分析其工作原理	1）各元器件符号正确 2）各物理量标注正确 3）各元器件连接正确 4）原理分析准确 错一处扣 5 分，扣完为止 （教师辅导、学生自查）	15		
2	根据相关参数，对元器件质量进行判别（特别是场效应晶体管）	元器件质量和分类判断正确 错一处扣 5 分，扣完为止 （学生自查、教师检查）	15		

（续）

步骤	考评内容	评分标准	标准分	扣分及原因	得分
3	根据电路原理图进行电路连接；利用直观法或使用万用表通过对在路电阻的测量，分析电路连接是否正确	1）在路电阻的测量正确 2）不得出现断路（脱焊）、短路及器件极性接反等错误 错一处扣 5 分，扣完为止 （同学互查、教师检查）	20		
4	确认检查无误后，进行通电测试。使用万用表对各点电压进行测量，准确判断电路的工作状态	1）仪器仪表档位、量程选择正确 2）读数准确，判断准确 错一处扣 5 分，扣完为止 （教师指导、同学互查）	20		
5	使用信号发生器等仪器仪表对放大电路进行输入输出电压波形的测量，对电路的工作状态进行正确分析	1）仪器仪表档位、量程选择正确 2）读数准确，判断准确 3）工作状态正常 错一处扣 5 分，扣完为止 （教师指导、同学互查）	15		
6	注意安全、规范操作。小组分工，保证质量。完成时间为 90min	1）小组成员各有明确分工 2）在规定时间内完成该项目 3）各项操作规范、安全 成员无分工扣 5 分，超时扣 10 分 （教师指导、同学互查）	15		
	教师根据学生对场效应晶体管及放大电路理论水平和技能水平掌握情况进行综合评定，并指出存在的问题和具体改进方案		100		

知 识 拓 展

晶体管的高频等效特性

　　从晶体管的物理结构出发，考虑发射结和集电结电容的影响，就可以得到在高频信号作用下晶体管的完整微变等效电路，又称为混合 π 模型。虽然晶体管在高低频情况下，微变等效电路不完全一样，但在分析方法上两者基本类似。

1. 晶体管的完整微变等效电路

　　图 2-71a 所示为晶体管结构示意图。r_c 和 r_e 分别为集电区体电阻和发射区体电阻，它们的数值较小，常常忽略不计。$r_{b'c'}$ 为集电结电阻，$r_{bb'}$ 为基区体电阻，$r_{b'e}$ 为发射结电阻，C_μ 为集电结电容，C_π 为发射结电容。当输入信号的频率上升时，结电容阻抗 $\dfrac{1}{\omega C}$ 将下降，当输入信号频率上升至一定值时，由于结电容阻抗减小所引起的旁路现象就不得不加以考虑。图 2-71b 是

与图 2-71a 对应的完整微变等效电路。

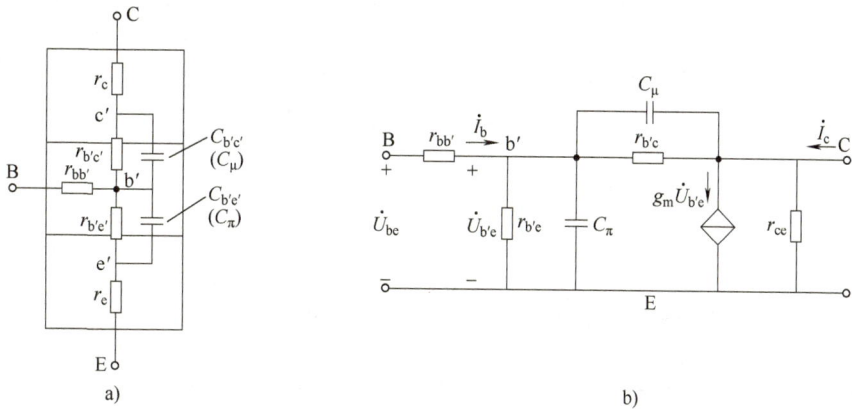

图 2-71　晶体管结构示意图及完整微变等效电路
a）晶体管的结构示意图　b）完整微变等效电路

图 2-71b 中，由于 C_μ 与 C_π 的存在，使入 $\dot{I}_c$ 和 $\dot{I}_b$ 的大小、相角均与频率有关，即电流放大系数 $\dot\beta$ 是频率的函数。根据半导体物理的分析，晶体管的受控电流 $\dot{I}_c$ 与发射结电压 $\dot{U}_{b'e}$ 呈线性关系，且与信号频率无关。因此，完整微变等效电路中引入了一个新参数 g_m，称为跨导，它表示 $\dot{U}_{b'e}$ 对 $\dot{I}_c$ 的控制能力，即 $\dot{I}_c = g_m \dot{U}_{b'e}$。

2. 晶体管高频微变等效电路的简化

在图 2-71b 所示电路中，通常情况下，r_{ce} 远大于 C-E 间所接的负载电阻，而 $r_{b'c}$ 也远大于 C_μ 的容抗，因而可认为 r_{ce} 和 $r_{b'c}$ 开路，如图 2-72a 所示。

由于 C_μ 跨接在输入与输出回路之间，使电路的分析变得十分复杂。因此，为简单起见，将 C_μ 等效到输入回路和输出回路中去，称为单向化。单向化是通过等效变换来实现的。设 C_μ 折到 b'-E 间的电容为 C'_μ，折合到 C-E 的电容为 C''_μ，则单向化之后的电路如 2-72b 所示。

由密勒定理可以推得图 2-72b 中

$$C'_\mu = (1 + |\dot{A}_u|) C_\mu \qquad C''_\mu \approx C_\mu$$

一般情况下，由于 C''_μ 的容抗远大于 R'_L，故 C''_μ 中的电流可忽略不计，另外，b'-E 间的总电容为

$$C'_\pi = C_\pi + C'_\mu = C_\pi + (1 + |\dot{A}_u|) C_\mu$$

因此简化的高频微变等效电路如图 2-72c 所示。

3. 场效应晶体管的高频等效电路

由于场效应晶体管各电极之间也存在极间电容，因而高频响应与晶体管相似。根据场效应晶体管的结构，可得到如图 2-73a 所示高频微变等效电路。一般情况下，r_{gs} 和 r_{ds} 都比外电阻大得多，因而在做近似分析时，可以认为开路而忽略。

同样，对于跨接于 G-D 之间的电容 C_{GD}，也可用密勒定理进行等效变换，即将其折合到输入回路和输出回路，即电路的单向化变换。这样 G-S 间的等效电容和 D-S 间的等效电容分别为

$$C'_{gs} = C_{GS} + (1 + |\dot{A}_u|) C_{GD} \qquad C'_{ds} = C_{DS} + C_{GD}$$

由于 C'_{ds} 容值较小，容抗较大，一般视为开路而忽略，因此场效应晶体管的简化高频等效

电路如图 2-73b 所示。

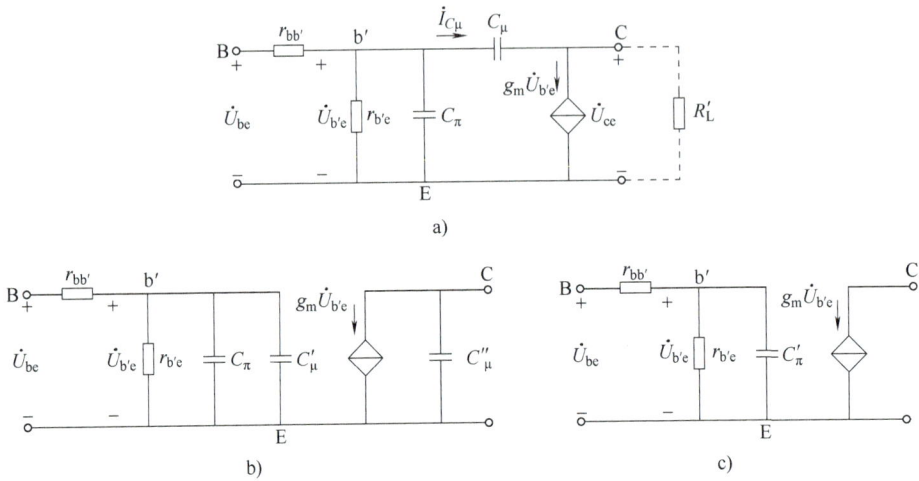

图 2-72　高频微变等效电路的简化

a）简化的高频微变等效电路　b）单向化后的高频微变等效电路　c）忽略 C''_μ 的高频微变等效电路

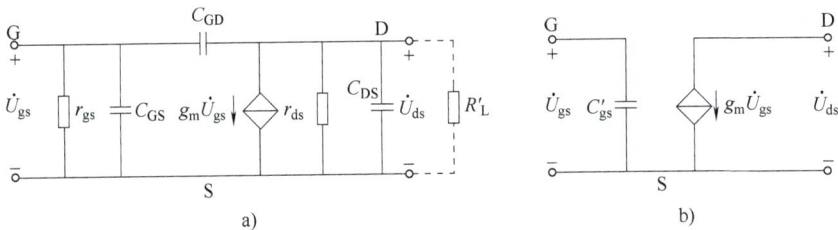

图 2-73　场效应晶体管高频等效电路

a）场效应晶体管高频等效电路　b）简化后的高频等效电路

自我检测题

一、填空题

1. 当晶体管用来放大时，应使发射结处于_____偏置，集电结处于_____偏置；而晶体管工作在饱和区时，发射结处于_____偏置，集电结处于_____偏置。

2. 当温度升高时，晶体管的电流放大系数 β _____，反向饱和电流 I_{CBO}_____；发射结电压 U_{BE}_____。

3. 晶体管的工作有赖于两种载流子，即自由电子和空穴，因此又称它为_____晶体管。

4. 共发射极放大器的输出电压与输入电压的相位是_____；共集电极放大器的输出电压与输入电压的相位是_____；共基极放大器的输出电压与输入电压的相位是_____。

5. 当 PNP 型晶体管处于放大状态时，3 个电极中的_____极电位最高，_____极电位最低。

6. 晶体管的电流放大作用是指晶体管的_____电流约为_____电流的 β 倍，即利用

_____电流就可以控制_____电流。

7. 当晶体管正常放大时，发射结的正向导通压降变化不大，小功率硅管约为_____ V，锗管约为_____ V。

8. 晶体管在放大区的特征是当 I_B 固定时，I_C 基本不变，这体现了晶体管的_____特性。

9. 某晶体管，当测得 $I_B = 30\mu A$ 时，$I_C = 1.2mA$，则发射极电流 $I_E = $_____ mA；如果 I_B 增大到 $50\mu A$ 时，I_C 增加到 $2mA$，那么晶体管的电流放大系数 $\beta = $_____。

10. 用两个放大电路 A 和 B 分别对同一个电压信号进行放大，当输出端开路时，$U_{OA} = U_{OB}$；都接入负载 R_L 时，测得 $U_{OA} < U_{OB}$，由此说明，电路 A 的输出电阻比电路 B 的输出电阻_____。

11. 对于共射、共集和共基这 3 种基本组态的放大电路，若希望电压放大倍数大，则应选用_____组态；若希望从信号源索取电流小，则应选用_____组态；若希望带负载能力强，则应选用_____组态；若希望高频性能好，则应选用_____组态。

12. 场效应晶体管是一种_____器件，可分为_____和_____两类，它们以不同方式利用栅源电压所产生的电场来改变_____的宽窄，从而控制输出电流的大小。

13. $U_{GS(off)}$、$U_{GS(th)}$ 的含义分别是_____，它们的正或负是由_____来决定的。

14. 场效应晶体管漏极特性有 3 个工作区。其中对于 N 沟道结型 FET 或 N 沟道增强型 MOS 管，工作在恒流区时的条件是_____，工作在可变电阻区时，随着 u_{GS} 的减小，它的压控电阻 R_{DS} 就_____。

15. 场效应晶体管工作在可变电阻区时，i_D 与 u_{DS} 基本上是_____关系，所以在这个区域中，场效应晶体管的漏极和源极间可以看成一个由 u_{GS} 控制的_____。

16. 场效应晶体管的自偏压电路只适用于_____构成的放大电路；分压式自偏压电路中的栅极电阻一般阻值很大，这是为了_____。

17. 跨导 g_m 定义式为_____，单位是_____，它是衡量_____的重要参数，g_m 越大，表示 u_{GS} 控制 i_D 的能力越_____。

二、选择题

1. 若晶体管的两个 PN 结都有反偏电压，则晶体管处于（　　）；若晶体管的两个 PN 结都有正偏电压，则晶体管处于（　　）。

　A. 截止状态　　　　　　　B. 饱和状态　　　　　　　C. 放大状态

2. 有 3 只晶体管，除 β 和 $I_{CEO(pt)}$ 不同外，其余参数大致相同，当用作放大器件时，应选用（　　）管为好。

　A. $\beta = 50$，$I_{CEO(pt)} = 10\mu A$　　B. $\beta = 150$，$I_{CEO(pt)} = 200\mu A$　　C. $\beta = 10$，$I_{CEO(pt)} = 5\mu A$

3. 用万用表的电阻档测量一只能正常放大的晶体管，若用正极接触一只引脚，负极分别接触另两只引脚时测得的电阻值都较小，则该晶体管是（　　）。

　A. PNP 型　　　　　　　B. NPN 型　　　　　　　C. 无法确定

4. 用万用表测得晶体管任意两个极之间的电阻均很小，说明该管（　　）。

　A. 两个 PN 结都短路　　B. 发射结击穿，集电结正常　　C. 两个 PN 结都断路

5. 既能放大电压，又能放大电流的是（　　）组态放大电路；可以放大电压，但不能放大电流的是（　　）组态放大电路；只能放大电流，但不能放大电压的是（　　）组态放大

电路。

    A. 共射   B. 共基   C. 共集

6. 结型场效应晶体管是利用（   ）PN 结的内电场大小来改变沟道宽窄的。

    A. 正偏   B. 反偏

7. 结型 N 沟道和 P 沟道两种类型的场效应晶体管，其漏极电源极性，分别与 NPN 和 PNP 晶体管集电极电源（   ）。

    A. 一致   B. 相反

8. 在结型场效应晶体管加电压 u_{DS} 后，靠近漏极端的导电沟道（   ）。

    A. 变窄   B. 变宽   C. 基本不变

9. 当 $u_{GS}=0$ 时，（   ）导电沟道的称为耗尽型 MOS 管，（   ）导电沟道的称为增强型 MOS 管。

    A. 没有   B. 存在

10. P 沟道增强型绝缘栅场效应晶体管的开启电压 $U_{GS(th)}$ 为（   ），P 沟道耗尽型绝缘栅场效应晶体管的夹断电压 $U_{GS(off)}$ 为（   ）。

    A. 正值   B. 负值   C. 零值

思考题与习题

1. 测得放大电路中两个晶体管中的两个电极的电流如图 2-74 所示。

1）求另一电极电流的大小，并标出其实际极性。

2）判断是 NPN 管还是 PNP 管。

3）标出 E、B、C 电极。

4）估算 β 值。

2. 在图 2-75 中，晶体管的各极对地电压分别如图中所示，试分析各晶体管的情况。

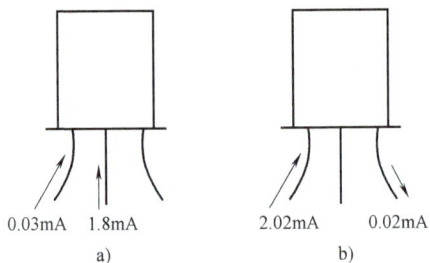

图 2-74　题 1 图

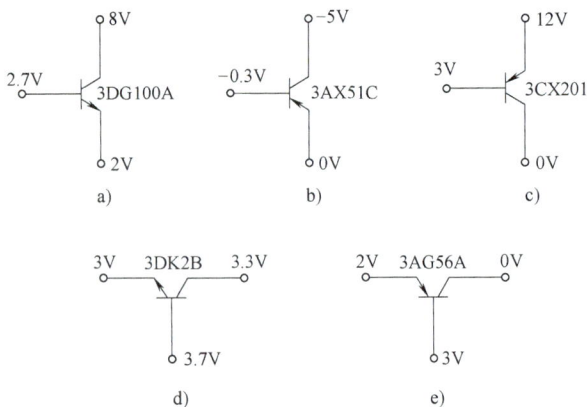

图 2-75　题 2 图

1）是 NPN 型还是 PNP 型？

2）是锗管还是硅管？

3）分别处在晶体管输出特性的哪个区？有无损坏的晶体管？

3. 某晶体管的极限参数 $I_{CM} = 100mA$，$P_{CM} = 150mW$，$U_{(BR)CEO} = 30V$。若它的工作电压 $U_{CE} = 10V$，则工作电流 I_C 不得超过多大？若工作电流 $I_C = 1mA$，则工作电压的极限值应为多少？

4. 画出图 2-76 所示电路的直流通路和交流通路。设各电路工作在小信号状态，画出它们的微变等效电路。

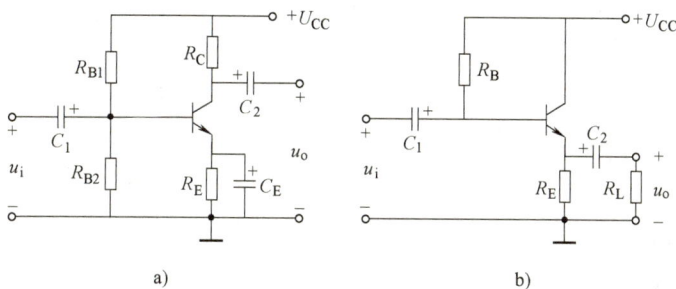

图 2-76　题 4 图

5. 在图 2-77 中，已知晶体管的 $\beta = 50$，$U_{BE} = 0.7V$，$U_{CES} = 0.3V$，$R_C = 3k\Omega$，$U_{CC} = 12V$。

1）估算集电极饱和电流 I_{CS} 值和此时的基极饱和电流 I_{BS}。

2）设 $R_B = 300k\Omega$，当开关 S 接通 A 时，求晶体管的 I_{BQ}、I_{CQ} 和 U_{CEQ}。

3）当开关 S 接通 B 时，晶体管工作于什么状态？

6. 已知在固定偏流放大电路中晶体管的输出特性及交、直流负载线如图 2-78 所示。

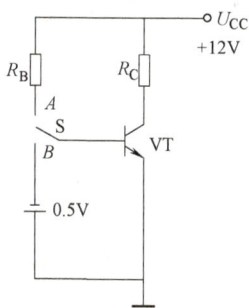

图 2-77　题 5 图

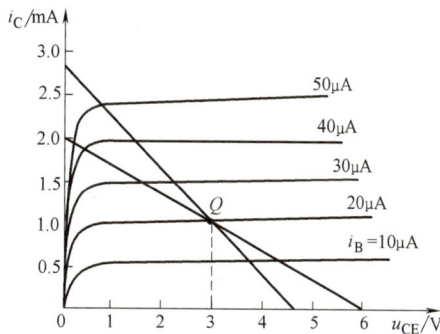

图 2-78　题 6 图

1）试求电源电压 U_{CC}。

2）试求静态工作点。

3）试求电阻 R_B、R_C 的值。

4）要使该电路能不失真地放大，基极电流交流分量的最大幅值 I_{bm} 应为多少？

7. 已知图 2-79 所示电路晶体管的 $\beta = 100$，负载电阻 $R_L = 2k\Omega$，试用微变等效电路法求解下列问题：

1）不接负载电阻时的电压放大倍数。

2）接负载电阻 $R_L = 2k\Omega$ 时的电压放大倍数。

3）电路的输入电阻和输出电阻。

4）当信号源内阻 $R_S = 500\Omega$ 时的源电压放大倍数。

8. 在图 2-80 的放大电路中，设晶体管的 $\beta = 30$，$U_{BEQ} = 0.7V$，$r_{be} = 1k\Omega$。

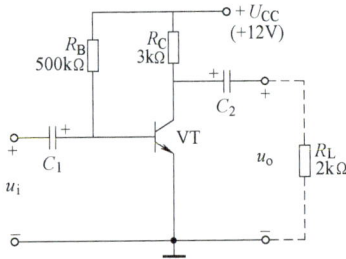

图 2-79　题 7 图

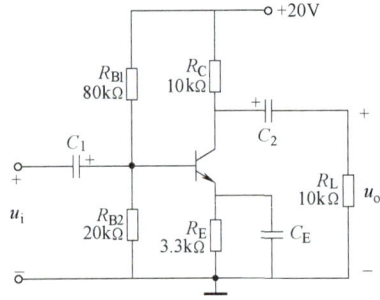

图 2-80　题 8 图

1）估算静态工作点。

2）画出微变等效电路。

3）计算 A_u、R_i、R_o。

4）若将放大电路中的发射极旁路电容 C_E 去掉，则 A_u、R_i、R_o 会如何变化？

9. 在图 2-81 所示的射极输出器中，已知 $\beta = 100$，$U_{BEQ} = 0.7V$，$r_{be} = 1.5k\Omega$。

1）估算静态工作点。

2）分别求出 $R_L = \infty$ 和 $R_L = 3k\Omega$ 时放大电路的电压放大倍数 A_u。

3）计算输入电阻 R_i 和输出电阻 R_o。

4）若信号源内阻 $R_S = 1k\Omega$，$R_L = 3k\Omega$，则此时的源电压放大倍数 A_{us} 为多少？

10. 在图 2-82 所示的放大电路中，已知 $\beta = 50$，$U_{BEQ} = 0.7V$，电路其他参数如图中所示。

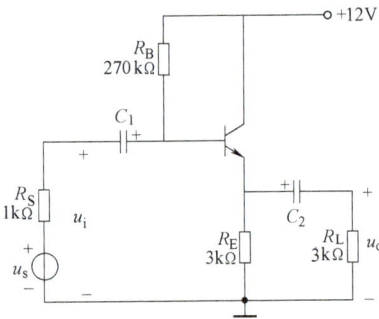

图 2-81　题 9 图

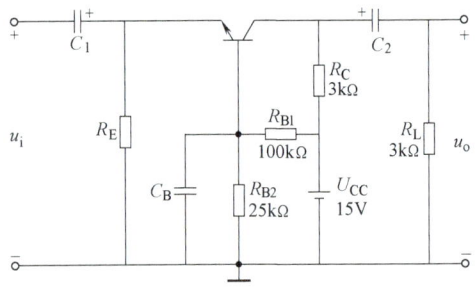

图 2-82　题 10 图

1）画出电路的直流通路和微变等效电路。

2）若要求静态时发射极电流 $I_{EQ} = 2mA$，则发射极电阻 R_E 应选多大？

3）在所选的 R_E 情况下，估算 I_{BQ} 和 U_{CEQ} 值。

4）估算电路的电压放大倍数 A_u、输入电阻 R_i 和输出电阻 R_o 的值。

11. 在图 2-83 所示的 3 个电路中，分别指出它们工作在漏极特性曲线的哪个区域？

12. 4 个场效应晶体管的输出特性如图 2-84 所示（其中漏极电流的参考方向与实际方向一致），试问它们是哪种类型的场效应晶体管？若是耗尽型的，则指出其夹断电压 $U_{GS(off)}$ 和饱和漏极电流 I_{DSS} 的大小；若是增强型的，则指出其开启电压 $U_{GS(th)}$ 的大小。

13. 4 个场效应晶体管的转移特性如图 2-85 所示，试判别它们分别属于哪种类型的场效应

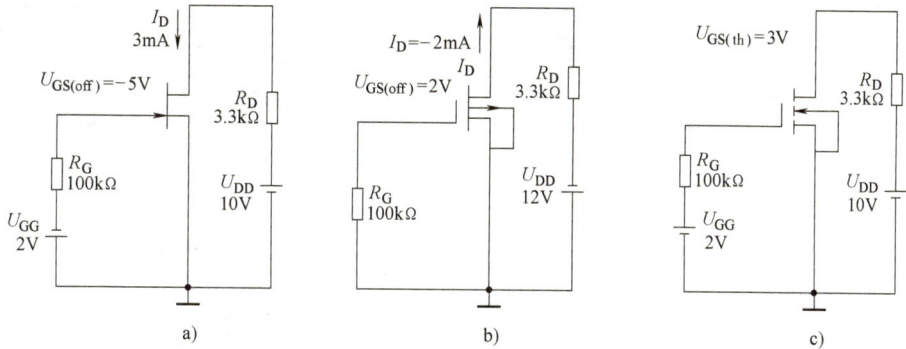

图 2-83　题 11 图

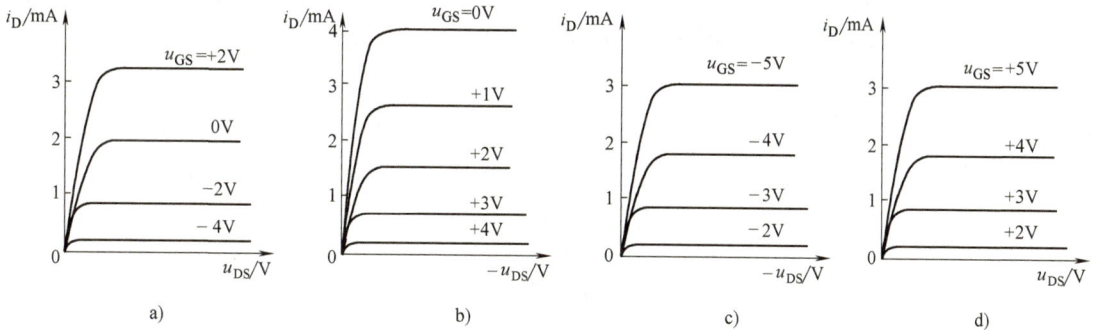

图 2-84　题 12 图

晶体管？对于耗尽型的，指出其夹断电压 $U_{GS(off)}$ 和饱和漏极电流 I_{DSS} 的大小；对于增强型的，指出其开启电压 $U_{GS(th)}$ 的大小。

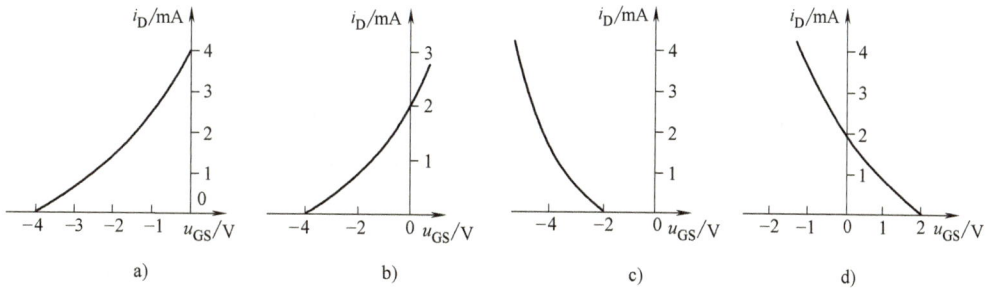

图 2-85　题 13 图

14. 在图 2-86 所示电路中，已知场效应晶体管的 $I_{DSS} = 8mA$，$U_{GS(off)} = -3V$，$g_m = 3mS$。试求静态工作点和电压放大倍数。

15. 已知电路参数如图 2-87 所示。场效应晶体管工作点处的跨导 $g_m = 1mS$，试画出交流等效电路，并求电压放大倍数、输入电阻和输出电阻。

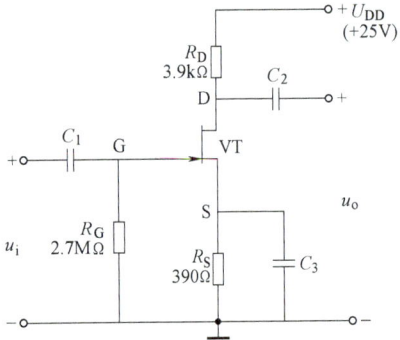

图 2-86 题 14 图

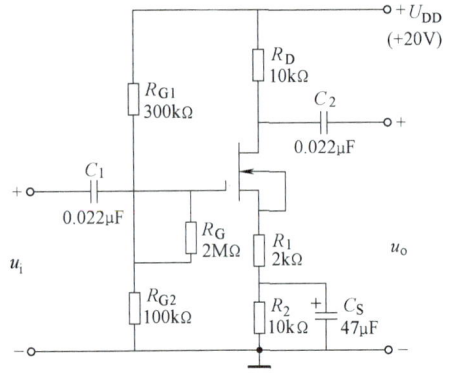

图 2-87 题 15 图

16. 图 2-88 为场效应晶体管源极输出器电路。已知场效应晶体管工作点处的跨导 $g_m = 1mS$，试求电压放大倍数、输入电阻和输出电阻。

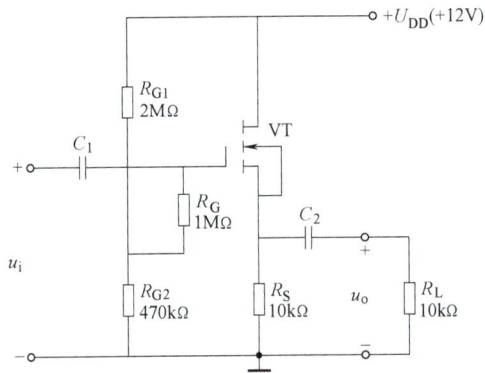

图 2-88 题 16 图

模块 3　集成运算放大器的认知

学习目的

要知道：阻容耦合、直接耦合、变压器耦合、零点漂移、幅频特性、相频特性、上限截止频率、下限截止频率、通频带、差模、共模、共模抑制比等基本概念；差动放大电路克服零漂、抑制共模信号的工作原理；运放工作在线性区的两大结论。

会计算：多级放大电路的 A_u、R_i、R_o；带公共射极电阻的差动放大电路和具有恒流源的差动放大电路的静态工作点、差模电压放大倍数；集成运放组成的反相比例、同相比例、加法、减法、积分、微分等运算电路的输出电压。

会画出：反相比例、同相比例、加法、减法、积分、微分等集成运算电路的结构形式。

会写出：工作在线性区集成运放电路输出与输入的函数关系。

单元 3.1　多级放大及差动放大电路的分析

知识准备

3.1.1　级间耦合方式

3.1.1　级间耦合方式

前面介绍了几种由一根管子组成的基本放大电路。它的放大倍数一般只能达到几十倍，如果要提高输入电阻或降低输出电阻，就要以降低放大倍数作为代价。在实际应用中会发现，这些基本放大电路的放大倍数不够高，性能不够稳定，输入电阻、输出电阻等技术指标达不到要求，所以常常将不同性能的单管放大电路连接成多级放大电路。

多级放大电路的第一级与信号源相连称为输入级；最后一级与负载相连称为输出级；其余称为中间级。于是，可以分别考虑输入级如何与信号源进行配合；输出级如何满足负载的要求；中间级如何保证放大倍数足够大。多级放大电路组成框图如图 3-1 所示。

图 3-1　多级放大电路组成框图

多级放大电路是由两级或两级以上的单级放大电路连接而成的。在多级放大电路中，将级与级之间的连接方式称为耦合方式。在级与级之间耦合时，必须满足以下要求，即：

1）耦合后，各级电路仍具有合适的静态工作点。

2）保证信号在级与级之间能够顺利地传输。

3）耦合后，多级放大电路的性能指标必须满足实际的要求。

为了满足上述要求，一般常用的耦合方式有阻容耦合、变压器耦合、直接耦合。

1. 阻容耦合

把级与级之间通过电容连接的方式称为阻容耦合方式。阻容耦合两级放大电路如图 3-2 所示。由图可知，阻容耦合放大电路具有如下优缺点。

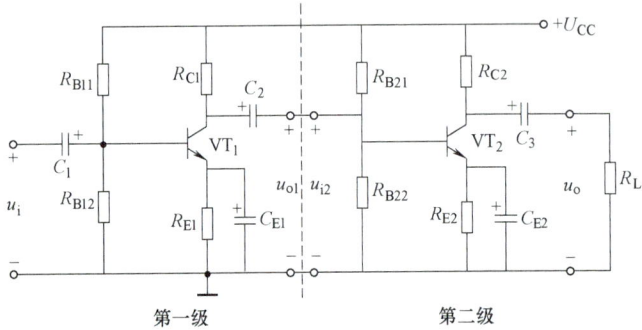

图 3-2　阻容耦合两级放大电路

1）优点。因电容具有"隔直"作用，所以各级电路的静态工作点相互独立，互不影响，而且电容的容抗随频率下降而增大，耦合电容可以阻止前级静态工作点将因外界影响而引起的缓慢变化传给下一级，而对频率相对高的信号，只要电容有足够的容量，就可以顺利通过。这就给放大电路的分析、设计和调试带来了很大的方便。此外，阻容耦合放大电路还具有体积小、重量轻等优点。

2）缺点。因电容对交流信号具有一定的容抗，所以信号在传输过程中会有一定的衰减。尤其对于变化缓慢的信号，容抗很大，不便于传输。在自动控制与检测系统中常需要放大缓慢变化的非周期信号或直流信号，例如速度的变化、温度的变化、在巡回检测中各点的电位变化等，这时耦合电容会阻碍这些信号的传输。此外，在集成电路中，制造大容量的电容很困难，故在这种耦合方式下的多级放大电路不便于集成。

2. 变压器耦合

把级与级之间通过变压器连接的方式称为变压器耦合。变压器耦合放大电路如图 3-3 所示。

变压器耦合具有如下优缺点。

1）优点。因变压器不能传输直流信号，只能传输交流信号和进行阻抗变换，所以，各级电路的静态工作点相互独立，互不影响。改变变压器的匝数比，容易实现阻抗变换，因而容易获得较大的输出功率。

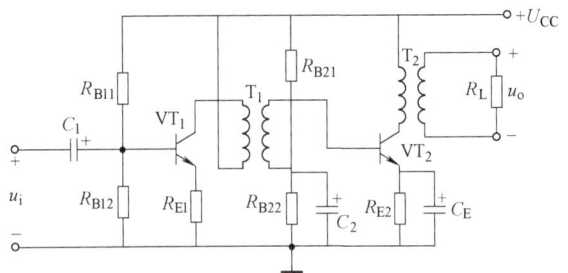

图 3-3　变压器耦合放大电路

2）缺点。变压器体积大，很重，不便于集成。同时频率特性差，也不能传送直流和变化非常缓慢的信号。

3. 直接耦合

交流放大器放大的信号是随时间变化较快的周期性信号。但自动控制系统需要放大的信号往往是一些变化极为缓慢的非周期性信号或某一直流量的变化，这类信号统称为直流信号。例如，在温度自动控制过程中，先将被测温度的某一变化 ΔT 通过传感器（如热电偶、热电阻等，又称为变换器）转换为微弱的电压变化 ΔU，被测温度的变化通常是很缓慢和非周期性的，因而电压变化也是很缓慢和非周期性的，需要把这个微弱的电压变化经过多级放大后再推动执行元器件去调节温度。显然对直流信号，不能采用阻容耦合或变压器耦合，因为变压器或电容都会隔断直流量或变化很缓慢的信号，不能将它传送到下一级。为了避免电容对缓慢变化的信号在传输过程中带来的不良影响，也可以把级与级之间直接用导线连接起来，这种连接方式称为直接耦合。直接耦合两级放大电路如图 3-4 所示。

直接耦合具有如下优缺点。

1）优点。既可以放大交流信号，也可以放大直流和变化非常缓慢的信号；电路简单，便于集成，故集成电路中多采用这种耦合方式。

2）缺点。存在着各级静态工作点相互牵制和零点漂移两个问题。

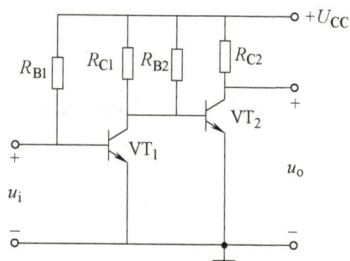

图 3-4　直接耦合两级放大电路

① 静态电位的相互牵制。如图 3-4 所示，不管 VT_1 集电极电位在耦合前有多高，接入第二级后，都被 VT_2 基极钳制在 0.7V 左右，使 VT_1 处于临界饱和状态。VT_2 的基极电流也不再单由 R_{B2} 供给，而由 R_{C1}、R_{B2} 同时提供。一般 R_{C1} 小于 R_{B2}，可能会使 VT_2 进入饱和区，甚至将 VT_2 烧坏。因此，对于直接耦合，必须解决级间工作点的相互影响问题。否则，即使接成放大电路，也不能正常工作。直接耦合放大电路基本上都采用集成电路，级间工作点的相互影响已由设计人员在集成电路的内部电路中得到解决，本书不做介绍。

② 零点漂移。前面指出单级放大电路的静态工作点会随温度等原因发生缓慢变化。阻容耦合和变压器耦合能将各级静态工作点的变化限制在本级之内，但是直接耦合会将这种变化毫无阻碍地传输到下一级，像输入信号一样逐级得到放大。这就使当输入信号为零时，输出却有相当可观的随时间缓慢变化的不规则信号。当输入为零时，输出随外界条件变化而偏离静态值的现象称"零点漂移"，简称为"零漂"。如果不说明输入信号为零，零漂就会被误认为有信号输入。

在直接耦合放大电路中，输入信号和零漂混杂在一起，一同被放大后，在放大电路输出端既有被放大了的有用信号，又有零漂，使其很难分辨。尤其是输入信号微弱且零漂严重时，输出端的有用信号甚至会被零漂所淹没，致使放大电路无法工作。因此，解决零漂问题是直接耦合放大电路中最为重要的问题。在直接耦合放大电路中，输出端总的零漂与各级的零漂有关。但是，由于被逐级放大的缘故，输入级的零漂对整个放大电路的影响最为严重，所以减小输入级零漂是解决零漂问题的关键。

产生零漂的原因很多。晶体管的参数 I_{CBO}、β、U_{BE} 都会随温度发生变化，这些变化都要使静态工作点移动而产生零点漂移。此外，电源电压的波动、电路元器件参数的变化也会改变静态工作点而产生零点漂移。但最主要的原因是温度引起的漂移。温度引起的漂移简称为"温漂"。因此，零漂的大小主要由温漂决定。

电源电压的波动可采用高稳定度的稳压电源，而电路元器件的变化可采取老化措施或精选元器件来解决。目前解决温度变化所引起的漂移最有效的办法就是采用差动放大电路。

3.1.2　多级放大电路的性能指标估算

多级放大器的主要性能参数有电压放大倍数、输入电阻和输出电阻。

1. 电压放大倍数

在多级放大电路中，由于各级之间是相互串联起来的，前级的输出信号就是后级的输入信号，所以总的电压放大倍数等于各单级电压放大倍数的乘积，即

$$A_u = A_{u1}A_{u2}\cdots A_{un} \qquad (3\text{-}1)$$

式中，n 为多级放大电路的级数。

需要注意的是，在计算各单级电压放大倍数时，要考虑前后级间的影响，后级放大电路的输入电阻应是前级放大电路的负载。

2. 多级放大电路的输入电阻

根据放大电路输入电阻的定义，多级放大电路的输入电阻就是第一级的输入电阻，即

$$R_i = R_{i1} \qquad (3\text{-}2)$$

3. 多级放大电路的输出电阻

根据输出电阻的定义，多级放大电路的输出电阻就是最后一级的输出电阻，即

$$R_o = R_{on} \qquad (3\text{-}3)$$

3.1.3　放大电路的频率特性

在前面介绍放大电路的性能时，都是以单一频率的正弦信号为对象的。在实际工作中，所遇到的信号并非单一频率，而是在一段频率范围内变化的。例如，音乐、语音信号的频率范围是 20~20000Hz，图像信号的频率范围是 0~6MHz，其他信号都有特定的频率范围。放大电路只有对信号频率范围内的各种频率具有完全一致的放大效果，输出才能逼真地重现输入信号。在放大电路中，由于存在耦合电容、旁路电容及晶体管的结电容与电路中的杂散电容等，它们的容抗都将随着频率的变化而变化，所以会影响信号的传输效果，使同一放大电路对不同频率的信号具有不同的放大作用。放大电路对不同频率的正弦信号的放大效果称为频率特性。

放大电路的频率特性可直接用放大电路的电压放大倍数与频率的关系来描述，即

$$\dot{A}_u = A_u(f)\,\underline{/\varphi(f)}$$

式中，$A_u(f)$ 表示电压放大倍数的幅值与频率的关系，称为幅频特性；而 $\varphi(f)$ 表示放大电路输出电压与输入电压之间的相位差与频率的关系，称为相频特性。两种特性综合起来称为放大电路的频率特性。

1. 单级阻容耦合放大电路的频率特性

图 3-5a 所示是单级阻容耦合共射放大电路，图 3-5b 是幅频特性，图 3-5c 是相频特性。图中表明，在某一段频率范围内，电压放大倍数与频率无关，输出信号与输入信号的相位差为 −180°，这一频率范围称为中频区。在中频区之外，随着频率的降低或者升高，电压放大倍数都要减小，相位差也要发生变化。

在中频区，耦合电容和射极旁路电容的容量较大，其等效容抗很小，可视为短路。另外，

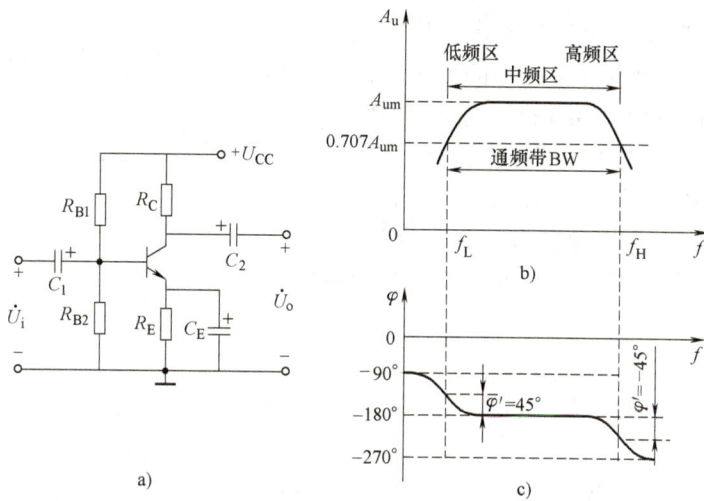

图 3-5　单级阻容耦合共射放大电路及其频率特性
a）电路图　b）幅频特性　c）相频特性

因晶体管的结电容以及电路中的杂散电容很小，等效容抗很大，可视为开路。因此，在中频区，可认为信号在传输过程中不受电容的影响，从而使电压放大倍数几乎不受频率变化的影响，该区的特性曲线较平坦。

在低频区，A_u 下降的原因是由于耦合电容 C_1、C_2 以及射极旁路电容 C_E 的等效容抗随频率下降而增大，从而使信号在这些电容上的压降也随之增大，所以减小了输出电压 U_o，导致低频段 A_u 的下降。

在高频区，由于晶体管的极间电容和电路中的分布电容因频率升高而等效容抗减小，所以对信号的分流作用增大，降低了集电极电流和输出电压 U_o，导致高频段 A_u 的下降。

工程上，把因频率变化使电压放大倍数 A_u 下降到中频放大倍数 A_{um} 的 $1/\sqrt{2}$（即 0.707 倍）时所对应的低频频率点和高频频率点分别称为中频区的下限截止频率 f_L 和上限截止频率 f_H。把 f_L 与 f_H 之间的频率范围称为通频带，用 f_{BW} 表示（或 BW 表示），即

$$f_{BW} = f_H - f_L \tag{3-4}$$

通频带是放大电路频率特性的一个重要指标。通频带越宽，表示放大电路工作的频率范围越宽。例如，质量好的音频放大器，其通频带可达 20Hz~20kHz。

2. 多级放大电路的幅频特性

在多级放大电路中，随着级数的增加，其通频带变窄，且窄于任何一级放大电路的通频带，这是因为多级放大电路总的放大倍数是各级放大倍数的乘积，见式（3-1）所示。

下面以两级共射放大电路为例，分析多级放大电路的通频带变窄的原因。两个单级共射放大电路的通频带如图 3-6a 所示，设 $A_{um1} = A_{um2}$，$f_{L1} = f_{L2}$，$f_{H1} = f_{H2}$，$f_{BW1} = f_{BW2}$，由它们级联组成的多级放大电路，其总放大倍数 $A_u = A_{u1}A_{u2}$。

由图 3-6b 可看出，多级放大电路的上限截止频率小于单级放大电路的上限截止频率，下限截止频率大于单级放大电路的下限截止频率，因此，其通频带窄于单级放大电路的通频带。

由上可知，多级放大电路虽然使放大倍数提高了，但通频带却变窄了，且级数越多，通频带越窄。那么，放大电路的通频带是否越宽越好呢？要求通频带过宽会带来以下两个问题：

①增加制作的难度与成本；②放大电路的输入端除信号源以外，还有多种频率的干扰与噪声。频带越宽，就会有更多频率的干扰与噪声得到同等的放大。因此，确定放大电路的通频带，只要满足信号的主要频率成分即可，而并不要求频带太宽，以使干扰与噪声尽可能多地排斥到通频带之外。外界干扰最显著的是 50Hz 市电，如信号中不含 50Hz 成分，在考虑通频带时就应尽量将它排除。为了使放大电路的通频带满足要求，应当合理地选择电容与晶体管。

3. 按通频带要求选择电容及晶体管

（1）按低频特性要求选择耦合电容及发射极旁路电容

下限截止频率要求越低，这些电容的容量应该越大。但要注意，输入信号在这些电容上的压降，是由这些电容的容抗与输入电阻的分压来决定的。输入电阻越大，电容上的分压越小，故对高输入电阻，耦合电容的大小可选小一些的。

在下限截止频率点，发射极旁路电容的容抗一般远小于 R_E，故在下限截止频率点上，可忽略 R_E，而只需考虑 C_E。由于发射极电流是基极电流的（$1+\beta$）倍，所以如果基极与发射极接入大小相同的电容，那么发射极电容上的压降就是基极电容的（$1+\beta$）倍。为减小 C_E 上的信号压降，C_E 值要比 C_1 值大得多。

（2）按高频特性选择晶体管

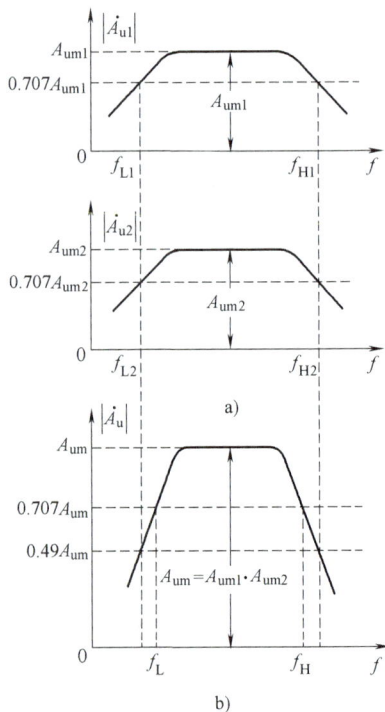

图 3-6　多级放大电路的通频带
a）两个单级共射放大电路的通频带
b）耦合后，放大电路的通频带变窄

反映晶体管高频特性的参数有几种，一般情况下，场效应晶体管由极间电容表示，而晶体管，由于极间电容的影响会使 β 值随频率而变，所以常用 f_β、f_α、f_T 来表示晶体管的高频特性。在频率超过一定范围后，β 开始下降，f_β 称为共射截止频率，表示当 β 值下降到中频区 β_0 值 0.707 倍时所对应的频率；f_α 称为共基截止频率，表示当 α 值下降到中频区 α_0 值 0.707 倍时所对应的频率；f_T 称为特征频率，表示当 β 下降到 1 时的频率。

同一只晶体管在电路中接法不同，上限截止频率也不同。一般选择原则是：对于共射接法，其 f_β 值要大于信号的最高频率；对于共基接法，其 f_α 值要大于信号的最高频率。对于同一只晶体管，上述 3 种频率参数的数量关系为 $f_\alpha > f_T > f_\beta$。

3.1.4　差动放大电路的分析

前已述及，温漂问题是直流放大电路中存在的严重问题，而输入级温漂对整个放大电路的影响尤为突出。解决温漂问题的关键就是设法减小输入级的温漂，而抑制温漂最有效的办法就是采用差动放大电路。

1. 基本差动放大电路

基本差动放大电路如图 3-7 所示。它是由两个完全相同的单级放大电路组成的，因此从结构上看它具有对称性。

（1）静态分析

如将 R_L 接到图3-7两管的集电极 C_1、C_2之间，就会形成双端输出。当输入电压等于零时，由于电路完全对称，所以这时 $I_{C1} = I_{C2}$，$U_{C1} = U_{C2}$，则 $U_o = U_{C1} - U_{C2} = 0$。由此可知，当输入信号电压为零时，输出信号电压也为零。

（2）动态分析

1）差模输入。在差动放大电路的两输入端分别加入大小相等而极性相反的信号，即 $u_{i1} = -u_{i2}$，这种输入模式称为差模输入。两输入端之间的信号之差称为差模信号，用 u_{id} 表示，即 $u_{id} = u_{i1} - u_{i2} = 2u_{i1}$。由于两边的电路完全对称，放大倍数相等，即 $A_{u1} = A_{u2}$，所以两边的输出电压分别为 $u_{o1} = A_{u1}u_{i1}$，$u_{o2} = A_{u2}u_{i2}$。可见两边的输出电压也是大小相等，极性相反，双端输出的输出电压为

$$u_{od} = u_{o1} - u_{o2} = A_{u1}\ u_{i1} - A_{u2}\ u_{i2} = 2A_{u1}\ u_{i1} = A_{u1}u_{id}$$

因此，双端输入、双端输出的电压放大倍数为

$$A_{ud} = \frac{u_{od}}{u_{id}} = A_{u1} \tag{3-5}$$

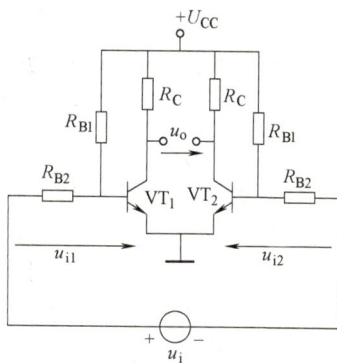

图3-7 基本差动放大电路

可见，差模输入有输出信号。双端输入、双端输出的电压放大倍数与单管共射放大电路相同。可以认为差动放大电路是以增加成倍的元器件来换取抑制零点漂移能力的。

2）共模输入。在差动放大电路的两输入端都输入大小相等、极性也相同的信号，即 $u_{i1} = u_{i2}$，这种输入模式称为共模输入。它们对地的信号称为共模信号，用 u_{ic} 表示，即 $u_{ic} = u_{i1} = u_{i2}$。两边输出电压分别为 $u_{o1} = A_{u1}u_{i1}$，$u_{o2} = A_{u2}u_{i2}$。两边的输出电压大小相等、极性相同，即 $u_{o1} = u_{o2}$，双端输出的输出电压 $u_{oc} = u_{o1} - u_{o2} = 0$，电路无信号输出。这种放大电路只有在两端输入信号有差时才能放大，而无差时不能放大，故称为差动放大电路。

3）抑制零点漂移的原理。在差动放大电路中，无论是温度的变化还是电源电压的波动，都会使两管集电极电流以及相应的集电极电压发生相同的变化。其效果相当于在两个输入端加入共模信号。由于电路的对称性，在理想情况下，可使双端输出的输出电压为零，所以抑制了零点漂移。值得注意的是，实际的差动放大电路要做到绝对对称是不可能的，因此，漂移还会产生，当有共模信号输入时，也会有信号输出。若电路对称性好，则对应于共模信号输出时的输出电压 u_{oc} 将会很小，也就是温漂小。共模输出电压与共模输入电压之比称为共模电压放大倍数，即

$$A_{uc} = \frac{u_{oc}}{u_{ic}} \tag{3-6}$$

A_{uc} 越小，表示在外界发生同样变化情况下的输出漂移小。

（3）共模抑制比

差模信号是有用信号，而共模信号是无用信号或干扰噪声等有害信号。因此，在差动放大器的输出电压中，总希望差模输出电压越大越好，而共模输出电压越小越好。为了表明差动放大器对差模信号的放大能力及对共模信号的抑制能力，常用共模抑制比作为一项重要技术指标来衡量，其定义为差模电压放大倍数 A_{ud} 与共模电压放大倍数 A_{uc} 之比的绝对值，即

$$K_{CMR} = \left| \frac{A_{ud}}{A_{uc}} \right| \tag{3-7}$$

共模抑制比有时也用分贝（dB）数来表示，即

$$K_{CMR}(dB) = 20\lg \left| \frac{A_{ud}}{A_{uc}} \right| \tag{3-8}$$

A_{ud} 越大、A_{uc} 越小，则 K_{CMR} 越大，抑制共模信号的能力就越强。在实际应用中，常常会遇到共模输入信号比差模输入信号大得多的情况，而且零漂也可看成是共模信号。因此，要求放大电路的共模抑制比高。共模抑制比越高，电路受共模信号干扰的影响越小，受温度或电源波动等影响所产生的零漂也越小，放大电路的质量也就越高。因此，共模抑制比是差动放大电路的一项十分重要的技术指标。

2. 双端输入的差动放大电路

事实上，绝对对称的电路是没有的。因此，基本差动放大电路的 K_{CMR} 不可能做得很大。另外，如果不是从两管集电极差动输出，而是从一管的集电极取得输出信号，那么基本差动放大电路就将完全丧失对共模信号的抑制能力。为了提高 K_{CMR}，引出了图 3-8 所示的带公共射极电阻双端输入的差动放大电路。图中 RP 为调零电位器。

（1）R_E 对 K_{CMR} 的影响

当加入差模信号时，i_{E1} 增加多少，i_{E2} 就减少多少，R_E 两端不产生差模电压降，即 $\Delta R_E = 0$，可视为短路，故 R_E 的引入不影响差模信号，A_{ud} 没有发生变化。当加入共模信号时，两管信号电流的大小与极性都相同，R_E 上的信号电压为 $\Delta U_E = 2\Delta I_{E1} R_E$，对共模输入而言，可以等效成每管的发射极接入 $2R_E$ 的电阻，这样每边集电极对地的输出电压比基本差动放大电路要小得多，因此，带射极电阻的差动放大电路的 A_{uc} 比基本差动放大电路的 A_{uc} 低得多。R_E 越大，A_{uc} 越低。

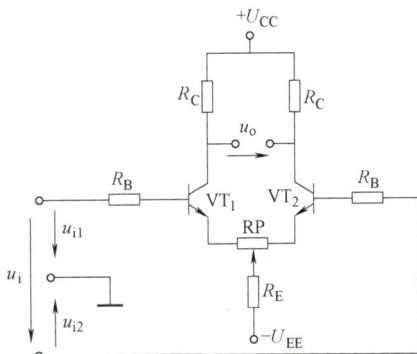

图 3-8 带公共射极电阻双端输入的差动放大电路

不难看出，在带公共射极电阻的差动放大电路引入 R_E 后，A_{uc} 减小了，A_{ud} 却不变，因此有效地提高了共模抑制比 K_{CMR}。R_E 越大，K_{CMR} 就越大。即使单端输出，也有可观的抑制共模干扰的能力。

（2）静态分析

1）静态工作点估算。因为电路对称，所以只需计算一只晶体管的静态工作点。由图 3-8 所示的基极回路可得

$$I_B R_B + U_{BE} + \frac{1}{2}(1+\beta)I_B R_P + 2(1+\beta)I_B R_E = U_{EE}$$

则

$$I_B = \frac{U_{EE} - U_{BE}}{R_B + 2(1+\beta)R_E + \frac{1}{2}(1+\beta)R_P} \tag{3-9}$$

$$I_C = \beta I_B \tag{3-10}$$

$$U_C = U_{CC} - I_C R_C \tag{3-11}$$

2）基极电流 I_B 的影响。虽然 I_B 很小，但在信号源内阻 R_S 上仍有压降，使两输入端存在输入电压 $U_{B1} = I_{B1}R_{S1}$，$U_{B2} = I_{B2}R_{S2}$，其值随 R_S 而变。若两端信号源内阻 R_S 不等，则有差模电压存在，使输入为零时输出不会是零，而且输出电压大小因 R_S 而变。为此，要求两输入端电阻相等，也称为平衡。因此，差动放大电路的输入端接入 R_B，令 $R_B \gg R_S$，减小 R_S 的影响，使输入端电阻几乎平衡。其实，晶体管不可能绝对一样，$\beta_1 \neq \beta_2$，因此 $I_{B1} \neq I_{B2}$，即使 R_S 平衡也会存在差模电压，因此静态时两端输出也不可能为零。为此，在电路中设有调零电位器，以电路形式上的不平衡来克服参数不对称的影响，如图 3-8 所示。在集成运放中有偏置电流这一技术指标，定义为 $I_B = \dfrac{1}{2}(I_{B1} + I_{B2})$，此值越小，信号源内阻的影响也越小。还有失调电流这个技术指标，定为 $I_{IO} = |I_{B1} - I_{B2}|$，它反映差动电路不对称的程度，当然它也越小越好。

3）负电源 U_{EE} 的作用。带公共射极电阻的差动放大电路增加了一个负电源 U_{EE}，如果在原电路上只增加 R_E，而不加 U_{EE}，在静态电流作用下，U_E 电位就势必升高。这就带来以下两个问题：①静态 U_{CE} 减小，管子易进入饱和区；②U_E 电位升高，U_B 也随之增加，在接入信号源后，信号源内阻的分流作用也增加，不同的 R_S 分流值不同，因此对静态 I_B 影响很大，甚至可使电路无法正常工作。加入 $-U_{EE}$ 补偿了 R_E 上的电压降，使 U_E 电位下降，并使 $U_B = 0$，从而保证了两管有合适的静态工作点。

（3）动态分析

1）双端输入、双端输出。因为 R_E 两端不产生差模电压降，所以可视 R_E 为短路。图 3-9 为图 3-8 所示电路的差模微变等效电路。其差模电压放大倍数为

$$A_{ud} = \frac{u_{od}}{u_{id}} = \frac{2u_{o1}}{2u_{i1}} = A_{u1} = -\frac{\beta R_C}{R_B + r_{be} + \frac{1}{2}(1+\beta)R_P} \tag{3-12}$$

差模输入电阻为

$$R_{id} = 2\left[R_B + r_{be} + \frac{1}{2}(1+\beta)R_P\right] \tag{3-13}$$

差模输出电阻为

$$R_{od} = 2R_C \tag{3-14}$$

2）双端输入、单端输出。当负载要求有一端接地时，可以采用图 3-10 所示的双端输入、单端输出电路。由于 R_E 的作用，尽管是单端输出，但对共模信号仍具有较强的抑制能力。其差模电压放大倍数为

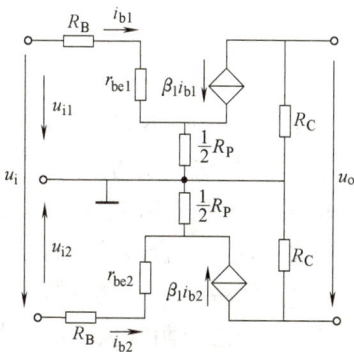

图 3-9 图 3-8 所示电路的差模微变等效电路

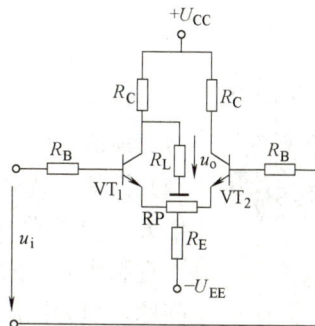

图 3-10 双端输入、单端输出的电路

$$A_{\text{ud1}} = \frac{u_{\text{o1}}}{2u_{\text{i1}}} = \frac{1}{2}A_{\text{u1}} = -\frac{\beta R'_{\text{L}}}{2\left[R_{\text{B}} + r_{\text{be}} + \frac{1}{2}(1+\beta)R_{\text{P}}\right]} \qquad (3\text{-}15)$$

式中

$$R'_{\text{L}} = R_{\text{C}}//R_{\text{L}}$$

差模输入电阻为

$$R_{\text{id}} = 2\left[R_{\text{B}} + r_{\text{be}} + \frac{1}{2}(1+\beta)R_{\text{P}}\right] \qquad (3\text{-}16)$$

差模输出电阻为

$$R_{\text{od}} = R_{\text{C}} \qquad (3\text{-}17)$$

3. 单端输入的差动放大电路

（1）任意输入信号的分解

差动放大电路两输入端的输入信号，不只是一个单纯的差模信号或共模信号，还可以是大小不等的任意信号，此时，可以将其分解为差模信号与共模信号。差模信号为两输入信号之差，即

$$u_{\text{id}} = u_{\text{i1}} - u_{\text{i2}} \qquad (3\text{-}18)$$

每一管的差动信号输入为

$$u_{\text{id1}} = -u_{\text{id2}} = \frac{1}{2}u_{\text{id}} \qquad (3\text{-}19)$$

共模信号为两输入信号的算术平均值，即

$$u_{\text{ic}} = \frac{1}{2}(u_{\text{i1}} + u_{\text{i2}}) \qquad (3\text{-}20)$$

则

$$u_{\text{i1}} = u_{\text{ic}} + u_{\text{id1}} \qquad (3\text{-}21)$$

$$u_{\text{i2}} = u_{\text{ic}} + u_{\text{id2}} \qquad (3\text{-}22)$$

此时，可利用叠加原理求总的输出电压，即

$$u_{\text{o}} = A_{\text{ud}}\,u_{\text{id}} + A_{\text{uc}}\,u_{\text{ic}} \qquad (3\text{-}23)$$

（2）单端输入、双端输出与单端输入、单端输出

由上述对任意输入信号的分解可以看出，完全可以把单端输入差动放大电路作为双端输入差动放大电路来等同处理，因而双端输入差动放大电路的分析方法和计算公式完全适用于单端输入差动放大电路，即差动放大电路的 4 种形式及其性能与输入方式无关，只与输出方式有关。这里不再赘述。

4. 具有恒流源的差动放大电路

在带公共射极电阻的差动放大电路中，R_{E} 越大，共模抑制比就越大，对共模信号的抑制能力就越强，尤其是对单端输出电路来说，增大 R_{E} 来抑制共模信号就显得更为重要。但 R_{E} 的增大是有限制的。因为 R_{E} 越大，补偿 R_{E} 直流压降的负压电源 U_{EE} 也越大，这是不合适的。另外，集成工艺也不宜制作太大的电阻。如果用恒流源来代替 R_{E}，就能比较圆满地解决这个问题。因为恒流源的静态电阻不大，而动态电阻很大，所以既不影响工作点的值，又能提高共模抑制比。图 3-11a 为恒流源差动放大电路，图 3-11b 为它的简化电路。VT$_3$ 恒流源电路是大家熟知的分压式工作点稳定电路。

3.1.4 差动放大电路的分析—单端输入的差动放大电路

3.1.4 差动放大电路的分析—具有恒流源的差动放大电路

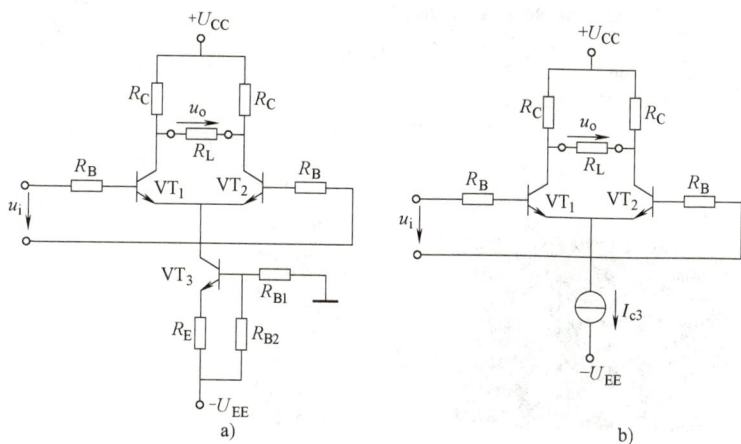

图 3-11　恒流源差动放大电路

a）电路图　b）简化电路

仿 真 训 练

差动放大电路特性的研究

1. 仿真电路

图 3-12 为差动放大电路的仿真电路，图 3-13 为带公共射极电阻的差动放大电路测量差模电压放大倍数观测图，图 3-14 为带公共射极电阻的差动放大电路测量共模电压放大倍数观测图。

2. 仿真内容及要求

1）搭接差动放大电路。注意直流电源的极性，不要接错。

2）将开关拨向左边构成带公共射极电阻的差动放大电路。优化调整电路结构和元器件参数。信号源不接入。将放大电路输入端 A、B 与地短接，接通直流电源，测量电路的静态工作

单元 3.1 仿真训练
差动放大电路
特性的研究

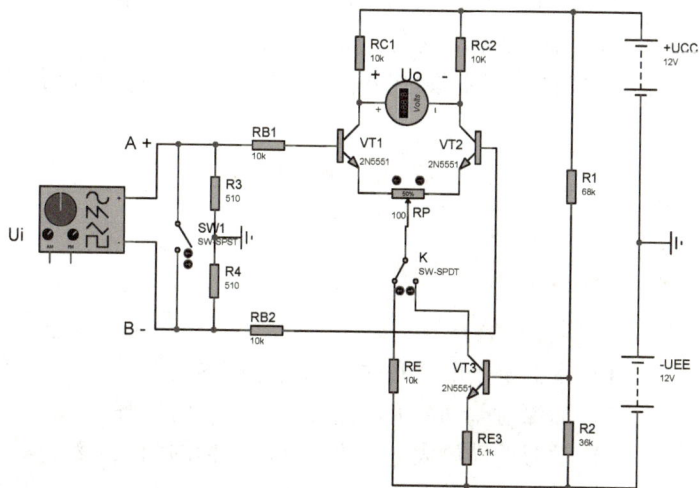

图 3-12　差动放大电路的仿真电路

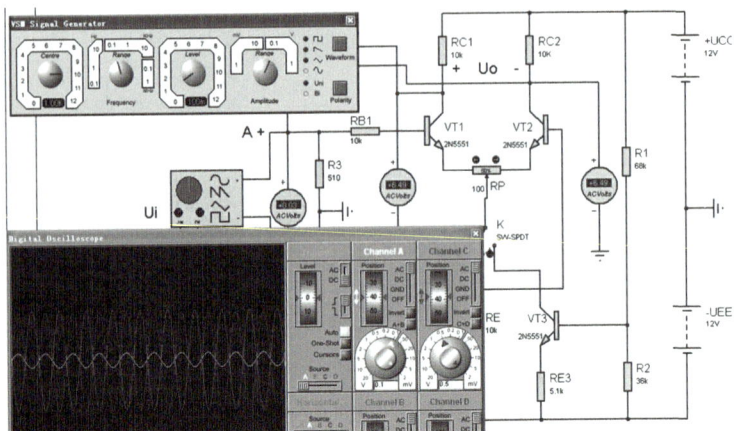

图 3-13 带公共射极电阻的差动放大电路测量差模电压放大倍数观测图

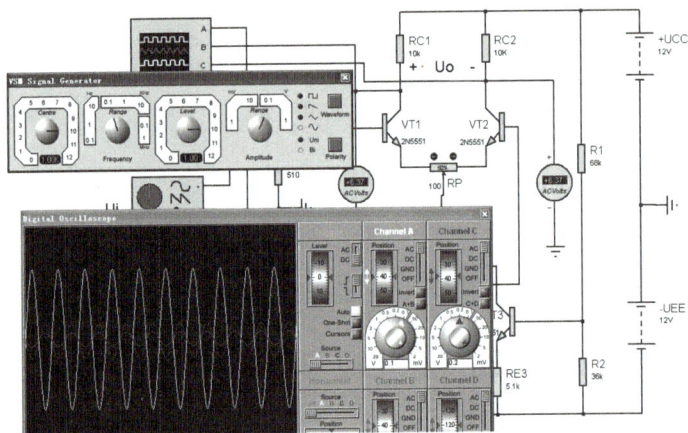

图 3-14 带公共射极电阻的差动放大电路测量共模电压放大倍数观测图

点。在电路的输入端输入交流信号，然后用示波器观察输出波形，调整电路，当其波形没有失真时，测量有关参数并计算出差动放大电路的差模电压放大倍数和共模电压放大倍数。用示波器同时观察输入信号和输出信号之间的相位关系。比较测量值和理论估算值，总结差动放大电路的特点，进一步深刻理解差动放大电路的特性。

3）将开关拨向右边构成具有恒流源的差动放大电路。重复2）中的各项内容。

技 能 实 训

差动放大电路的装配与测试

1. 实训目的

1）掌握电子电路布线、安装等基本技能。

2）加深对差动放大电路性能及特点的理解。

3）学习差动放大电路主要性能指标的测试方法。

4）掌握对简单电路故障的排除方法，培养独立解决问题的能力。

5）熟悉常用电子仪器的使用方法和技巧。

单元 3.1 技能实训
差动放大电路
的装配与测试

2. 实训器材

1）仪器：直流稳压电源、信号发生器、电子交流毫伏表、双踪示波器各一台；万用表一只。

2）元器件：晶体管 3DG6（或 9011）3 只；阻值为 68kΩ、36kΩ、5.1kΩ 的电阻各一只，阻值为 10kΩ 的电阻 5 只，阻值为 510Ω 的电阻 2 只；阻值为 100Ω 的电位器一只；面包板一块；连接导线若干。

3. 预习要求

1）根据图 3-15 所示的差动放大电路参数，估算带公共射极电阻的差动放大电路和具有恒流源的差动放大电路的静态工作点及差模电压放大倍数（取 $\beta_1 = \beta_2 = 100$）。

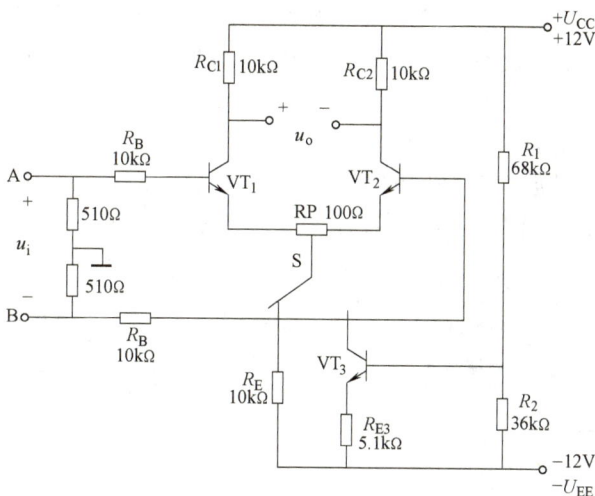

图 3-15　差动放大电路

2）在测量静态工作点时，放大器输入端 A、B 与地应如何连接？

3）实训中怎样获得双端和单端输入差模信号和共模信号？画出 A、B 端与信号源之间的连接图。

4）怎样进行静态调零点？用什么仪表测 U_o？

5）怎样用交流毫伏表测双端输出电压 u_o 的有效值 U_o？

4. 实训内容及要求

（1）带公共射极电阻的差动放大电路性能测试

按图 3-15 所示连接实训电路，将开关 S 拨向左边构成带公共射极电阻的差动放大电路。

1）测量静态工作点。不接入信号源。将放大电路输入端 A、B 与地短接，接通 ±12V 直流电源，用直流电压表测量输出电压 U_o，调节调零电位器 RP，使 $U_o = 0$。

在调好零点以后，用直流电压表分别测量 VT_1、VT_2 管各电极电位及射极电阻 R_E 两端电压 U_{RE}，记入表 3-1 中。

2）测量差模电压放大倍数。断开直流电源，将函数信号发生器的输出端接放大电路输入 A 端，地端接放大电路输入 B 端，构成单端输入方式，将输入信号调节为频率 $f = 1kHz$ 的正弦信号，并将输出旋钮旋至零，用示波器监视输出端电压（集电极 C_1 或 C_2 与地之间的电压）。

表 3-1 静态工作点测量

测量值	U_{C1}/V	U_{B1}/V	U_{E1}/V	U_{C2}/V	U_{B2}/V	U_{E2}/V	U_{RE}/V
计算值	I_C/mA		I_B/mA		U_{CE}/V		

接通 ±12V 直流电源，逐渐增大输入电压 u_i 有效值 U_i（约 100mV），在输出波形无失真的情况下，用交流毫伏表分别测有效值 U_i、U_{C1}、U_{C2}，记入表 3-2 中，并用双踪示波器观察 u_i、u_{C1}、u_{C2} 之间的相位关系及 u_{RE} 随 u_i 改变而变化的情况。

3）测量共模电压放大倍数。将放大电路 A、B 短接，信号源接 A 端与地之间构成共模输入方式，调节函数信号发生器，使输入信号 $U_i = 1V$，$f = 1kHz$。在输出电压无失真的情况下，测量有效值 U_{C1}、U_{C2}，记入表 3-2 中，并用双踪示波器观察 u_i、u_{C1}、u_{C2} 之间的相位关系及 u_{RE} 随 u_i 改变而变化的情况。

（2）具有恒流源的差动放大电路性能测试

将图 3-15 所示的差动放大电路中的开关 S 拨向右边，构成具有恒流源的差动放大电路。重复实训内容及要求（1）中的各项内容，记入表 3-2 中。

表 3-2 差动放大电路性能测试

	带公共射极电阻的差动放大电路		具有恒流源的差动放大电路	
	单端输入	共模输入	单端输入	共模输入
U_i	100mV	1V	100mV	1V
U_{C1}				
U_{C2}				
$A_{d1} = \dfrac{U_{C1}}{U_i}$		/		/
$A_d = \dfrac{U_o}{U_i}$		/		/
$A_{C1} = \dfrac{U_{C1}}{U_i}$	/		/	
$A_C = \dfrac{U_o}{U_i}$	/		/	
$K_{CMR} = \left\| \dfrac{A_{d1}}{A_{C1}} \right\|$				

5. 实训报告要求

1）整理实训数据，列表比较实训结果和理论计算值，分析误差原因。

① 计算静态工作点和差模电压放大倍数。

② 将带公共射极电阻的差动放大电路单端输出时 K_{CMR} 的实测值与理论值进行比较。

③ 将带公共射极电阻的差动放大电路单端输出时 K_{CMR} 的实测值与具有恒流源的差动放大电路的 K_{CMR} 实测值进行比较。

2）比较 u_i、u_{C1} 和 u_{C2} 之间的相位关系。

3）根据实训结果，总结电阻 R_E 和恒流源的作用。

单元 3.2　集成运算放大器的线性应用

知 识 准 备

3.2.1　熟悉集成运算放大器

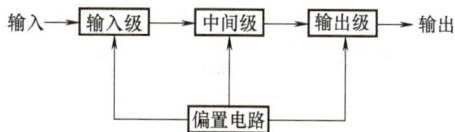

1. 集成运算放大器的基本结构及其特点

（1）集成运放

前面所讲的放大电路都是由互相分开的晶体管、电阻、电容等元器件组成的，称为分立元器件电路。随着半导体器件制造工艺的发展，在 20 世纪 60 年代初开始出现了利用半导体工艺、厚膜工艺、薄膜工艺等将无源元件（电阻、电容、电感等）和有源器件（如二极管、晶体管、场效应晶体管等）按照电路设计要求用导线连接起来，集中制作在同一块半导体基片上（面积约为 $0.5mm^2$），并封装成一个具有强大功能的整体器件，称为集成电路（IC）。集成电路打破了传统的观念，实现了材料、元器件、电路的三位一体。与分立元器件相比，集成电路具有体积小、质量轻、功能多、成本低、生产效率高等优点，同时缩短和减少了连线和焊接点，从而提高了产品的可靠性和一致性。几十年来，集成电路生产技术取得了迅速的发展，集成电路得到了非常广泛的应用。集成电路按性能和用途的不同，可分为数字集成电路和模拟集成电路两大类。集成运算放大器（简称为集成运放）属于模拟集成电路的一种，它在检测、自动控制、信号产生与处理等许多方面获得了广泛应用，有"万能放大器"的美称。集成运放是用集成电路工艺制成的具有很高电压放大倍数的直接耦合多级放大电路，常可将电路分为输入级、中间级、输出级和偏置电路 4 个基本组成部分。集成运放的组成框图如图 3-16 所示。

1）输入级。输入级是提高运算放大器质量的关键部分，要求其输入电阻高。为了能减小零点漂移和抑制共模干扰信号，输入级都采用具有恒流源的差动放大电路。

图 3-16　集成运放的组成框图

2）中间级。中间级的主要任务是提供足够大的电压放大倍数，故要求中间级本身具有较高的电压增益；为了减少前级的影响，还应具有较高的输入电阻；另外，中间级还应向输出级提供较大的驱动电流，并能根据需要实现单端输入、双端差动输出，或双端差动输入、单端输出。

3）输出级。输出级的主要作用是给出足够的电流以满足负载的需要，大多采用复合器作输出级，同时还要具有较低的输出电阻和较高的输入电阻，以起到将放大级和负载隔离的作用。除此之外，还有过电流保护，以防止输出端意外短路或因负载电流过大而烧毁管子。

4）偏置电路。偏置电路的作用是为上述各级电路提供稳定和合适的偏置电流，以及决定各级的静态工作点。一般由各种恒流源电路构成。

（2）通用型集成运算放大器 μA741

图 3-17 所示为通用型集成运算放大器 μA741 原理电路图。从图中可以看出，集成电路内

部是很复杂的，但作为使用者来说，重点要掌握的是它的几个引脚的用途以及放大器的主要参数，不一定需要详细了解它的内部电路结构。

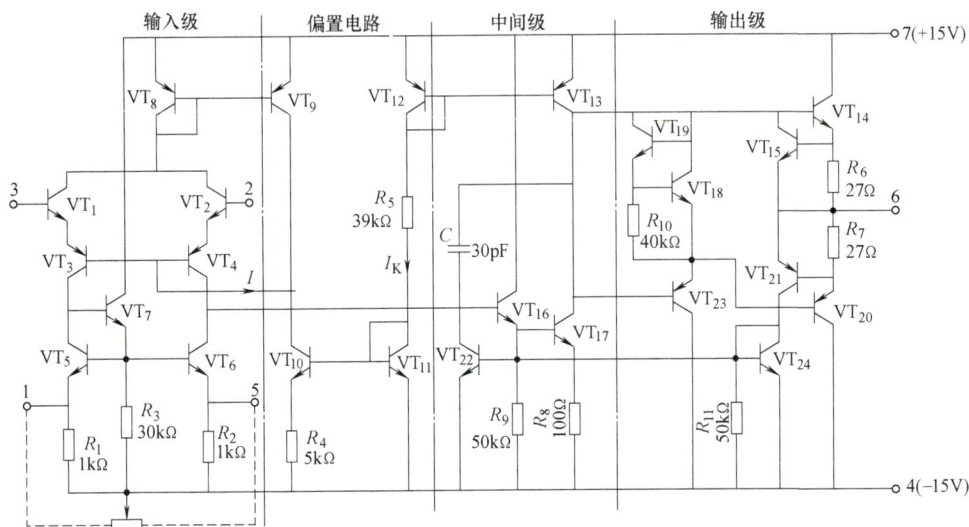

图 3-17   通用型集成运算放大器 μA741 原理电路图

从图 3-17 可以看出，这种运放有 7 个端点需要与外电路相连，通过 7 个引脚引出。各引脚的用途如下。

2 脚为反相输入端。由此端接输入信号，则输出信号与输入信号是反相的。

3 脚为同相输入端。由此端接输入信号，则输出信号与输入信号是同相的。

6 脚为输出端。

4 脚为负电源端，接−18～−3V 电源。

7 脚为正电源端，接+3～+18V 电源。

1 脚和 5 脚为外接调零电位器（通常为 10kΩ）的两个端子。

8 脚为空脚。

图 3-18 所示是通用集成运放 μA741 的电路符号和引脚图。图 3-18a 两个输入端中，"−"号表示反相输入端，电压用 u_- 表示；符号 "+" 表示同相输入端，电压用 u_+ 表示。

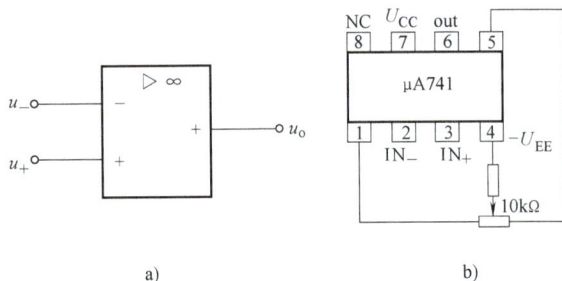

图 3-18   通用集成运放 μA741 的电路符号和引脚图
a）电路符号   b）μA741 的引脚图

2. 集成运放一些特殊参数的含义

运算放大器的性能可用一些参数来表示。为了合理地选用和正确使用运算放大器，必须了解各主要参数的意义。

（1）开环差模电压放大倍数 A_{uo}

在没有外接反馈电路时的差模电压放大倍数 A_{uo} 称为开环电压倍数。A_{uo} 越高，所构成运放的运算精度就越高，一般为 $10^4 \sim 10^7$，即 $80 \sim 140dB$。

（2）输入失调电压 U_{IO}

一个理想的集成运放能实现零输入、零输出。而实际的集成运放，当输入电压为零时，存在一定的输出电压，把它折算到输入端就是输入失调电压。它在数值上等于当输出电压为零时，输入端间应施加的直流补偿电压。失调电压的大小主要反映了差动输入级元器件的失配程度。通用型运放的 U_{IO} 为 mV 数量级，有些运放可小至 μV 数量级。

（3）输入失调电流 I_{IO}

一个理想集成运放的两输入端的静态电流完全相等。实际上，当集成运放的输出电压为零时，流入两输入端的电流不相等，这个静态电流之差 $I_{IO} = |I_{B1} - I_{B2}|$ 就是输入失调电流。失调电流的大小反映了差动输入级两个晶体管 β 的不平衡程度。I_{IO} 越小越好。通用型运放的 I_{IO} 为 nA 数量级。

（4）输入偏置电流 I_{IB}

输入偏置电流 I_{IB} 指当输出电压为零时，流入两输入端静态电流的平均值，即 $I_{IB} = \frac{1}{2}(I_{B1} + I_{B2})$，其值也是越小越好，对于通用型运放，此值在几十 μA 内。

（5）输入失调电压温度漂移 $\Delta U_{IO}/\Delta T$

输入失调电压温度漂移 $\Delta U_{IO}/\Delta T$ 指在规定温度范围内，输入失调电压的增量与温度增量之比，单位为 μV/℃。

（6）转换速率 S_R

转换速率 S_R 可反映运放输出对于高速变化的输入信号的响应能力，用每微秒内电压变化的程度表示。S_R 越大，表示运放的高频性能越好。

其他指标参数含义在前述各章节已有类似介绍，不再赘述。

3. 集成电路封装及特点

不同种类的集成电路的封装不同，按封装形式可分为普通双列直插式、普通单列直插式、小型双列扁平、小型四列扁平、圆形金属、体积较大的厚膜电路等。按封装体积大小排列可分为厚膜电路、双列直插式、单列直插式、金属封装、双列扁平、四列扁平。

表 3-3 给出了常见集成电路封装及其特点。

表 3-3 常见集成电路封装及其特点

名称	实物图	引脚数/引脚间距	特点及其应用
金属圆形 Can TO-99		8, 12	可靠性高，散热和屏蔽性能好，价格高，主要用于高档产品
功率塑封 ZIP-TAB		3, 4, 5, 8, 10, 12, 16	散热性能好，用于大功率器件

（续）

名称	实物图	引脚数/引脚间距	特点及其应用
双列直插 DIP，SDIP		8，14，16，20，22，24，28，40 2.54mm/1.78mm （标准/窄间距）	塑封造价低，应用最广泛；陶瓷封装耐高温，造价较高，用于高档产品中
单列直插 SIP，SSIP		3，5，7，8，9，10，12，16 2.54mm/1.78mm （标准/窄间距）	造价低且安装方便，广泛用于民用产品
双列表面安装 SOP SSOP		5，8，14，16，20，22，24，28 2.54mm/1.78mm （标准/窄间距）	体积小，用于微组装产品
扁平封装 QFP SQFP		32，44，64，80，120，144，168 0.88mm/0.65mm （QFP/SQFP）	引脚数多，用于大规模集成电路
软封装		直接将芯片封装在 PCB 上	造价低，主要用于低价格民用产品，如玩具 IC 等

3.2.2　理想集成运放及其传输特性

通过前面的学习，我们了解到集成运放实际上是一种各项性能指标都比较理想的放大器件。一般情况下，把在应用电路中的集成运放看作理想集成运放。

1. 理想集成运放

把具有理想参数的集成运算放大器称为理想集成运放。它的主要特点如下。

1）开环差模电压放大倍数 $A_{uo} \to \infty$。

2）输入电阻 $R_{id} \to \infty$。

3）输出电阻 $R_o \to 0$。

4）共模抑制比 $K_{CMR} \to \infty$。

此外，还认为器件的频带为无限宽，没有失调现象等。

3.2.2　理想集成运放及其传输特性

2. 集成运放的传输特性

实际电路中集成运放的传输特性如图 3-19 所示。图中曲线上升部分的斜率为开环差模电压放大倍数 A_{uo}。通常集成运放的 A_{uo} 很大，为了使其工作在线性区，大都引入深度负反馈（模块 4 介绍），以减小运放的净输入，从而保证输出电压不超出线性范围，使最大输出电压受到电源电压的限制。若 u_{id} 超过规定值，则集成运放内部输出级的晶体管进入饱和区工作，输出电压 u_{od} 的值近似等于电源电压，与 u_{id} 不再呈线性关系，故称为非线性工作区。

3. 集成运放的重要特点

集成运放工作在线性区的必要条件是引入深度负反馈。工作在线性区的理想集成运放具有如下两个重要特点。

1）集成运放两个输入端之间的电压通常接近于 0，即 $u_{id} = u_+ - u_- \approx 0$，则有 $u_+ = u_-$。由于两个输入端间的电压近似为零，而又不是短路，所以称为"虚短"。

2）集成运放的两输入端不取电流，即 $i_- = i_+ \approx 0$，但不是断开，所以称为"虚断"。

利用"虚短"和"虚断"的概念分析工作于线性区的集成运放电路十分简便。

4. 集成运放的非线性应用

当集成运放工作在开环状态或外接正反馈时，集成运放的 A_{uo} 很大，只要有微小的电压信号输入，集成运放就一定工作在非线性区。其特点如下。

1）输出电压只有两种状态，不是正饱和电压 $+U_{om}$，就是负饱和电压 $-U_{om}$。

当同相端电压大于反相端电压，即 $u_+ > u_-$ 时，$u_o = +U_{om}$；

当反相端电压大于同相端电压，即 $u_+ < u_-$ 时，$u_o = -U_{om}$。

2）由于集成运放的输入电阻 $R_{id} \to \infty$，工作在非线性区的集成运放的两输入端电流仍然近似为 0，即 $i_- = i_+ \approx 0$，所以"虚断"的概念仍然成立。

综上所述，在分析具体的集成运放应用电路时，首先应判断集成运放工作在线性区还是非线性区，再运用线性区和非线性区的特点分析电路的工作原理。

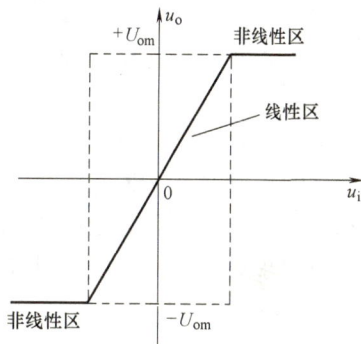

图 3-19　实际电路中集成运放的传输特性

3.2.3　比例运算电路

1. 反相比例运算电路

图 3-20 所示为反相输入比例运算电路。图中，输入信号 u_i 经过外接电阻 R_1 接到集成运放的反相端，反馈电阻 R_f 接在输出端和反相输入端之间，则集成运放工作在线性区；同相端加平衡电阻 R_2，主要是使同相端与反相端外接电阻相等，即 $R_2 = R_1 /\!/ R_f$，以保证运放处于平衡对称的工作状态，从而消除输入偏置电流及其温漂的影响。

根据"虚短"和"虚断"的特点，即 $u_+ = u_-$，$i_- = i_+ = 0$，可得 $u_+ = u_- = 0$，即反相输入端与地等电位，为"虚地"点。

则

$$i_1 = \frac{u_i}{R_1}, i_f = \frac{u_- - u_o}{R_f} = -\frac{u_o}{R_f}$$

又因为

$$i_1 = i_f$$

（图中二维码）3.2.3　比例运算电路

所以
$$u_o = -\frac{R_f}{R_1} u_i \qquad (3\text{-}24)$$

式（3-24）表明，输出电压与输入电压成比例关系，且相位相反。电压放大倍数为

$$A_{uf} = \frac{u_o}{u_i} = -\frac{R_f}{R_1} \qquad (3\text{-}25)$$

当 $R_1 = R_f = R$ 时，$u_o = -\dfrac{R_f}{R_1} u_i = -u_i$，输入电压与输出电压大小相等，相位相反，称为反相器，可实现变号运算。

图 3-20　反相输入比例运算电路

2. 同相比例运算电路

在图 3-21 所示的同相输入比例运算电路中，输入信号 u_i 经过外接电阻 R_2 接到集成运放的同相端，反馈电阻接到其反相端，而反相输入端通过电阻接地，称为同相比例运算电路。

由"虚短"和"虚断"性质可知

$$u_- = \frac{R_1}{R_1 + R_f} u_o = u_+ = u_i$$

则
$$u_o = \left(1 + \frac{R_f}{R_1}\right) u_i \qquad (3\text{-}26)$$

电压放大倍数为

$$A_{uf} = \frac{u_o}{u_i} = 1 + \frac{R_f}{R_1} \qquad (3\text{-}27)$$

即 u_o 与 u_i 为同相比例运算关系。

当 $R_1 \to \infty$ 且 $R_f = 0$ 或 $R_1 \to \infty$ 时，$u_o = u_- = u_+ = u_i$，即输出电压与输入电压大小相等，相位相同，该电路称为电压跟随器，如图 3-22 所示。

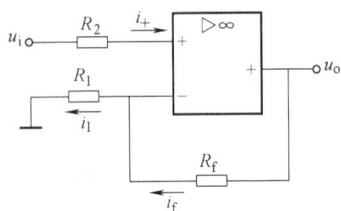

图 3-21　同相输入比例运算电路

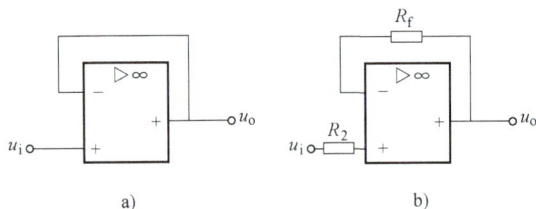

a)

b)

图 3-22　电压跟随器

3.2.4　加减运算电路

1. 加法运算电路

在自动控制电路中，往往需要将多个采样信号按一定的比例叠加起来输入到放大电路中，这就需要用到加法运算电路。

（1）反相加法运算电路

图 3-23 所示为反相加法运算电路（也称为反相求和电路），它是利用反相比例运算电路实现的。在反相输入端有若干个输入信号，同相端通过

3.2.4　加减运算电路

一定的电阻接地。

根据"虚断"的概念可得

$$i_f = i_i$$

其中

$$i_i = i_1 + i_2 + \cdots + i_n$$

根据"虚地"的概念可得

$$i_1 = \frac{u_{i1}}{R_1}, i_2 = \frac{u_{i2}}{R_2}, \cdots, i_n = \frac{u_{in}}{R_n}$$

则

$$u_o = -R_f i_f = -R_f\left(\frac{u_{i1}}{R_1} + \frac{u_{i2}}{R_2} + \cdots + \frac{u_{in}}{R_n}\right) \tag{3-28}$$

实现了各信号按比例进行加法运算。

值得指出的是，调节反相加法运算电路某一路信号的输入电阻（R_1 或 R_2，$\cdots$，R_n）的阻值不影响其他输入电压与输出电压的比例关系，因而调节方便。该电路在测量和自动控制系统中，常常用来对各种信号按不同比例进行综合。

在图 3-23 中，若 $R_1 = R_2 = \cdots = R_n = R_f$，则式（3-28）变为

$$u_o = -(u_{i1} + u_{i2} + \cdots + u_{in})$$

（2）同相加法运算电路

在同相比例运算电路的基础上，增加几个输入支路便可组成同相加法运算电路，也称为同相求和电路，如图 3-24 所示。按电阻平衡的要求，应满足

$$R // R_f = R_1 // R_2 // R_3$$

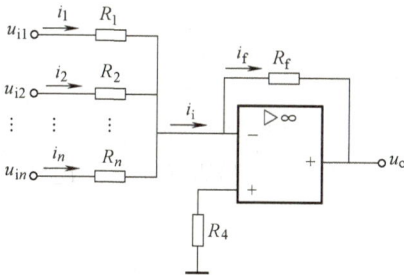

图 3-23　反相加法运算电路

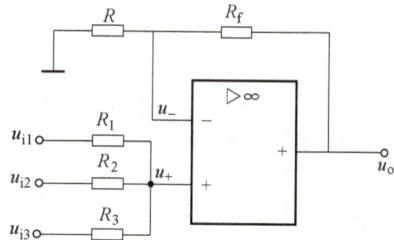

图 3-24　同相加法运算电路

利用叠加原理，可得同相端的输入电压 u_+ 与 u_{i1}、u_{i2}、u_{i3} 之间的关系为

$$u_+ = \frac{R_2 // R_3}{R_1 + R_2 // R_3} u_{i1} + \frac{R_1 // R_3}{R_2 + R_1 // R_3} u_{i2} + \frac{R_1 // R_2}{R_3 + R_1 // R_2} u_{i3}$$

$$= (R_1 // R_2 // R_3)\left(\frac{u_{i1}}{R_1} + \frac{u_{i2}}{R_2} + \frac{u_{i3}}{R_3}\right)$$

$$= \frac{R R_f}{R + R_f}\left(\frac{u_{i1}}{R_1} + \frac{u_{i2}}{R_2} + \frac{u_{i3}}{R_3}\right)$$

因为

$$u_o = \frac{R + R_f}{R} u_-$$

$$u_+ = u_-$$

所以

$$u_o = \frac{R_f}{R_1} u_{i1} + \frac{R_f}{R_2} u_{i2} + \frac{R_f}{R_3} u_{i3} \tag{3-29}$$

由式（3-29）可见，图 3-24 所示电路也可实现加法运算。同相加法运算电路在外接电阻选配上，既要考虑运算时对各种比例系数的要求，又要满足外接电阻平衡的要求，故比较麻烦。

2. 减法运算电路

如果在运放电路的反相输入端和同相输入端分别加入信号 u_{i1} 和 u_{i2}，就构成减法运算电路，如图 3-25 所示。这种输入方式的电路称为双端输入式放大电路，它在测量和控制系统中应用很广。

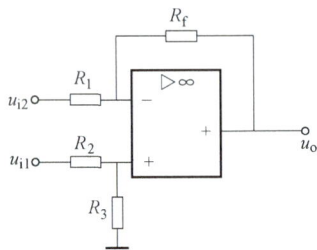

图 3-25　减法运算电路

根据叠加定理，首先令 $u_{i1}=0$，当 u_{i2} 单独作用时，电路成为反相比例运算电路，其输出电压为

$$u_{o2} = -\frac{R_f}{R_1}u_{i2}$$

再令 $u_{i2}=0$，当 u_{i1} 单独作用时，电路成为同相比例运算电路，其输出电压为

$$u_{o1} = \left(1+\frac{R_f}{R_1}\right)u_+ = \left(1+\frac{R_f}{R_1}\right)\left(\frac{R_3}{R_2+R_3}\right)u_{i1}$$

这样

$$u_o = u_{o1}+u_{o2} = \left(1+\frac{R_f}{R_1}\right)\left(\frac{R_3}{R_2+R_3}\right)u_{i1} - \frac{R_f}{R_1}u_{i2} \tag{3-30}$$

当 $R_1=R_2$、$R_3=R_f$ 时，

$$u_o = -\frac{R_f}{R_1}(u_{i2}-u_{i1}) \tag{3-31}$$

上式表明，若适当选择电阻参数，则使输出电压与两个输入电压的差值成比例，故该电路也称为减法运算电路。当 $R_f=R_1$ 时，$u_o=-(u_{i2}-u_{i1})$，实现了两个信号直接相减的运算。

3.2.5　积分与微分运算电路

3.2.5　积分与微分运算电路

1. 积分运算电路

积分运算电路是模拟计算机的一种基本运算单元，同时也是自动控制和测量系统中的一种重要单元，应用比较广泛。图 3-26a 是利用集成运放组成的积分运算电路，也称为积分器。

根据"虚地"的概念，$u_A=0$，再根据"虚断"的概念，$i_-=0$，则 $i_R=i_C$，即电容 C 以 $i_C=u_i/R$ 进行充电。假设电容 C 的初始电压为零，那么

$$u_o = -u_C = -\frac{1}{C}\int i_C\mathrm{d}t = -\frac{1}{C}\int \frac{u_i}{R}\mathrm{d}t = -\frac{1}{RC}\int u_i\mathrm{d}t \tag{3-32}$$

上式表明，输出电压为输入电压对时间的积分，且相位相反。

积分运算电路的波形变换作用如图 3-26b 所示，可将矩形波变成三角波输出。积分运算电路在自动控制系统中用以延缓过渡过程的冲击，使被控制的电动机外加电压缓慢上升，避免其机械转矩猛增，造成传动机械的损坏。积分运算电路还常用作显示器的扫描电路以及模/数转换器、数学模拟运算等。

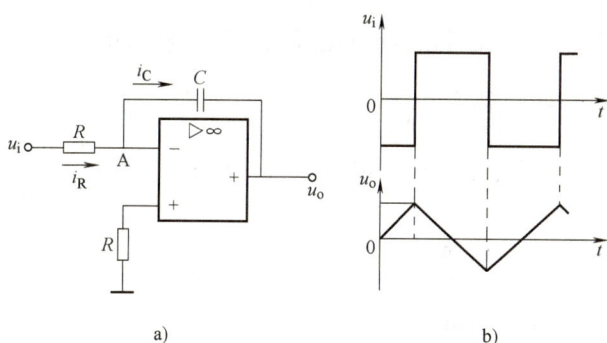

图 3-26　积分运算电路及其波形变换作用
a）电路图　b）波形变换作用

2. 微分运算电路

微分运算是积分运算的逆运算。将积分电路中的 R 和 C 互换，就可得到微分运算电路，也称为微分器，如图 3-27a 所示。在这个电路中，A 点同样为"虚地"，即 $u_A = 0$，再根据"虚断"的概念，$i_- = 0$，则 $i_R = i_C$。假设电容 C 的初始电压为 0，那么

$$i_C = C \frac{du_C}{dt} = C \frac{du_i}{dt}$$

则输出电压

$$u_o = -Ri_R = -RC \frac{du_i}{dt} \tag{3-33}$$

上式表明，输出电压为输入电压对时间的微分，且相位相反。

微分运算电路的波形变换作用如图 3-27b 所示，可将矩形波变成尖脉冲输出。微分运算电路在自动控制系统中可用于加速环节，例如，当电动机出现短路故障时，微分运算电路起加速保护作用，迅速降低其供电电压。

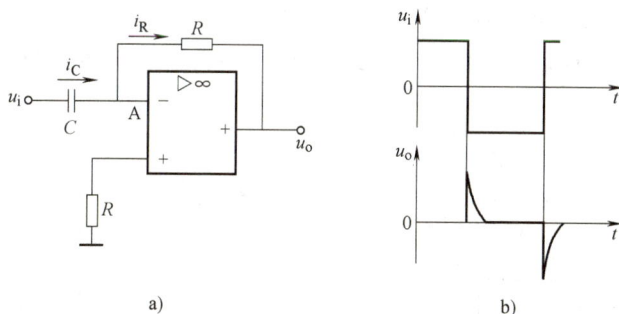

图 3-27　微分运算电路及其波形变换作用
a）电路图　b）波形变换作用

3.2.6　对数与指数运算电路

1. 对数运算电路

如果在反相输入比例运算电路中用二极管取代反馈电阻，就成为对数运算电路，如图 3-28

所示。

根据二极管方程可知，流过二极管的电流 i_D 与二极管两端电压 u_D 之间存在以下关系

$$i_D = I_S(e^{u_D/U_T} - 1)$$

当二极管处于正向偏置，且 $u_D \gg U_T$ 时，$e^{u_D/U_T} \gg 1$，则上式可简化为

$$i_D \approx I_S e^{u_D/U_T}$$

即

$$u_D = U_T \ln \frac{i_D}{I_S}$$

根据"虚地"和"虚断"的概念，可得

$$i_D = i_1 = \frac{u_i}{R_1}$$

则

$$u_o = -u_D \approx -U_T \ln \frac{i_D}{I_S} = -U_T \ln \frac{u_i}{I_S R_1} \qquad (3\text{-}34)$$

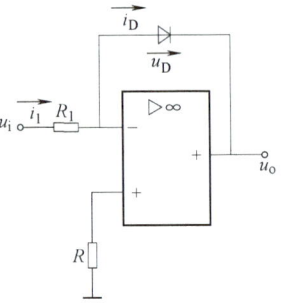

图 3-28　对数运算电路

式（3-34）说明，图 3-28 的输出电压与输入电压之间成对数关系。

2. 指数运算电路

指数运算也称为反对数运算，是对数运算的逆运算。将图 3-28 所示的对数运算电路中的输入电阻与二极管的位置互换，即可组成指数运算电路，如图 3-29 所示。

根据"虚地"和"虚断"的概念，可得

$$i_D \approx I_S e^{u_D/U_T} = I_S e^{u_i/U_T}$$

则

$$u_o = -i_R R = -i_D R \qquad (3\text{-}35)$$
$$= -I_S R\, e^{u_i/U_T}$$

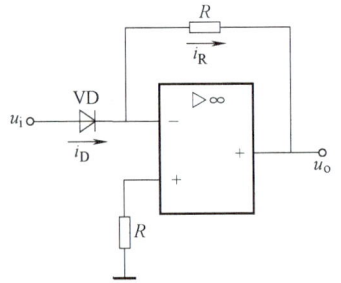

图 3-29　指数运算电路

可见，图 3-29 所示电路的输出电压与输入电压的指数成正比。

【例 3-1】　基本积分电路如图 3-30a 所示。输入信号 u_i 为一对称方波，如图 3-30b 所示。运放最大输出电压为 $\pm 10\text{V}$，当 $t = 0$ 时，电容上的电压为零。试画出理想状态下的输出电压波形。

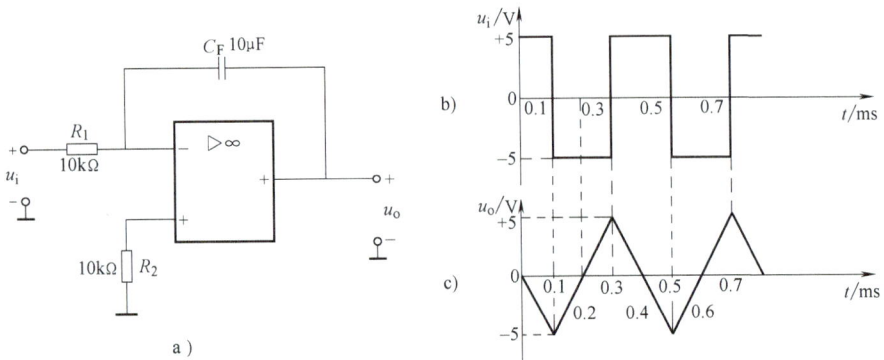

图 3-30　基本积分电路
a）电路图　b）输入电压波形　c）输出电压波形

解： 由图 3-30a 可求得时间常数为

$$\tau = R_1 C_F = (10 \times 10^3 \times 10 \times 10^{-6})\,\text{s} = 0.1\text{s}$$

根据运算输入端为虚地可知，输出电压等于电容电压，即 $u_o = -u_C$，$u_o(0) = 0$。因为在 0 ~ 0.1s 时间段内 u_i 为 +5V，根据积分电路的工作原理，输出电压 u_o 将从零开始线性减小，在 $t = 0.1$s 时达到峰值，其值为

$$u_o(0.1) = -\frac{1}{R_1 C_F} \int_0^t u_i \mathrm{d}t + u_o(0) = -\frac{1}{0.1} \int_0^{0.1} 5\mathrm{d}t = -5\text{V}$$

而在 0.1 ~ 0.3s 时间段内，u_i 为 -5V，所以输出电压 u_o 从 -5V 开始线性增大，在 $t = 0.3$s 时达到正峰值，其值为

$$u_o(0.3) = -\frac{1}{R_1 C_F} \int_{0.1}^{0.3} u_i \mathrm{d}t + u_o(0.1) = -\frac{1}{0.1} \int_{0.1}^{0.3} (-5)\mathrm{d}t + (-5) = +5\text{V}$$

上述输出电压最大值均不超过运放最大输出电压，因此输出电压与输入电压为线性积分关系。由于输入信号 u_i 为对称方波，所以可画出输出电压波形，如图 3-30c 所示，该电压波形为三角波。

仿 真 训 练

集成运算放大器的应用

1. 仿真电路

图 3-31 为反相比例运算特性测量的仿真电路。图 3-32 为直流输入时反相比例运算特性测量的观测图，图 3-33 为交流输入时反相比例运算特性测量的观测图，图 3-34 为积分运算电路特性测量的仿真电路，图 3-35 为积分运算电路特性测量的观测图。

单元 3.2 仿真训练
集成运算放大
器的应用

2. 仿真内容及要求

1）搭接反相比例运算电路。注意直流电源的极性，不要接错。优化调整电路结构和元器件参数。输入端接入直流输入电压，测出相应的输出电压。输入端接入交流信号，测出相应输出电压的有效值，同时用示波器观察输入、输出电压波形，注意相位关系。比较测量值和理论值，分析产生误差的原因。

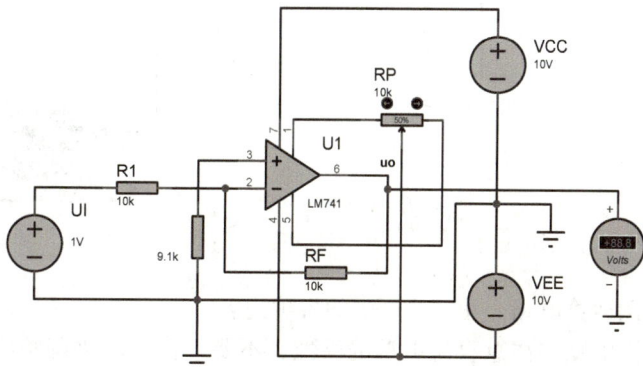

图 3-31　反相比例运算特性测量的仿真电路

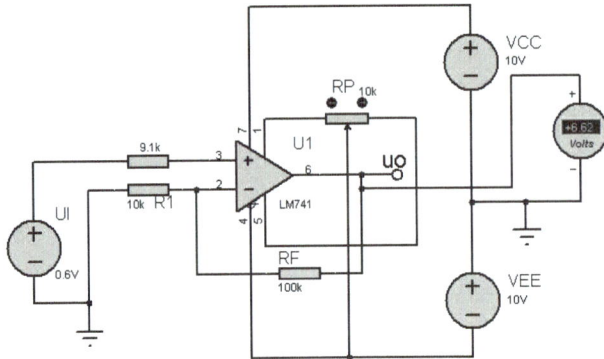

图 3-32　直流输入时反相比例运算特性测量的观测图

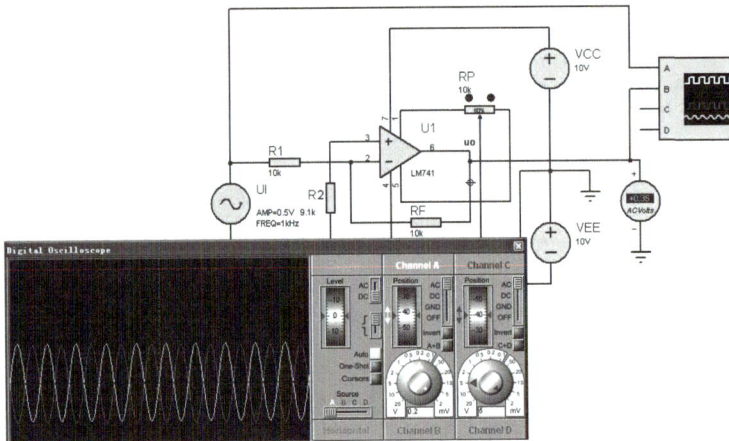

图 3-33　交流输入时反相比例运算特性测量的观测图

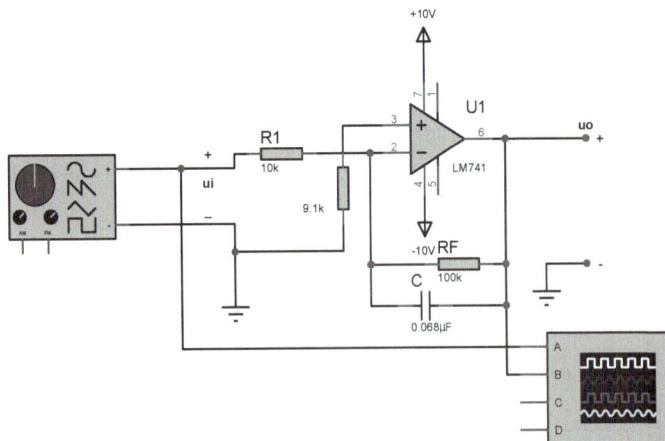

图 3-34　积分运算电路特性测量的仿真电路

2）搭接同相比例运算电路。重复 1）中的各项内容。

3）搭接积分运算电路。注意直流电源的极性，不要接错。优化调整电路结构和元器件参数。输入端接入方波信号，用示波器观察输入、输出的波形，测出它们的幅度和周期，并在坐标纸上绘出输入、输出的波形，与理论分析结果进行比较。

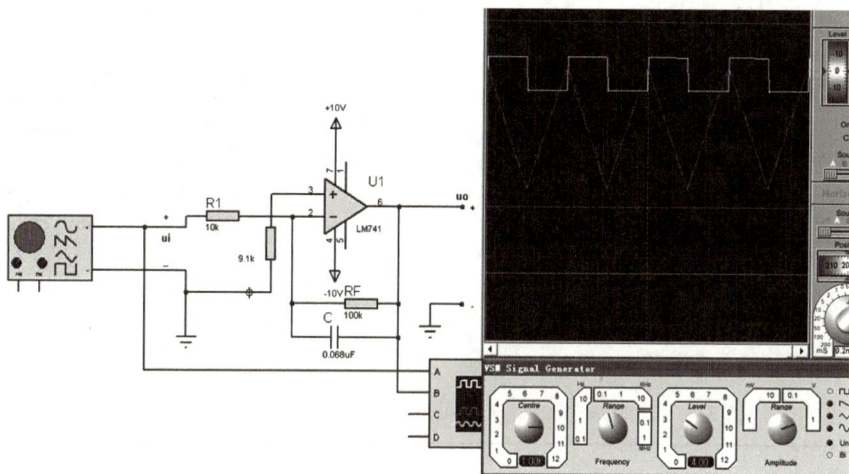

图 3-35　积分运算电路特性测量的观测图

技 能 实 训

基本运算电路的装配与测试

1. 实训目的

1）掌握集成运算放大电路的基本特性，熟悉它的使用方法。

2）掌握基本运算电路的构成及其特性，熟悉它们的测试方法。

3）巩固电子电路的基本测试方法，提高实际调整和测试能力。

2. 实训器材

1）仪器：3 路输出直流稳压电源、信号发生器、示波器、交流毫伏表及万用表各一台。

2）元器件：集成运放 CF741 一只；阻值为 10kΩ 的电位器一只；阻值为 9.1kΩ、10kΩ、100kΩ 的电阻各一只；0.068μF 的电容一只；面包板一块；导线若干。

3. 实训内容及要求

（1）检测集成运放

1）外观检查。检查型号是否与要求相符，引脚有无缺少或断裂，封装有无损坏痕迹等。

2）按图 3-36 所示接线，并确定集成运放的好坏。若不接 u_i，将 3 脚与地短接（使输入电压为零），用万用表直流电压档测量输出电压 u_o 应为零，然后接入 $u_i = 5V$，测得 $u_o = 5V$，则说明该器件是好的。在接线可靠的条件下，若测得 u_o 始终等于 $-10V$ 或 $+10V$，则说明该器件已经损坏。

（2）测量反相比例运算电路的特性

1）按图 3-37 所示接线，检查接线无误后接通正、负直流电源为 $\pm 10V$。

2）将输入端短路，即令 $u_i = 0$，用万用表直流电压档测量 u_o，调节 RP，使 $u_o = 0$。

3）输入端接入直流输入电压 U_i（用直流电源的第三路输出提供），输入电压值如表 3-4 所示，测出相应的输出电压 U_o 值，记入表 3-4 中，并与理论计算值进行比较，分析产生误差

的原因。

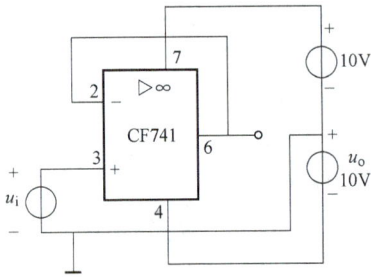

图 3-36   判别集成运放好坏的电路

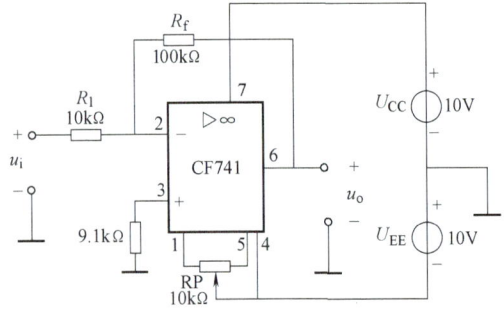

图 3-37   反相比例运算特性的测量电路

表 3-4   反相比例运算特性

U_o/V	U_i/V（直流）								
	-1.00	1.00	0.80	0.60	0.30	0.00	-0.30	-0.60	-0.80
测量值									
理论值									

4）将输入信号 u_i 改由信号发生器提供，频率为 1kHz，用交流毫伏表测量当输入电压 u_i 的有效值 U_i 分别为 0.3V、0.5V 时输出电压 u_o 的有效值 U_o（同时用示波器观察输出电压波形），记入表 3-5 中，并分析测量结果。

表 3-5   反相比例和同相比例运算特性

U_i/V	U_o/V			
	反相比例运算特性		同相比例运算特性	
	测量值	理论值	测量值	理论值
0.30				
0.50				

（3）测量同相比例运算电路的特性

1）按图 3-38 所示接线，检查接线无误后接通正、负电源电压为 ±10V。

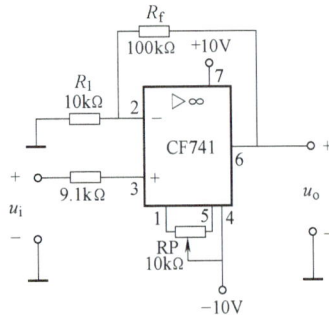

图 3-38   同相比例运算特性的测量电路

2）将输入端对地短路，调节 RP 使输出电压 $u_o=0$。

3）将输入端接入直流输入电压 U_i（输入电压值如表 3-6 所示），测出相应的输出电压 U_o。

值，记入表 3-6 中，并与理论计算值进行比较，分析测量结果。

表 3-6 　同相比例运算特性

U_o/V	U_i/V（直流）								
	1.00	0.80	0.60	0.30	0.00	−0.30	−0.60	−0.80	−1.00
测量值									
理论值									

4）将输入电压 u_i 改由信号发生器提供，频率为 1kHz，用交流毫伏表测量当输入电压 u_i 的有效值 U_i 分别为 0.3V、0.5V 时输出电压 u_o 的有效值 U_o（同时用示波器观察输出电压波形），记入表 3-5 中，并分析测量结果。

（4）测量积分运算电路的特性

1）按图 3-39 所示接线，检查无误后接通正、负电源电压为 ±10V。图中，R_f 用来减小输出端的直流漂移，但接入 R_f 会对电容充放电电流产生分流，从而导致积分误差。为了减小误差，一般应满足 $R_f C \gg R_1 C$，通常 $R_f > 10R_1$，$C < 1\mu F$。

2）在输入端接入频率为 1kHz、幅度为 4V 的方波信号，用示波器双踪观察 u_i、u_o 的波形，测出它们的幅度和周期，并在坐标纸上绘出 u_i、u_o 的波形，与理论分析结果进行比较。

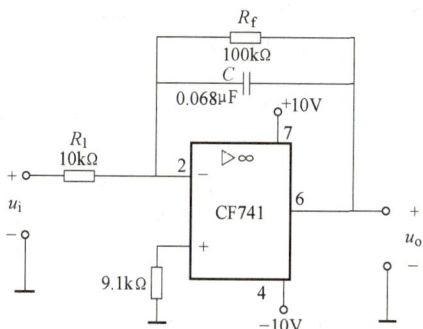

图 3-39 　积分运算电路特性的测量电路

4. 实训报告要求

1）填写训练目的、测试电路及内容和仪器的型号。

2）整理反相、同相比例运算电路的测试数据，分析测试结果，并分析产生误差的原因，在坐标纸上绘出它们的电压传输特性曲线。

3）在坐标纸上分别绘出积分电路输入电压和输出电压波形，并进行分析。

5. 考评内容及评分标准

基本运算电路装配与测试的考评内容及评分标准如表 3-7 所示。

表 3-7 　基本运算电路装配与测试的考评内容及评分标准

步骤	考评内容	评分标准	标准分	扣分及原因	得分
1	绘出放大电路原理图，并分析其工作原理	1）各元器件符号正确 2）各物理量标注正确 3）各元器件连接正确 4）原理分析准确 错一处扣5分，扣完为止（教师辅导、学生自查）	15		
2	根据相关参数，对元器件质量进行判别（特别是集成运放）	元器件质量和分类判断正确 错一处扣5分，扣完为止（学生自查、教师检查）	15		

（续）

步骤	考评内容	评分标准	标准分	扣分及原因	得分
3	根据电路原理图进行电路连接，利用直观法或使用万用表通过对在路电阻的测量，分析电路连接是否正确	1）在路电阻的测量正确 2）不得出现断路（脱焊）、短路及元器件极性接反等错误 错一处扣5分，扣完为止（同学互查、教师检查）	20		
4	在确认检查无误后，进行通电测试。使用万用表对各点进行电压测量，准确判断电路的工作状态	1）仪器仪表档位、量程选择正确 2）读数准确，判断准确 错一处扣5分，扣完为止（教师指导、同学互查）	20		
5	使用信号发生器等仪器仪表对电路进行输入、输出电压波形的测量，对电路的工作状态进行正确分析	1）仪器仪表档位、量程选择正确 2）读数准确，判断准确 3）工作状态正常 错一处扣5分，扣完为止（教师指导、同学互查）	15		
6	注意安全、规范操作。小组分工，保证质量。完成时间为90min	1）小组成员各有明确分工 2）在规定时间内完成该项目 3）各项操作规范、安全 成员无分工扣5分，超时扣10分（教师指导、同学互查）	15		
	教师根据学生对集成运放及基本运算电路理论水平和技能水平的掌握情况进行综合评定，并指出存在的问题和具体改进方案		100		

知 识 拓 展

电流源电路

晶体管和场效应晶体管，除了作为放大管外，还可以构成电流源电路，为各级提供合适的静态电流；或作为有源负载取代高阻值的电阻，从而提高放大电路的放大能力。

1. 镜像电流源

镜像电流源电路如图 3-40 所示，它由两只特性完全相同的晶体管 VT_0 和 VT_1 构成，由于 VT_0 的管压降 U_{CE0} 与 U_{BE0} 相等，从而保证 VT_0 工作在临界放大状态，故集电极电流 $I_{C0}=\beta_0 I_{B0}$。由于 $I_{B0}=I_{B1}=I_B$，$\beta_0=\beta_1=\beta$，故 $I_{C0}=I_{C1}=I_C=\beta I_B$。可见，由于电路的这种特殊接法，使 I_{C1} 和 I_{C0} 成镜像关系，故称此电路为镜像电流源。I_{C1} 为输出电流。

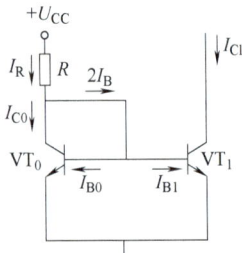

图 3-40　镜像电流源

在图 3-40 中，基准电流 I_R 为

$$I_R=\frac{U_{CC}-U_{BE}}{R}=I_C+2I_B=I_C+2\frac{I_C}{\beta}=\frac{\beta+2}{\beta}I_C$$

当 $\beta \gg 2$ 时，输出电流

$$I_{\text{C1}} = I_{\text{C}} \approx I_{\text{R}} = \frac{U_{\text{CC}} - U_{\text{BE}}}{R}$$

镜像电流源电路简单，应用广泛。但是，在电源电压 U_{CC} 一定的情况下，若要求 I_{C1} 较大，则 I_{R} 势必增大，R 的功耗也就增大；若要求 I_{C1} 很小，则 I_{R} 势必也小，R 的数值必然很大。因此派生了其他类型的电流源电路。

2. 比例电流源

比例电流源电路改变了镜像电流源中 $I_{\text{C1}} \approx I_{\text{R}}$ 的关系，而使 I_{C1} 可以大于 I_{R} 或小于 I_{R}，与 I_{R} 成比例关系，从而克服镜像电流源的缺点，其电路如图 3-41 所示。

由图 3-41 可知

$$U_{\text{BE0}} + I_{\text{E0}}R_{\text{E0}} = U_{\text{BE1}} + I_{\text{E1}}R_{\text{E1}}$$

由于 VT_0 和 VT_1 的特性完全相同，所以 $U_{\text{BE0}} \approx U_{\text{BE1}}$，则

$$I_{\text{E0}}R_{\text{E0}} \approx I_{\text{E1}}R_{\text{E1}}$$

若忽略两管的基极电流，$I_{\text{C0}} \approx I_{\text{E0}} \approx I_{\text{R}}$，$I_{\text{C1}} \approx I_{\text{E1}}$，则

$$I_{\text{R}}R_{\text{E0}} \approx I_{\text{C1}}R_{\text{E1}}$$

$$I_{\text{C1}} \approx \frac{R_{\text{E0}}}{R_{\text{E1}}}I_{\text{R}}$$

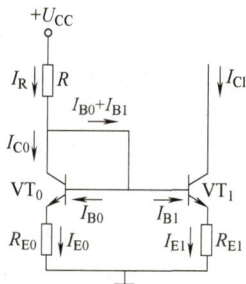

图 3-41　比例电流源

可见，只要改变 R_{E0} 和 R_{E1} 的阻值，就可以改变 I_{C1} 和 I_{R} 的比例关系，基准电流 I_{R} 为

$$I_{\text{R}} \approx \frac{U_{\text{CC}} - U_{\text{BE0}}}{R + R_{\text{E0}}}$$

3. 微电流源

若将图 3-41 中 R_{E0} 的阻值减小到零，便得到如图 3-42 所示的微电流源电路。在集成运放中，输入级晶体管的集电极（发射极）静态电流很小，往往只有几十微安，甚至更小，所以常用到微电流源。

由图 3-42 可知

$$U_{\text{BE0}} = U_{\text{BE1}} + I_{\text{E1}}R_{\text{E}}$$

$$I_{\text{C1}} \approx I_{\text{E1}} = \frac{U_{\text{BE0}} - U_{\text{BE1}}}{R_{\text{E}}}$$

式中，$U_{\text{BE0}} - U_{\text{BE1}}$ 的差值很小，只有几十毫伏，甚至更小，因此，只要几千欧的电阻 R_{E}，就可得到微安级的电流 I_{C1}。

根据晶体管发射结电压与发射极电流之间的关系可得

$$I_{\text{C}} \approx I_{\text{E}} = I_{\text{S}}(\text{e}^{U_{\text{BE}}/U_{\text{T}}} - 1) \approx I_{\text{S}}\text{e}^{U_{\text{BE}}/U_{\text{T}}}$$

$$U_{\text{BE}} \approx U_{\text{T}}\ln\frac{I_{\text{C}}}{I_{\text{S}}}$$

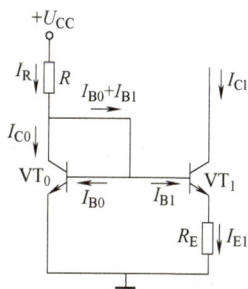

图 3-42　微电流源

$$U_{\text{BE0}} - U_{\text{BE1}} = U_{\text{T}}\ln\frac{I_{\text{C0}}}{I_{\text{C1}}} = U_{\text{T}}\ln\frac{I_{\text{R}}}{I_{\text{C1}}} = I_{\text{C1}}R_{\text{E}}$$

式中，基准电流 I_{R} 为

$$I_{\text{R}} \approx \frac{U_{\text{CC}} - U_{\text{BE0}}}{R}$$

实际上，在设计电路时，首先应确定电路所需的静态电流的大小，即已知 I_R 和 I_{C1} 的数值，然后求出 R 和 R_E 的数值。

自我检测题

一、填空题

1. 为了抑制直流放大器零点的温度漂移，可采用_____电路或_____电路，但以采用_____电路更为理想。

2. 电路的对称性越_____，R_E 的负反馈作用越_____，则差动放大器抑制零漂的能力越差，它的 K_{CMR} 就越_____。

3. 当差动放大器两边的输入电压分别为 $u_{i1}=3mV$ 和 $u_{i2}=-5mV$ 时，输入信号中的差模分量为_____，共模分量为_____。

4. 理想运算放大器的开环差模电压放大倍数 A_{uo} 可认为_____，输入阻抗 R_{id} 为_____，输出阻抗 R_o 为_____。

5. 差模电压增益 A_{ud} 等于_____之比，A_{ud} 越大，表示对_____信号的放大能力越强；共模电压增益 A_{uc} 等于_____之比，A_{uc} 越大，表示对_____信号的抑制能力越弱。

6. 共模抑制比 K_{CMR} 等于_____之比，电路的 K_{CMR} 越大，表明电路_____能力越强。

7. 对理想运算放大器组成的基本运算电路，它的反相输入端和同相输入端之间的电压为_____，这称为_____；运算放大器的两个输入端电流为_____，这称为_____。

二、选择题

1. 在相同条件下，阻容耦合放大电路的零点漂移（　　）。
A. 比直接耦合电路大　　　B. 比直接耦合电路小　　　C. 与直接耦合无关

2. 放大电路产生零点漂移的主要原因是（　　）。
A. 放大倍数太大　　　　B. 环境温度变化引起器件参数变化
C. 外界存在干扰源

3. 集成运算放大器是一种采用（　　）方式的放大电路。
A. 阻容耦合　　　　B. 直接耦合　　　　C. 变压器耦合

4. 在论及对于信号的放大能力时，直流放大器（　　）。
A. 只能放大交流信号　　B. 只能放大直流信号　　C. 两种信号都能放大

5. 假设多级直流放大器中各级自生的零漂大体相同，则抑制零漂的放大电路应放在（　　）。
A. 输入级　　　　B. 中间级　　　　C. 输出级

6. 多级放大电路的输入电阻就是（　　）的输入电阻，输出电阻就是（　　）的输出电阻。
A. 最前级　　　　B. 最后级

7. 集成运放的两个输入端分别称为（　　）端和（　　）端，其含义是指输出电压的极性与前者（　　），与后者（　　）。
A. 同相　　　　B. 反相

8. 差动放大电路由双端输出改为单端输出，其 K_{CMR} 减小的原因是（　　）。
A. A_{ud} 不变，A_{uc} 减小　　B. A_{ud} 减小，A_{uc} 不变　　C. A_{ud} 减小，A_{uc} 增加

9. 输入失调电流 I_{IO} 是 （　　）。

A. 两输入端信号电流之差

B. 两输入端静态电流之差

C. 输入电流为零时的输出电流

10. 输入失调电压 U_{IO} 是 （　　）。

A. 两输入端电压之差

B. 输入端都为零时的输出电压

C. 输出端电压为零时输入端的等效补偿电压

思考题与习题

1. 集成运放通常包括哪几个组成部分? 对各部分的要求是什么?

2. 理想运算放大器工作在非线性区时有什么特点?

3. 与阻容耦合电路相比, 直接耦合放大电路有什么特点? 其主要矛盾是什么?

4. 什么是共模抑制比? 双端输出与单端输出差分放大电路的抑制零点漂移能力, 哪个更强? 并分别说明其抑制零漂的机理。

5. 在图 3-43 所示电路中, 参数如图所示, $\beta_1 = \beta_2 = 100$, $U_{BE1} = U_{BE2} = 0.7V$。

1）计算静态时的 I_{C1}、I_{C2}、U_{C1} 和 U_{C2}。

2）求双端输出时 A_{ud}、R_{id} 和 R_o。

3）求单端输出时的 A_{uc}、R_{ic} 和共模抑制比 K_{CMR} （由 VT_1 输出）。

6. 在图 3-44 所示电路中, 设 $\beta_1 = \beta_2 = 50$, $U_{BE1} = U_{BE2} = 0.7V$, 电流表满偏值为 $100\mu A$, 电表支路的总电阻为 $2k\Omega$, 试求:

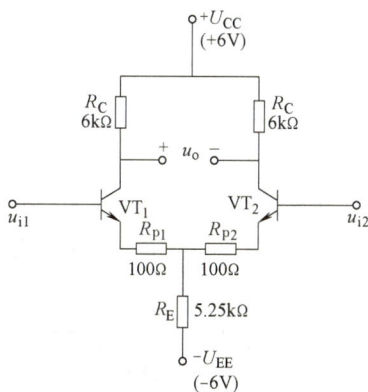

图 3-43　题 5 图

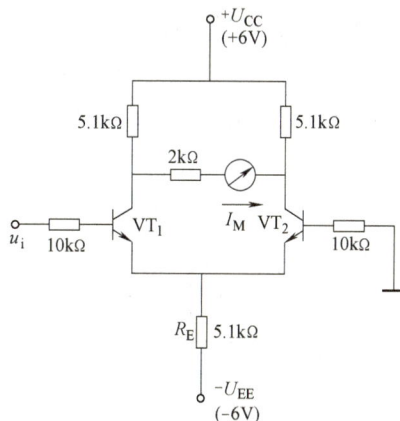

图 3-44　题 6 图

1）每管的静态电流 I_B 和 I_C 各是多少?

2）为使电表指示达到满偏电流, 需要加多大的输入电压?

3）如果输入电压 u_i 的幅度增大到 2V, 试分析这时两个管子的工作情况, 并估计流过电流表的电流大概为多少?

4）若将 R_E 由 $5.1k\Omega$ 增大到 $100k\Omega$, 其他元器件参数不变, 是否能满足电流表满偏的要求？

7. 在图 3-45a 所示电路中，设 $R_1 = R_f = 10\text{k}\Omega$，$R_2 = 20\text{k}\Omega$，$R' = 4\text{k}\Omega$，两个输入电压 u_{i1} 和 u_{i2} 的波形如图 3-45b 所示。试在对应的时间坐标上画出输出电压 u_o 的波形，并标上相应电压的数值。

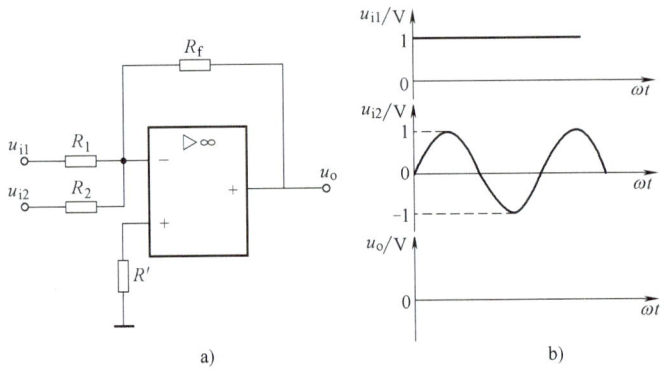

图 3-45　题 7 图

a）电路图　b）电压波形图

8. 试以集成运放实现以下运算关系：

1）$U_o = 2U_{i1} - 0.5U_{i2} + U_{i3}$。

2）$U_o = 12U_{i1} + 6U_{i2} - 8U_{i3}$。

9. 在图 3-46 所示电路中，求下列情况下 u_o 和 u_i 的关系式。

1）S_1 和 S_3 闭合，S_2 断开时，u_o 和 u_i 的关系式。

2）S_1 和 S_2 闭合，S_3 断开时，u_o 和 u_i 的关系式。

3）S_2 闭合，S_1 和 S_3 断开时，u_o 和 u_i 的关系式。

4）S_1、S_2、S_3 都闭合时，u_o 和 u_i 的关系式。

10. 由运放组成的晶体管 β 测量电路，如图 3-47 所示。

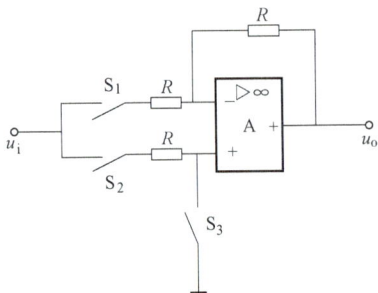

图 3-46　题 9 图

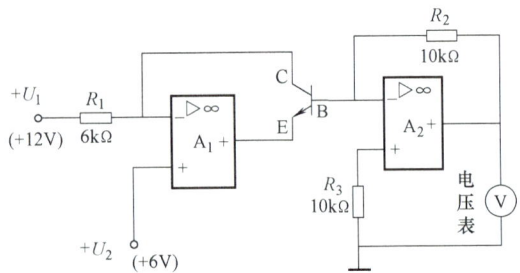

图 3-47　题 10 图

1）标出 E、B、C 各点电压的数值。

2）若电压表读数为 200mV，试求被测晶体管的 β 值。

11. 在图 3-48 所示电路中，电阻 $R_1 = R_2 = R_4 = 10\text{k}\Omega$，$R_3 = R_5 = 20\text{k}\Omega$，$R_6 = 100\text{k}\Omega$。试求输出电压与输入电压之间的关系式。

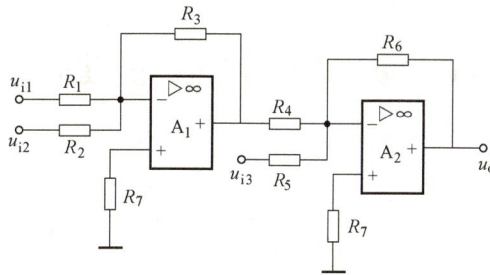

图 3-48　题 11 图

12. 在图 3-49a 所示电路中，已知 $t=0$ 时，$u_o=0$。

1）当输入电压波形如图 3-49b 所示时，画出输出电压波形，并求出 u_o 由 0V 变化到 -5V 需要的时间。

2）当输入电压波形如图 3-49c 所示时，画出输出电压波形，并标出其幅值。

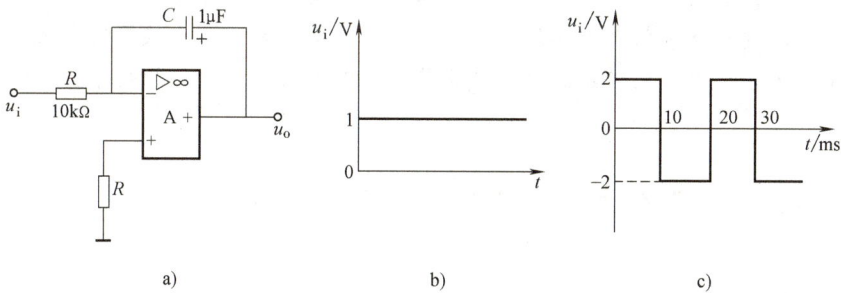

图 3-49　题 12 图

a）电路图　b）输入电压波形 1　c）输入电压波形 2

13. 图 3-50a 所示电路的输入信号波形如图 3-50b 所示。已知 $t=0$ 时，电容两端电压为零，试画出输出电压波形。

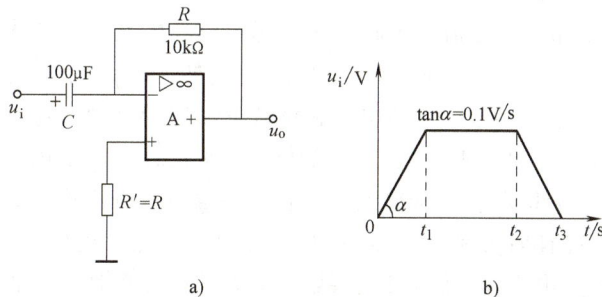

图 3-50　题 13 图

a）电路图　b）输入信号波形

模块 4 负反馈及信号处理电路

学习目的

要知道：反馈、正反馈、负反馈、直流反馈、交流反馈、电压反馈、电流反馈、串联反馈、并联反馈、反馈深度的概念；负反馈放大电路增益的一般表达式；各种负反馈对放大电路性能的影响。有源滤波、通带、阻带、带通滤波、带阻滤波、线性整流、阈值电压、迟滞宽度等基本概念；有源滤波器的类型和用途；高精度整流电路的特点；比较器电路结构的特点。

会分析：放大电路中是否存在反馈及何种组态的反馈。

会引入：能根据需要，在放大电路中引入适当类型的负反馈。

会计算：深度负反馈放大电路的电压放大倍数、单值和迟滞比较器的阈值电压。

会画出：单值和迟滞比较器的电压传输特性及输出与输入波形的关系。

单元 4.1 负反馈放大电路的分析

知 识 准 备

4.1.1 了解反馈的分类

通常要求电子设备中放大电路的放大倍数非常稳定，输入和输出电阻的大小以及波形失真等应满足实际使用所提出的要求。前面介绍的基本放大电路、多级放大电路、集成运算放大电路等的许多性能还不够完善，往往还不能满足实际应用的要求。例如，它们的放大倍数会随着环境、温度、管子参数、电源电压和负载电阻的变化而变化；放大电路的频带宽度因受到管子及电路参数的限制而不能太宽，尤其随着级数的增多，频带越来越窄。如集成运放 F007 的上限频率仅为 7Hz 左右，若放大频率较宽的信号，则将产生显著的频率失真。放大电路的输入电阻因受到晶体管参数 r_{be} 的限制而不能很大，输出电阻因受 R_C 的限制也不会太小。当输入信号较大时，由于管子特性的非线性，会使输出波形产生非线性失真等，所以这些放大电路的性能在许多方面尚需加以改进和提高。在放大电路中引入负反馈就是一种重要的改善放大电路性能的手段。

在自然科学与社会科学的许多领域中都存在着反馈或用到反馈，例如，人体的感觉器官和大脑就是一个完整的信息反馈系统。自动控制系统应用反馈可使系统达到最佳工作状态。本单元主要介绍在放大电路中使用的反馈。

1. 概述

在本书模块 2 曾经介绍过的分压式工作点稳定电路，就是反馈应用的例子。下面通过这个电路来说明反馈的概念。

在图 4-1 所示的分压式偏置稳定电路中，恰当地选择 R_{B1}、R_{B2}，使基极电压 U_B 固定，然后用射极电阻 R_E 两端的电压 U_E 来反映输出回路中直流电流 I_{CQ} 的大小和变化，去调节 U_{BE}，将输出回路的 I_{CQ} 向相反方向变化，进而达到稳定静态工作点的目的。

在图 4-1 所示电路中的 I_{CQ} 是放大电路的输出量，U_{EQ} 是放大电路的反馈量，U_{BE} 是放大电路的净输入量，可见，R_E 的存在使电路构成一个闭环系统，通过 R_E 将输出量的一部分或全部反馈到输入回路参与控制作用，从而达到稳定静态工作点的目的。

在电子系统中，把放大电路的输出量（输出电压或输出电流）的一部分或全部，通过反馈网络反送到输入回路中，从而构成一个闭环系统，使放大电路的净输入量不仅受到输入信号的控制，而且受到放大电路输出量的影响，这种连接方式就叫反馈。把连接输出回路与输入回路的中间环节叫作反馈网络。把引入反馈的放大电路叫作反馈放大电路，也叫闭环放大电路，而未引入反馈的放大电路，称为开环放大电路。

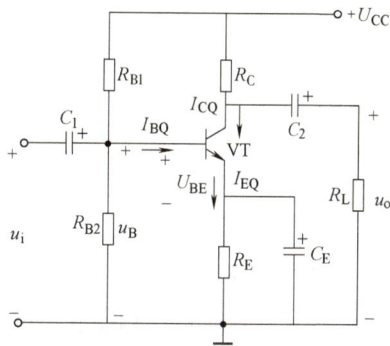

图 4-1 分压式偏置稳定电路

2. 反馈的分类

在对反馈电路进行分类之前，首先要确定放大电路有无反馈。判别有无反馈的方法是：找出反馈元器件，确认反馈通路，如果在电路中存在连接输出回路和输入回路的反馈通路，就存在反馈。对于多级放大电路，如果在电路中存在连接输出回路和输入回路的反馈通路，就称这种反馈为级间反馈，或称整体反馈。而把每级各自的反馈称为本级反馈，或称局部反馈。整体反馈改善整个放大电路的放大性能；局部反馈只能改善本级电路的性能。本单元主要讨论整体反馈。

（1）按反馈的极性分类

根据反馈极性的不同，可将反馈分为正反馈和负反馈。如果在引入反馈信号后，放大电路的净输入信号减小，放大倍数减小，那么这种反馈为负反馈；反之，若反馈信号使放大电路的净输入信号增大，放大倍数增大，则为正反馈。

区别正、负反馈通常采用瞬时极性法。简单地说就是假设输入（信号）极性来看反馈效果，即先假定输入信号为某一瞬时极性，然后根据中频段各级电路输入输出电压相位关系，依次推断出由瞬时输入信号所引起的各点电位的瞬时极性，最终看反馈到输入端的信号。使净输入信号增强的为正反馈；使净输入信号削弱的为负反馈。为了便于说明问题，用符号⊕或（+）表示瞬时电位升高，用符号⊖或（-）表示瞬时电位降低。

图 4-2 所示是由一集成运放组成的反馈放大电路。对于图 4-2a 所示电路，设输入信号 u_i 的瞬时极性为正，u_o 与 u_i 同相，输出信号 u_o 的瞬时极性为正，u_o 经电阻 R_3、R_4 分压后得到的反馈电压 u_f 的极性也为正。由于反馈信号与输入信号在同一节点引入，且二者极性相同，可以看出，反馈信号将使净输入信号增大，所以为正反馈。

对于图 4-2b 所示电路，设输入信号 u_i 的瞬时极性为正，则 u_o 和 u_f 的瞬时极性也为正，但由于反馈信号与输入信号在不同节点引入，二者极性相同，必将使运放的净输入信号 $u_i - u_f$ 减小，所以是负反馈。

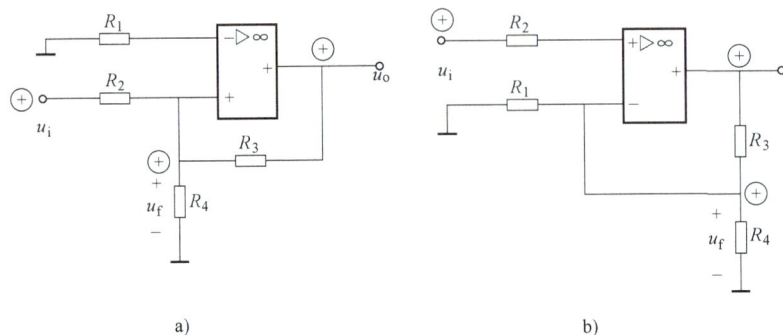

图 4-2　反馈放大电路
a）正反馈　b）负反馈

通过以上分析，可以得出如下结论：当输入信号 u_i 与反馈信号 u_f 在不同节点引入时，若反馈信号 u_f 的瞬时极性和输入信号 u_i 的瞬时极性相同，则为负反馈；若两者极性相反，则为正反馈。当输入信号 u_i 与反馈信号 u_f 在同一节点引入时，若反馈信号 u_f 的瞬时极性和输入信号 u_i 的瞬时极性相同，则为正反馈；若两者极性相反，则为负反馈。

当对运放组成的反馈放大电路判断本级反馈的极性时，若反馈信号从反相输入端引入，则为负反馈；从同相输入端引入，则为正反馈。

图 4-3 所示是由两个集成运放组成的多级放大电路。可以判断出，两个集成运放本级引入的反馈是负反馈，然而级间反馈虽然接回到同相输入端，但由瞬时极性法判断，它仍是负反馈。因

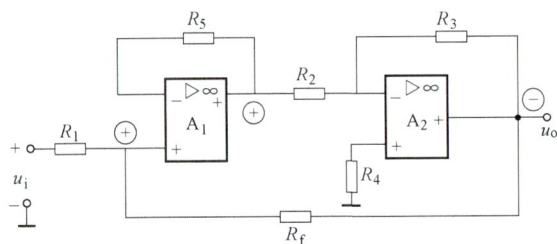

图 4-3　由两个集成运放组成的多级放大电路

此，对于级间反馈来说，反馈的极性不能单纯地以反馈到哪一个输入端为准，要用瞬时极性法逐级判断，具体分析。

（2）按交流、直流的性质分类

根据反馈信号本身的交流、直流性质可分为直流反馈和交流反馈。若反馈回来的信号是直流量，则为直流反馈；若反馈回来的信号是交流量，则为交流反馈。若反馈信号既有交流分量又有直流分量，则为交、直流负反馈。

要区分直流反馈还是交流反馈，可以通过画出整个反馈电路的交流、直流通路的方法来判定，即反馈通路存在于直流通路中为直流反馈；反馈通路存在于交流通路中为交流反馈；反馈通路既存在于直流通路又包含于交流通路中，为交、直流反馈。

例如，在图 4-4a 所示的电路中，由于电容 C 对直流相当于开路，R_2、R_3 串接在反相输入端和输出端之间，所以存在直流反馈。对于交流而言，电容 C 相当于短路，交流通路如图 4-4b 所示。可以看出，在交流通路中不存在反馈，故这个电路不存在交流反馈。在图 4-4c 所示电路中，存在两个级间反馈通路，即 R_{f1} 和 C_2、R_{f2}。由图中可看出，在 R_{f1} 通路中存在交、直流反馈，而在 C_2、R_{f2} 通路中，只存在交流反馈。

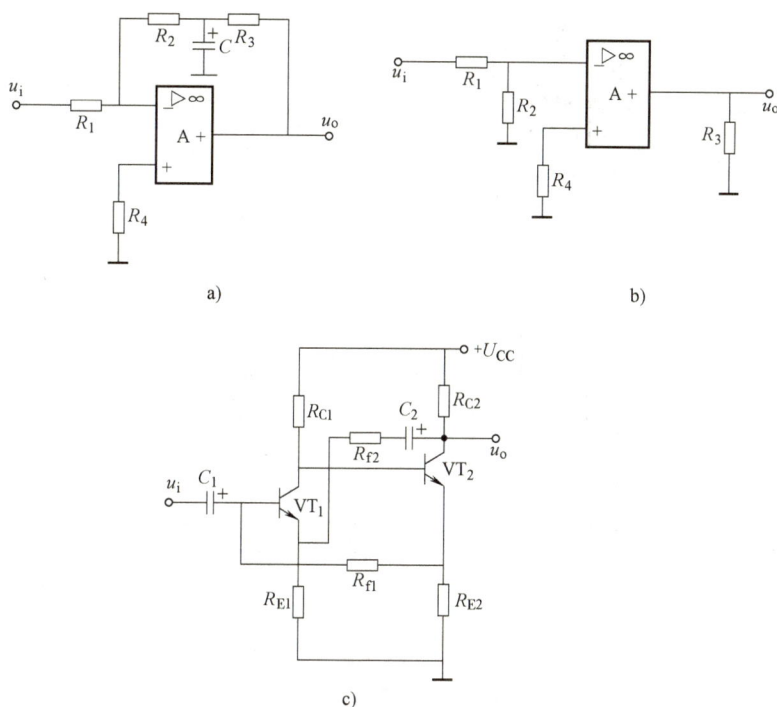

图 4-4 判断电路的直流与交流反馈

a）直流反馈 b）交流通路 c）存在两个级间的反馈通路

（3）按输出端的取样对象分类

根据反馈信号采样方式的不同，有电压反馈和电流反馈。如果反馈信号取自输出电压，即反馈信号和输出电压成正比，就称为电压反馈；如果反馈信号取自输出电流，即反馈信号和输出电流成正比，就称为电流反馈。

区分电压反馈和电流反馈可采用假想负载短路法。如果输出负载在短路后（即 $u_o = 0$），反馈信号因此而消失，则为电压反馈；如果反馈信号依然存在，则为电流反馈。

在图 4-5a 所示的电路中，假想将负载 R_L 短路，短路后的等效电路如图 4-5b 所示，可以看出，反馈信号消失，故为电压反馈。在图 4-5c 中，假想把负载 R_L 短路，反馈信号依然存在，故为电流反馈。

（4）按与输入端的连接方式分类

根据反馈信号与输入信号在放大电路输入端的连接方式不同，有串联反馈和并联反馈。若反馈信号与输入信号在输入端串联，也就是说，反馈信号与输入信号以电压比较方式出现在输入端，则称为串联反馈；若反馈信号与输入信号在输入端并联，也就是说，反馈信号与输入信号以电流比较方式出现在输入端，则称为并联反馈。

区分串联反馈和并联反馈可采用输入回路的反馈节点对地短路法来判断。如果把输入回路中的反馈节点对地短路，对于串联来说，就相当于 $u_f = 0$，于是净输入电压 $u_i' = u_i - u_f = u_i$，输入信号仍能加到基本放大电路中去。而对于并联来说，反馈节点对地短路，输入信号则被短路，无法加进基本放大电路中去。

区分串联反馈和并联反馈的另一种方法是，如果反馈信号和输入信号在同一节点引入，

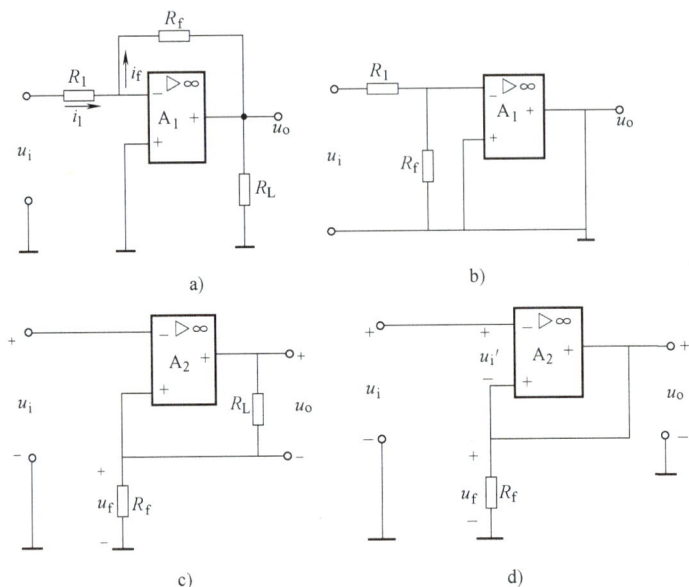

图 4-5　区分电压反馈和电流反馈

a）电压反馈原电路　b）图 a 负载电阻短路后的等效电路
c）电流反馈原电路　d）图 c 负载电阻短路后的等效电路

就为并联反馈；如果反馈信号和输入信号不在同一节点引入，就为串联反馈。

例如，在图 4-5a 所示的电路中，将输入回路反馈节点对地短路，输入信号无法进入基本放大电路中，故为并联反馈。对于图 4-5c 所示电路，在输入端的反馈节点对地短路后，相当于将运放同相输入端接地，由于输入信号加于反相端，输入信号仍能进入基本放大电路中，所以为串联反馈。

4.1.2　4 种类型负反馈放大电路的分析

1. 负反馈放大电路的框图

负反馈放大电路的形式有很多，为了研究其共同的特点，下面把负反馈放大电路的电路结构和相互关系抽象地概括起来加以分析，即将所有的反馈放大电路都看成是由基本放大电路和反馈网络两大部分组成的。负反馈放大电路框图如图 4-6 所示。

在图 4-6 所示的电路中，$\dot{X}_i$、$\dot{X}_i'$、$\dot{X}_o$ 和 $\dot{X}_f$ 分别表示输入信号、净输入信号、输出信号和反馈信号，它们可以是电压，也可以是电流。符号"$\otimes$"表示比较环节，$\dot{X}_i$ 和 $\dot{X}_f$ 通过这个比较环节进行比较，得到差值信号（净输入信号）$\dot{X}_i'$。图中箭头表示信号的传递方向。理想情况下，在基本放大电路中，信号是正向传递，即输入信号只通过基本放大电路到达输出端；在反馈网络中，信号则是反向传递，即反馈信号只通过反馈网络到达输入端。

4.1.2　4 种类型负反馈放大电路的分析—负反馈放大电路的框图和增益的一般关系式

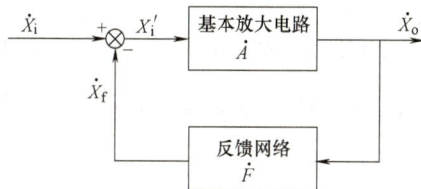

图 4-6　负反馈放大电路框图

2. 负反馈放大电路增益的一般关系式

开环放大倍数 $\dot{A}$ 为

$$\dot{A} = \frac{\dot{X}_o}{\dot{X}_i'} \tag{4-1}$$

反馈系数 $\dot{F}$ 为

$$\dot{F} = \frac{\dot{X}_f}{\dot{X}_o} \tag{4-2}$$

反馈放大电路的闭环放大倍数 $\dot{A}_f$ 为

$$\dot{A}_f = \frac{\dot{X}_o}{\dot{X}_i} \tag{4-3}$$

净输入信号为 $\qquad\dot{X}_i' = \dot{X}_i - \dot{X}_f \tag{4-4}$
则

$$\dot{A}_f = \frac{\dot{A}}{1 + \dot{A}\dot{F}} \tag{4-5}$$

式（4-5）是分析各种负反馈放大电路增益的一般关系式，也叫闭环增益方程。由于负反馈放大电路各方面性能变化的程度都与 $|1 + \dot{A}\dot{F}|$ 有关，所以把 $|1 + \dot{A}\dot{F}|$ 称为反馈深度。

下面分 3 种情况对式（4-5）加以分析。

1）当 $|1 + \dot{A}\dot{F}| > 1$ 时，$|\dot{A}_f| < |\dot{A}|$，说明放大电路引入了负反馈，闭环放大倍数下降了。负反馈正是以牺牲放大倍数为代价来换取放大倍数的稳定、通频带展宽、非线性失真减小等一系列好处的，这些好处采用其他措施难以得到，而放大倍数的下降，却可以用增加放大电路的级数来弥补。

如果 $|1 + \dot{A}\dot{F}| \gg 1$，引入的反馈就称为深度负反馈。深度负反馈放大电路的放大倍数 $\dot{A}_f$ 为

$$\dot{A}_f \approx \frac{1}{\dot{F}} \tag{4-6}$$

上式说明，在深度负反馈条件下，反馈放大电路的放大倍数几乎与 $\dot{A}$ 无关，而仅仅取决

于反馈网络的反馈系数 $\dot{F}$ 。

2）若 $|1+\dot{A}\dot{F}|<1$，则 $|\dot{A}_f|>|\dot{A}|$ 。放大电路的放大倍数增大了，说明引入了正反馈。

3）若 $|1+\dot{A}\dot{F}|=0$，则 $|\dot{A}_f|\rightarrow\infty$ 。说明放大电路在没有输入信号时，也有信号输出，此时放大电路处于自激振荡状态。

3. 4 种类型的负反馈组态

以反馈信号的两种取样方式和两种不同的输入比较方式，可以构成 4 种类型的负反馈组态，即电压串联负反馈、电流并联负反馈、电压并联负反馈、电流串联负反馈，不同的反馈组态，其性能特点大不相同，每一种组态的负反馈电路，除具备稳定放大倍数、减小非线性失真、展宽频带等共同之处，还有其特殊性，故只有正确地识别反馈的组态，才能进一步掌握负反馈电路的特点，为今后在实际工作中正确选择负反馈电路或为根据需要引入负反馈打下基础。

反馈放大电路的判别依据，已在前面进行了介绍，下面将通过实例具体地介绍反馈组态识别的方法和步骤。一般可按下列 5 个步骤进行：①看有无反馈？②是直流反馈还是交流反馈？③是电压反馈还是电流反馈？④是串联反馈还是并联反馈？⑤是正反馈还是负反馈？综合以上 5 个步骤的分析，即可确定是何种组态的反馈电路，在此基础上可进一步分析其特点和用途。

（1）电压串联负反馈

在图 4-7 所示的电压串联负反馈放大电路中，由 R_1、R_f 构成输入、输出之间的反馈通路，存在反馈。在直流通路和交流通路中，均有该反馈存在，所以存在交、直流反馈。若将负载 R_L 短路，则 $u_o=0$，$u_f=0$，反馈不存在，所以是电压反馈。如果把输入回路反馈节点对地短路，输入信号仍能够加到基本放大电路中去，因而是串联反馈。用瞬时极性法判断这个电路的反馈极性，可知该电路为负反馈。综上分析，此电路引入了交、直流电压串联负反馈。

电压串联负反馈放大电路的特点是，由于是电压反馈，所以可以稳定输出电压，降低放大电路的输出电阻；由于是串联反馈，输入电阻相当于原输入电阻与反馈网络的等效电阻串联，所以输入电阻增大了。它是良好的电压放大电路。

（2）电流并联负反馈

在图 4-8 所示的电流并联负反馈放大电路中，由 R_f 构成输入、输出间的反馈通路，存在反馈。反馈通路能同时通过交流和直流信号，所以该反馈为交、直流反馈。当 $u_o=0$（R_L 短路）时，反馈信号依然存在，说明该反馈是电流反馈。由于输入信号与反馈信号均从运放反相输入端引入，所以是并联反馈。图中极性表明，该反馈为负反馈。因此，此电路为交、直流并存的电流并联负反馈放大电路。

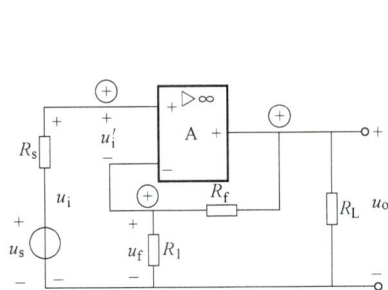

图 4-7 电压串联负反馈放大电路　　　　图 4-8 电流并联负反馈放大电路

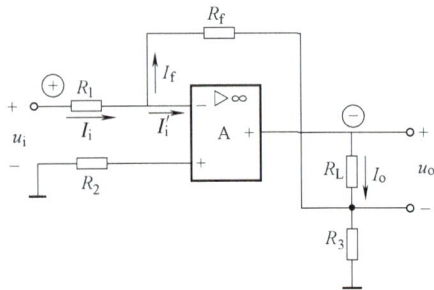

电流并联负反馈放大电路的特点是，由于是电流反馈，所以能稳定输出电流，其效果相当于提高了放大电路的输出电阻；由于是并联反馈，输入电阻相当于原输入电阻与反馈网络的等效电阻并联，所以输入电阻减小了。它是良好的电流放大电路。

（3）电流串联负反馈

在图 4-9 所示的电流串联负反馈放大电路中，由 R_f 构成输入、输出间的反馈通路，存在反馈。反馈通路能同时通过交流和直流信号，故该反馈为交、直流反馈。当 $u_o = 0$（R_L 短路）时，反馈信号依然存在，说明该反馈是电流反馈。由于输入信号与反馈信号从运放两个不同的输入端引入，所以是串联反馈。图中极性表明，该反馈为负反馈。因此，此电路为交、直流并存的电流串联负反馈放大电路。

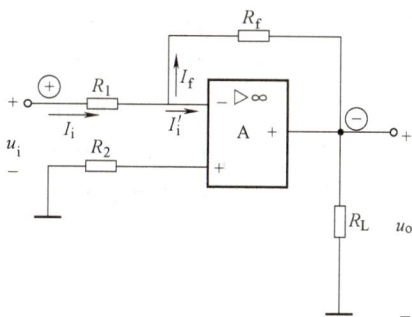

电流串联负反馈放大电路的特点是，由于是电流反馈，所以能稳定输出电流，提高输出电阻；由于是串联反馈，所以能提高输入电阻。它是良好的电压-电流变换电路。

（4）电压并联负反馈

电压并联负反馈放大电路如图 4-10 所示。由 R_f 构成输入输出间的反馈通路，R_f 是反馈元件，用瞬时极性法可判断 R_f 引入的是负反馈。假想负载 R_L 短路，输入、输出间就不存在反馈通路，反馈信号就消失，故为电压反馈。假设反馈节点对地短路，输入信号 u_i 就无法进入放大电路，因此是并联反馈。综上所述，此电路为交、直流并存的电压并联负反馈放大电路。

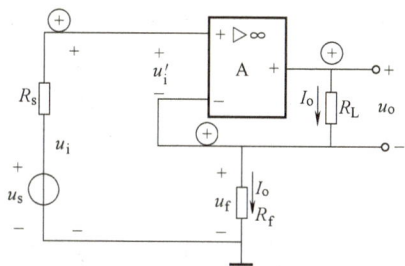

图 4-9　电流串联负反馈放大电路　　　　图 4-10　电压并联负反馈放大电路

电压并联负反馈放大电路的特点是，电压负反馈稳定输出电压，输出电阻小；并联负反馈降低了输入电阻。它是良好的电流-电压变换电路。

4.1.3　负反馈对放大电路性能的影响

通过以上 4 种反馈组态的具体分析可知，负反馈有稳定输出量和改变输入、输出电阻的特点。这为在实际工作中选用不同类型的负反馈创造了有利条件。负反馈的效果还不仅仅是这些，只要引入负反馈，不管它是什么组态，就都能稳定放大倍数、展宽通频带、减小非线性失真等。当然，这些性能的改善都是以降低放大倍数为代价的。

4.1.3　负反馈
对放大电路性
能的影响

1. 提高放大倍数的稳定性

为了分析方便，假设放大电路工作在中频范围，反馈网络为纯电阻，故 A、F 都为实数（后面类同），则闭环放大倍数可写成

$$A_f = \frac{A}{1+AF} \qquad (4\text{-}7)$$

为了说明放大倍数稳定性的提高程度，通常用放大倍数的相对变化量作为衡量指标。对式（4-7）求微分，可得

$$dA_f = \frac{(1+AF)\,dA - AF\,dA}{(1+AF)^2} = \frac{dA}{(1+AF)^2}$$

上式两边同时除以 A_f，得

$$\frac{dA_f}{A_f} = \frac{1}{1+AF}\frac{dA}{A} \qquad (4\text{-}8)$$

上式表明，引入负反馈后，放大倍数的相对变化量是未加负反馈时放大倍数相对变化量的 $1/(1+AF)$ 倍。可见反馈越深，放大电路的放大倍数越稳定。例如，$1+AF = 101$，$\dfrac{dA}{A} = \pm 10\%$，则 $\dfrac{dA_f}{A_f} = \dfrac{1}{101}(\pm 10\%) \approx \pm 0.1\%$，放大倍数的稳定性提高了 100 倍。

2. 减小非线性失真

由于放大电路采用非线性放大，当输入信号的幅度较大时，放大器件可能工作在特性曲线的非线性部分（如晶体管的输入特性），所以使输出波形失真。这种失真称为非线性失真。

假设正弦信号 x_i 经过开环放大电路 A 后，变成了正半周幅度大、负半周幅度小的输出波形，如图 4-11a 所示。这时引入负反馈，如图 4-11b 所示，并假定反馈网络是不会引起失真的纯电阻网络，则将得到正半周幅度大、负半周幅度小的反馈信号 x_f。净输入信号 $x_i' = x_i - x_f$，由此得到的净输入信号 x_i' 则是正半周幅度小、负半周幅度大的波形，即引入了失真（称预失真），经过基本放大电路放大后，就使输出波形趋于正弦波，减小了非线性失真。但是，输入信号本身所固有的失真，负反馈是无能为力的。

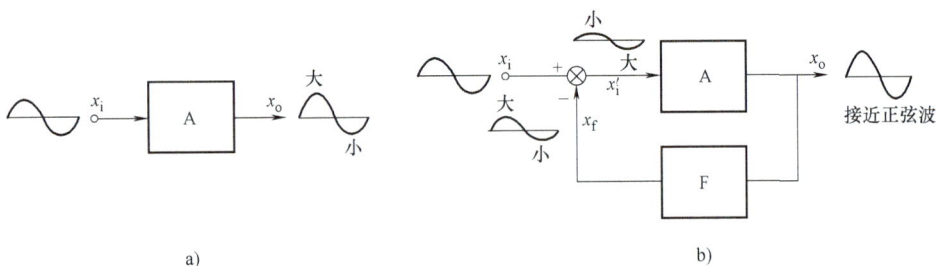

图 4-11　非线性失真的改善

a）无反馈时的信号波形　b）有负反馈后的信号波形

引入负反馈后也可以抑制电路内部的干扰和噪声，其原理与改善非线性失真相似。

3. 扩展频带

由于晶体管本身的某些参数随频率变化，电路中又总是存在一些电抗元器件，所以放大电路的放大倍数会随频率发生变化。无反馈放大电路的幅频特性如图 4-12 所示。可以看出，在中频区放大倍数 A 比较大，而在高频区和低频区放大倍数都随频率的升高和降低而减小。图中 f_H 为上限截止频率，f_L 为下限截止频率，其通频带 $f_{BW} = f_H - f_L$ 是比较窄的。

如果在放大电路中引入负反馈（以电压串联负反馈为例），那么在放大倍数大的中频区，

由于输出电压 u_o 大，所以反馈电压 u_f 也大，即反馈深，将使放大电路输入端的有效控制电压（即净输入电压）大幅度下降，从而使中频区放大倍数有比较明显的降低。而在放大倍数较低的高频区及低频区，由于输出电压小，所以反馈电压也小，即反馈弱。因此，使有效控制电压比中频区减小得少一些，这样，在高频区及低频区，放大倍数降低的就少，从而减小放大倍数随频率的变化，使幅频特性变得平坦，使上限截止频率升高，下限截止频率下降，通频带得以展宽，如图 4-12 所示。

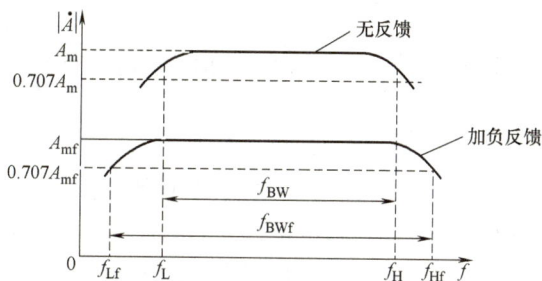

图 4-12 负反馈使通频带得以展宽

所以说，借助于负反馈的自动调节作用，幅频特性得以改善。其改善程度与反馈深度有关，$(1 + AF)$ 越大，负反馈越强，通频带越宽，不过中频区的放大倍数下降就越多。计算表明，引入负反馈后，可以使放大电路的闭环通频带展宽为开环时的 $(1 + AF)$ 倍，即

$$f_{BWf} \approx (1 + AF) f_{BW} \tag{4-9}$$

4. 负反馈引入法

负反馈能使放大电路的放大性能得到改善。在实际工作中，往往根据需要对放大电路的性能提出一些具体要求。例如，为了提高电子仪表的测量精度，要求电子仪表的输入级输入电阻要大；为了提高电子设备的带负载能力、稳定输出电压，要求输出级的输出电阻要小。这些都要根据需要引入合适的负反馈。又如，电子设备中常用的电子器件集成运放，它的开环增益很高（$10^3 \sim 10^7$，甚至更高）。即使已经对其输出采取调零措施，它的零漂也依然很严重，导致静态时输出电平不是处于正向饱和值，就是处于负向饱和值。因此，在开环情况下，运放根本无法用于线性放大电路。要想把运放作为线性器件使用，就必须引入负反馈。下面，在总结负反馈对放大性能的影响和各种反馈组态特点的基础上，首先提出引入负反馈的一般原则，然后通过具体的实例，说明引入负反馈的具体方法，最后总结引入负反馈的注意事项。

（1）为改善性能引入负反馈的一般原则

为改善放大电路性能引入负反馈的一般原则如下。

1）要稳定直流量（如静态工作点），应引入直流负反馈。

2）要改善放大电路的动态（交流）性能（如稳定放大倍数、展宽频带、减小非线性失真等），应引入交流负反馈。

3）要稳定输出电压，减小输出电阻，提高带负载能力，应引入电压负反馈；要稳定输出电流，提高输出电阻，应引入电流负反馈。

4）要提高输入电阻，应引入串联负反馈；要减小输入电阻，应引入并联负反馈。

5）为改善放大性能，应合理地选择负反馈的组态：

① 要得到一个电压控制的电压源，获得一个良好的电压放大电路，应选用电压串联负反馈。

② 要得到一个电流控制的电流源，获得一个良好的电流放大电路，应选用电流并联负反馈。

4.1.3 负反馈对放大电路性能的影响——负反馈引入法

③ 要得到一个电流控制的电压源，获得一个良好的电流-电压转换电路，应选用电压并联负反馈。

④ 要得到一个电压控制的电流源，获得一个良好的电压-电流转换电路，应选用电流串联负反馈。

（2）负反馈引入法例题分析

【例 4-1】 在图 4-13 所示的电路中，为了改善以下性能，应引入何种负反馈？将结果标在图上。①提高输入电阻；②降低输出电阻；③稳定输出电流；④稳定各级静态工作点。

解：为了保证引入负反馈，用瞬时极性法标出电路各处相应的瞬时极性，如图 4-13 所示。要提高输入电阻，应引入串联负反馈，要稳定输出电流，应引入电流负反馈。这样通过 R_{f1}，由晶体管 VT_3 的发射极 E_3 接到晶体管 VT_1 的发射极 E_1，可以看出，通过 R_{f1} 引入了电流串联负反馈，满足①、③两方面的要求。

要降低输出电阻，应引入电压负反馈，可由 VT_3 的集电极 C_3 通过 R_{f2} 接到 VT_1 的基极 B_1，引入电压并联负反馈，即可满足②降低输出电阻的要求。为了稳定静态工作点，以上两种负反馈都能满足要求，因为这两种负反馈中都包含直流反馈。如果只要求稳定静态工作点，而不要求改变动态性能，那么就可在 R_{E3} 上并接旁路电容 C_{E3}，然后通过 R_{f1} 引回到 E_1，此时只引入了直流负反馈。

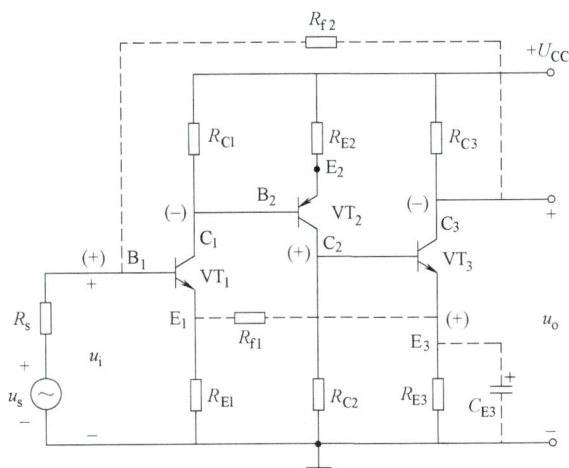

图 4-13　例 4-1 电路

【例 4-2】 电路如图 4-14 所示。1）要使 u_o 到 B_2 的反馈（通过 R_f）为电压串联负反馈，集成运放的两个输入端与集电极 C_1、C_2 应如何连接？2）若要引入电压并联负反馈，集成运放的两个输入端与集电极 C_1、C_2 又应如何连接？这时 R_f 应连接在何处？

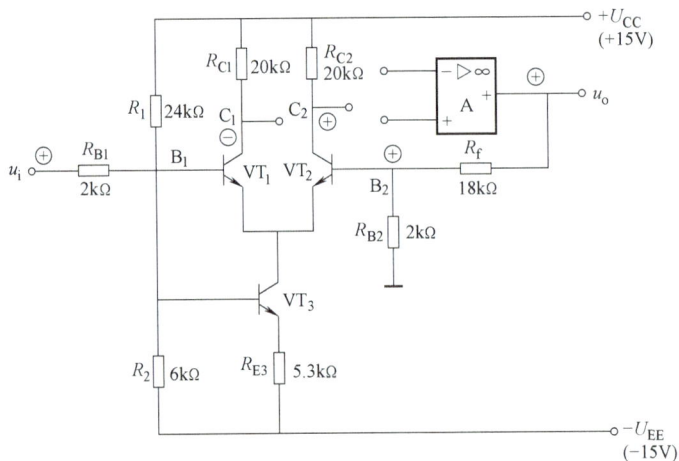

图 4-14　例 4-2 电路

解： 为了保证引入负反馈，用瞬时极性法标出电路各处相应的瞬时极性，如图 4-14 所示。

1）要引入电压串联负反馈，u_o 的瞬时极性必须为正，因此 C_2 接运放的同相输入端，C_1 接运放的反相输入端。

2）要引入电压并联负反馈，应通过 R_f 从输出端 u_o 接至 B_1，所以 u_o 的瞬时极性应为负，为此，C_1 接运放的同相输入端，C_2 接运放的反相输入端（R_f 的连接请读者自己画出）。

（3）引入负反馈应注意的问题

引入负反馈是改善放大性能的需要。由以上分析可知，要正确引入负反馈还应注意以下几点。

1）引入负反馈的前提是放大倍数要足够大，这是因为改善性能是以降低放大倍数为代价的。理想运放开环的放大倍数无穷大，有施加负反馈的先决条件。

2）性能的改善与反馈深度 $1+AF$ 有关，负反馈越深，放大性能越好。但反馈深度并不是越大越好，如果反馈太深，对于某些电路来说，在一些频率下就将产生附加相移，有可能使原来的负反馈变成正反馈，甚至会造成自激振荡，使放大电路无法进行正常放大，这就失去了改善放大性能的意义。

在实际工作中，通常为了获得一个性能良好的放大电路，往往先设计一个放大倍数很高的基本放大电路，然后再施加一个深度负反馈，从而使闭环放大倍数降低到规定的数值，使放大性能提高到所需的程度。

3）要确保引入负反馈。在电路方案确定后，同时要用瞬时极性法标注电路各处的瞬时极性，以便引入反馈后的极性满足负反馈的要求。

检查的方法是：当引入并联负反馈时，输入信号与反馈信号的瞬时极性相反；当引入串联负反馈时，输入信号与反馈信号的瞬时极性相同，这样引入的反馈才是负反馈。

4）为达到改善性能的目的，所引入的负反馈，可以是本级内部也可以是在两级或多级之间，应视需要灵活掌握。如果电路本身难以同时满足电压、电流、串联、并联反馈的要求，又要确保引入负反馈，那么在无特殊限制的情况下，可考虑增加级数，改变输入或输出方式等。

4.1.4　深度负反馈放大电路的分析

1. 深度负反馈的特点

在负反馈放大电路中，反馈深度 $1+AF \gg 1$ 时的反馈称为深度负反馈。一般在 $1+AF \geqslant 10$ 时，就可以认为是深度负反馈。此时，由于 $1+AF \approx AF$，所以有

$$A_f = \frac{A}{1+AF} \approx \frac{1}{F} \tag{4-10}$$

4.1.4　深度负反馈放大电路的分析

由上式得出：

1）负反馈的闭环增益 A_f 只由反馈系数 F 来决定，而与开环增益几乎无关。

2）外加输入信号近似等于反馈信号，由式（4-10）可知

$$\frac{X_o}{X_i} \approx \frac{X_o}{X_f}$$

则
$$X_i \approx X_f \tag{4-11}$$

这就是说，在深度负反馈条件下，若反馈信号 X_f 和外加输入信号 X_i 近似相等，则净输入信号

$X_i' \approx 0$。

对不同组态的负反馈放大电路，$X_i \approx X_f$ 中的 X_i 和 X_f 表示不同的电量。对于串联负反馈，在输入回路中反馈信号和输入信号以电压相减的形式出现，则 X_i 和 X_f 是电压，故应取输入电压与反馈电压近似相等，即 $u_i \approx u_f$，$u_i' \approx 0$；对于并联负反馈，在输入回路中反馈信号和输入信号以电流相减的形式出现，则 X_i 和 X_f 是电流，故应取输入电流与反馈电流近似相等，即 $i_i \approx i_f$，$i_i' \approx 0$。

2. 深度负反馈放大电路的参数估算

（1）电压串联负反馈电路

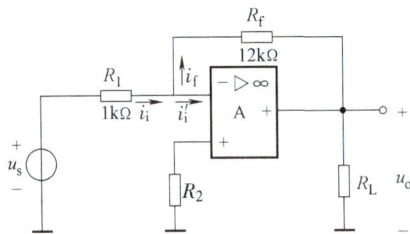

图 4-15 所示为电压串联负反馈电路，其输入量为 u_i，输出量为 u_o，反馈量为 u_f，净输入量为 u_i'。在深度负反馈条件下，根据 $X_i \approx X_f$，在输入回路中有 $u_i \approx u_f$，$u_i' \approx 0$，净输入电压 u_i' 就是运放的差模输入电压 u_{id}。

由于 $u_{id} \approx 0$，所以流入反相输入端的电流近似为零，则有

$$u_f \approx \frac{R_1}{R_1 + R_f} u_o$$

根据 $u_i \approx u_f$，可得

$$A_{uf} = \frac{u_o}{u_i} \approx 1 + \frac{R_f}{R_1}$$

（2）电压并联负反馈电路

图 4-16 所示为电压并联负反馈电路，其输入量为 i_i，反馈量为 i_f，净输入量为 i_i'。在深度负反馈条件下，根据 $X_i \approx X_f$，在输入回路有 $i_i \approx i_f$，$i_i' \approx 0$，故 $u_- \approx u_+ = 0$，则有

$$i_i \approx \frac{u_s}{R_1}$$

$$i_f \approx -\frac{u_o}{R_f}$$

所以电压放大倍数为

$$A_{uf} = \frac{u_o}{u_s} \approx -\frac{R_f}{R_1}$$

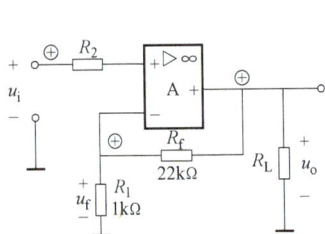

图 4-15　电压串联负反馈电路　　　　图 4-16　电压并联负反馈电路

（3）电流串联负反馈电路

图 4-17 所示为电流串联负反馈电路，由于 $u_i \approx u_f$，运放的差模输入电压 $u_{id} = u_i' \approx 0$，所以运放的输入电流近似为零，根据电路可得

$$u_f = \frac{R_2}{(R_1 + R_f) + R_2} I_o R_1$$

又知

$$I_o = \frac{u_o}{R_L}$$

故

$$A_{uf} = \frac{u_o}{u_i} = \frac{u_o}{u_f} = \frac{R_1 + R_f + R_2}{R_1 R_2} R_L$$

（4）电流并联负反馈电路

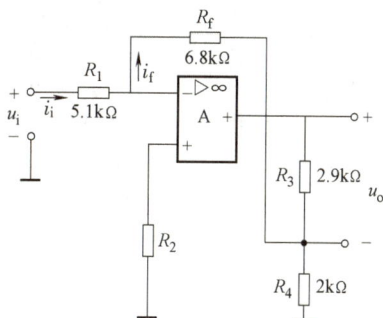

图 4-18 所示为电流并联负反馈电路，有 $i_i \approx i_f$。由于运放的输入电流（即净输入电流）近似为零，所以 $u_- \approx u_+ = 0$。则有

$$i_i = \frac{u_i}{R_1}$$

$$i_f = -\frac{u_o}{R_3} \frac{R_4}{R_4 + R_f}$$

所以

$$A_{uf} = \frac{u_o}{u_i} = -\frac{(R_4 + R_f) R_3}{R_1 R_4}$$

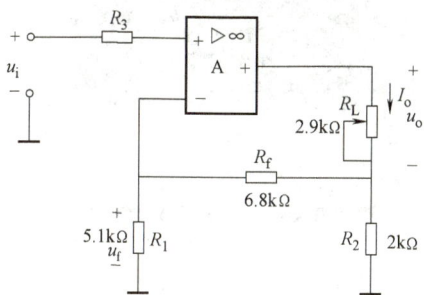

图 4-17　电流串联负反馈电路　　　　图 4-18　电流并联负反馈电路

上述 4 种反馈类型的计算是利用深度负反馈的特定关系（即输入量近似等于反馈量），再结合电工学知识估算出来的。这种方法比较简单，如果不满足深度负反馈的条件，就会引起较大误差。

仿 真 训 练

负反馈放大电路特性的研究

1. 仿真电路

图 4-19 为电压串联负反馈放大电路的仿真电路，图 4-20 为接 10kΩ 负载时电压串联负反馈电路的特性分析观测图。图 4-21 为电流串联负反馈放大电路的仿真电路，图 4-22 为接 10kΩ 负载时电流串联负反馈电路的特性分析观测图。

2. 仿真内容及要求

1）搭接电压串联负反馈放大电路。注意直流电源的极性，不要接错。

单元 4.1 仿真训练
负反馈放大电
路特性的研究

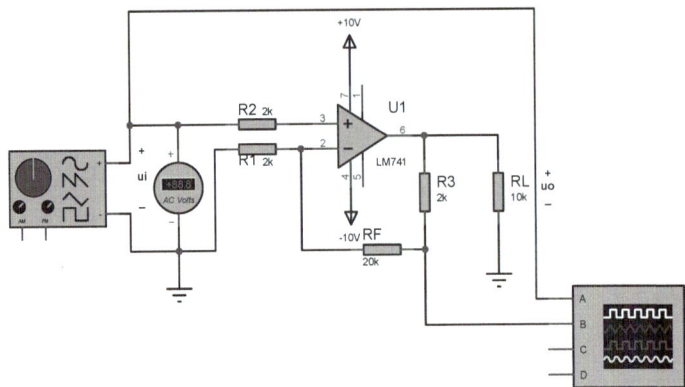

图 4-19　电压串联负反馈放大电路的仿真电路

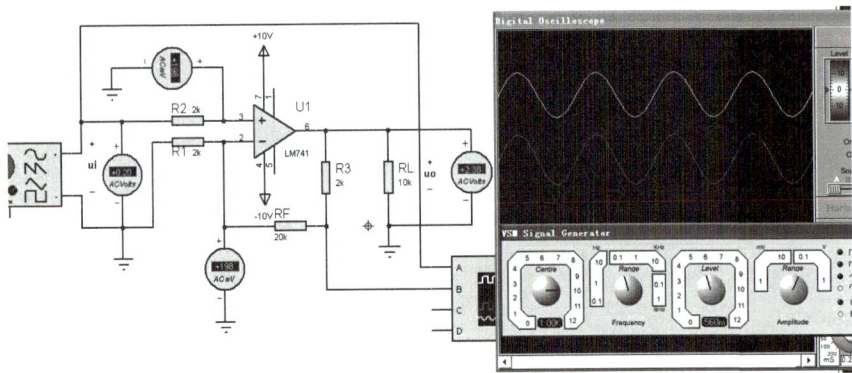

图 4-20　接 10kΩ 负载时电压串联负反馈电路的特性分析观测图

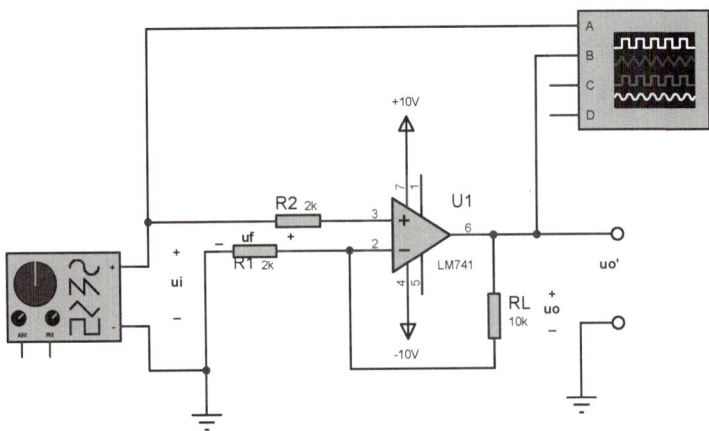

图 4-21　电流串联负反馈放大电路的仿真电路

优化调整电路结构和元器件参数。输入端接入交流正弦信号，用示波器观察输入、输出电压波形，注意它们的相位关系和频率。分别测出输入电压、输出电压、同相输入端电压和反相输入端电压的有效值，维持输入信号不变，断开负载，测出开路输出电压的有效值，根据测

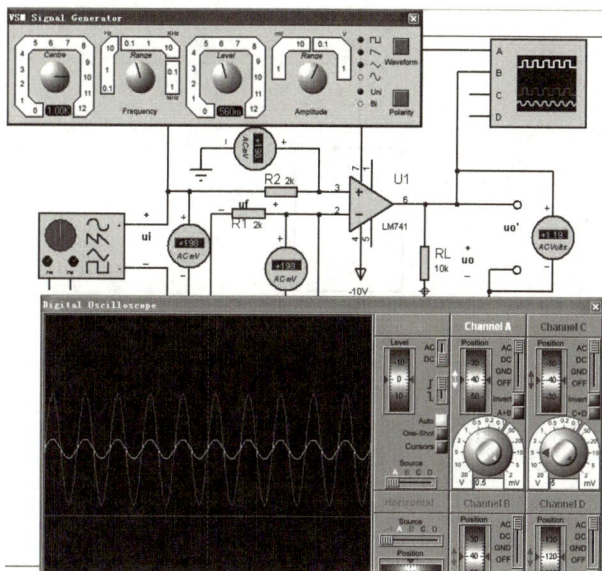

图 4-22　接 10kΩ 负载时电流串联负反馈电路的特性分析观测图

试结果计算电压放大倍数、输入电阻和输出电阻，并与理论值进行比较，总结电压串联负反馈放大电路的性能特点，进一步理解电压串联负反馈放大电路的特性。

2）搭接电流串联负反馈放大电路。注意直流电源的极性，不要接错。优化调整电路结构和元器件参数。输入端接入交流正弦信号，用示波器观察输入、输出端电压波形，注意它们的相位关系和频率。分别测出输入电压、输出端电压、同相输入端电压和反相输入端电压的有效值。维持输入信号不变，改变负载阻值，重复上述过程。根据测试结果计算电压放大倍数，并与理论值进行比较，总结电流串联负反馈放大电路的性能特点，进一步深刻理解电流串联负反馈放大电路的特性。

技 能 实 训

负反馈放大电路的装配与测试

1. 实训目的
1）进一步熟悉集成运算放大电路的应用，掌握其基本特性。
2）研究负反馈放大电路的特性，熟悉负反馈对放大电路特性的影响。
3）熟悉负反馈放大电路的测试方法。

2. 实训器材
1）仪器：双路直流稳压电源、信号发生器、示波器、交流毫伏表及万用表各一台。
2）元器件：集成运放 CF741 一只；阻值为 5.1kΩ、10kΩ、20kΩ 的电阻各一只；阻值为 2kΩ 的电阻三只；面包板一块；导线若干。

3. 实训内容及要求
（1）电压串联负反馈放大电路的特性分析
1）按图 4-23 所示的电压串联负反馈放大电路接线，检查接线无误后，接通正、负电源电

单元 4.1 技能实训
负反馈放大电路
的装配与测试

压±10V。

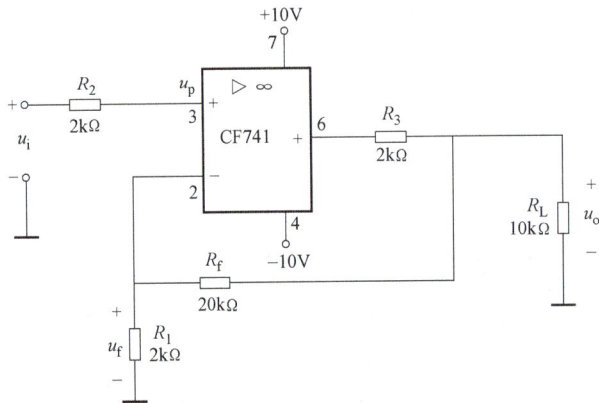

图 4-23 电压串联负反馈放大电路

2）将输入端 u_i 接入频率为 1kHz、有效值为 0.2V 的正弦信号，用示波器观察输入电压 u_i 及输出电压 u_o 是否为同频率的正弦波。

3）用交流毫伏表分别测出 u_i、u_p、u_f、u_o 的有效值，并记录于表 4-1 中；维持输入电压 u_i 不变，断开 R_L，测出开路输出电压 u_{ot} 的有效值，也记于表 4-1 中。

表 4-1 电压串联负反馈特性

内容	U_i/V	U_p/V	U_f/V	U_o/V	U_{ot}/V	A_{uf}	R_{if}/Ω	R_{of}/Ω
测量值								
理论值								

4）按表 4-1 中的测试结果，求出 A_{uf}、R_{if}、R_{of}，并与理论值进行比较，总结出电压串联负反馈放大电路的性能特点。

（2）电流串联负反馈放大电路的特性分析

1）按图 4-24 所示的电流串联负反馈放大电路接线，检查接线无误后，接通正、负电源电压±10V。

2）将输入端 u_i 接入频率为 1kHz、有效值为 0.2V 的正弦信号，用示波器观察 u_i、u_o' 波形是否为同频率的正弦波。

3）用交流毫伏表分别测出 u_i、u_p、u_f、u_o' 的有效值，并记录于表 4-2 中。

4）将 R_L 改接为 5.1kΩ 和 2kΩ，维持输入信号不变，分别测出 u_i、u_p、u_f、u_o' 的有效值，记录于表 4-2 中。

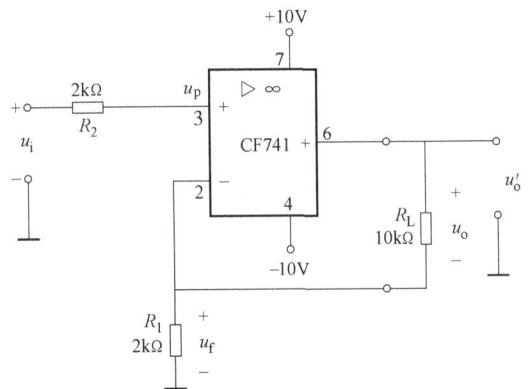

图 4-24 电流串联负反馈放大电路

表 4-2　电流串联负反馈特性

内容		U_i/V	U_P/V	U_f/V	U_o'/V	$U_o=(U_o'-U_f)/V$
$R_L/k\Omega$	10					
	5.1					
	2					

5）根据测试结果，求出 $A_{uf}=U_o/U_i$，并与理论值进行比较。

4. 实训报告要求

1）填写训练目的、测试电路及内容和仪器的型号。

2）对测试数据进行整理，根据测试结果总结电压串联、电流串联负反馈放大电路的性能特点。

单元 4.2　有源滤波及高精度整流电路的分析

知 识 准 备

4.2.1　有源滤波电路的分析

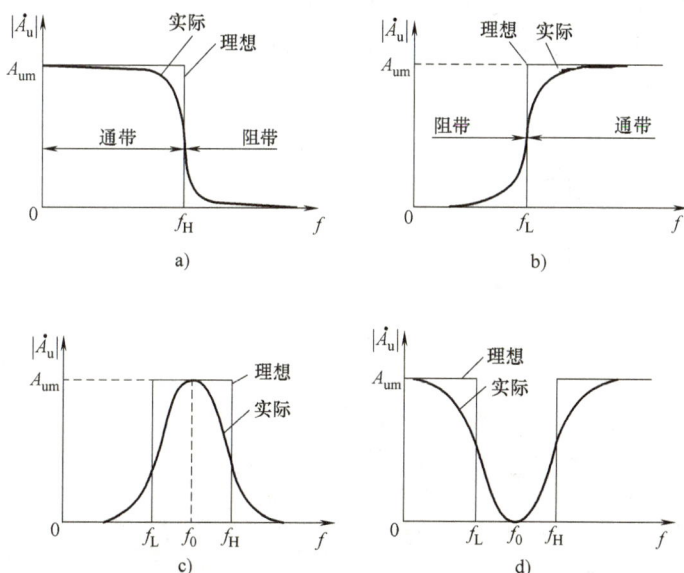

所谓滤波，就是保留信号中所需频段的成分，抑制其他频段信号的过程。根据输出信号中所保留的频段的不同，可将滤波分为低通滤波、高通滤波、带通滤波、带阻滤波 4 类。它们的幅频特性如图 4-25 所示，被保留的频段称为通带，被抑制的频段称为阻带。滤波电路的理想特性是：使通

4.2.1　有源滤波电路的分析

图 4-25　滤波电路的幅频特性
a）低通滤波　b）高通滤波　c）带通滤波　d）带阻滤波

带范围内的信号无衰减地通过，在阻带范围内无信号输出；通带与阻带之间的过渡带为零。

图 4-26 所示为 RC 无源滤波电路。在图 4-26a 电路中，电容 C 上的电压为输出电压，对输入信号中的高频信号，电容的容抗 X_C 很小，则输出电压中的高频信号幅值很小，受到抑制，此为低通滤波电路。在图 4-26b 中，电阻 R 上的电压为输出电压，由于高频时容抗很小，所以高频信号能顺利通过，而低频信号被抑制，此为高通滤波电路。其幅频特性如图 4-25a、b 所示。

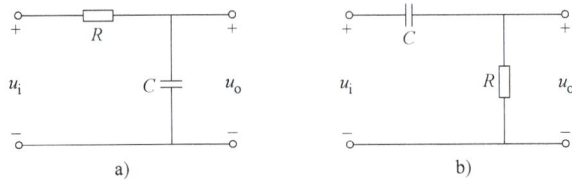

图 4-26　RC 无源滤波电路
a）低通滤波电路　b）高通滤波电路

无源滤波电路结构简单，但有以下缺点：

1）由于 R 及 C 上有信号压降，所以使输出信号幅值下降。

2）带负载能力差，当 R_L 变化时，输出信号的幅值将随之改变，滤波特性也随之变化。

3）过渡带较宽，幅频特性不理想。

为了克服无源滤波电路的缺点，可将 RC 无源滤波电路接到集成运放的同相输入端。因为集成运放为有源元器件，所以称这种电路为有源滤波电路。

1. 低通滤波电路

图 4-27a 所示为一阶有源低通滤波器，RC 低通滤波电路接在运放的同相输入端，负载 R_L 接到输出端。此电路不但可保持 RC 滤波电路的滤波特性（幅频特性），而且可提供一定的信号增益。另外，电路还将负载 R_L 与 RC 滤波电路隔离，所以当 R_L 变化时，不会因为 R_L 变化而影响其幅频特性与通频带。其幅频特性如图 4-27b 所示。

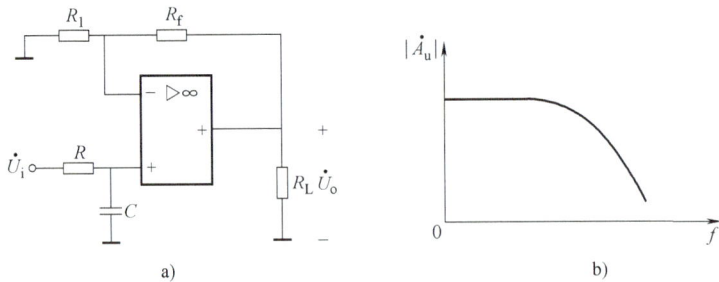

图 4-27　一阶有源低通滤波器
a）电路　b）幅频特性

由图 4-27a 可知

$$\dot{U}_+ = \frac{\dfrac{1}{\mathrm{j}\omega C}}{R + \dfrac{1}{\mathrm{j}\omega C}}\dot{U}_i = \frac{1}{1 + \mathrm{j}\omega RC}\dot{U}_i$$

$$\dot{U}_- = \frac{R_1}{R_1+R_f}\dot{U}_o$$

因为

$$\dot{U}_+ = \dot{U}_-$$

所以

$$\frac{1}{1+j\omega RC}\dot{U}_i = \frac{R_1}{R_1+R_f}\dot{U}_o$$

则

$$\dot{A}_u = \frac{\dot{U}_o}{\dot{U}_i} = \left(1+\frac{R_f}{R_1}\right)\frac{1}{1+j\omega RC} \tag{4-12}$$

由上式可看出，输入信号频率越高，相应的输出信号越小，而低频信号则可得到有效的放大，故称为低通滤波器。

2. 高通滤波电路

图 4-28a 所示为一阶有源高通滤波器。它的幅频特性如图 4-28b 所示。

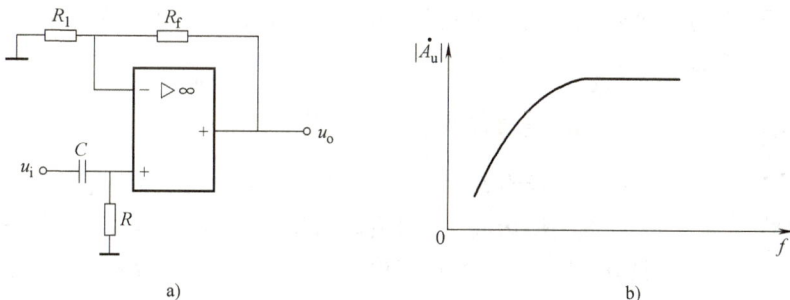

图 4-28　一阶有源高通滤波器

a）电路　b）幅频特性

由图 4-28a 可知

$$\dot{U}_+ = \frac{R}{R+\dfrac{1}{j\omega C}}\dot{U}_i$$

$$\dot{U}_- = \frac{R_1}{R_1+R_f}\dot{U}_o$$

因为

$$\dot{U}_+ = \dot{U}_-$$

所以

$$\frac{R}{R+\dfrac{1}{j\omega C}}\dot{U}_i = \frac{R_1}{R_1+R_f}\dot{U}_o$$

则

$$\dot{A}_u = \frac{\dot{U}_o}{\dot{U}_i} = \left(1+\frac{R_f}{R_1}\right)\frac{1}{1-j\dfrac{1}{\omega RC}} \tag{4-13}$$

由于电容 C 的容抗随着频率的升高而减小，所以这个电路的电压放大倍数 $\dot{A}_u$ 会随着频率的升高而增大，即低频信号被阻隔，而高频信号容易通过，故称为有源高通滤波器。

3. 带通滤波电路和带阻滤波电路

带通滤波器的理想幅频特性如图 4-25c 所示,它表明,频率在 $f_L<f<f_H$ 范围内的信号可以通过,而在该范围外的信号则被阻断。带阻滤波器的幅频特性如图 4-25d 所示,它表明,频率在 $f_L<f<f_H$ 范围内的信号被阻断,而在该频率范围之外的信号都能通过。

把带通滤波器的幅频特性与高通和低通滤波器的幅频特性相比,不难看出,如果低通滤波器的上限截止频率 f_H 高于高通滤波器的下限截止频率 f_L,把这样的低通与高通滤波器"串接"起来,就可组成带通滤波器。此时,在低频时,整个滤波器的幅频特性取决于高通滤波器;而在高频时,整个滤波器的幅频特性取决于低频滤波器。当然,这样组成的带通滤波器,其通频带较宽,上、下限截止频率易于调节,缺点是元器件较多。

带阻滤波器可以由高通滤波器和低通滤波器"并联"组成,在低通滤波器上限截止频率 f_H 小于高通滤波器下限截止频率 f_L 的条件下,就可组成带阻滤波器。之所以必须并联,是因为在低频时,只有低通滤波器起作用,而高通滤波器不起作用,在频率较高而低通滤波器不起作用后,仍需要高通滤波器起作用。但是,将有源滤波器并联比较困难,电路元器件也较多。因此,常用无源的低通滤波器和高通滤波电路并联,组成无源带阻滤波电路,再将它与集成运放组合成有源带阻滤波器。

4.2.2 精密差分测量放大电路

图 4-29 所示为测量温度的差分测量放大电路,它由高阻型集成运放 A_1、A_2 和低失调运放 A_3 组成。由于 A_1、A_2 各自组成同相输入的电压串联负反馈电路,故具有较高输入阻抗,A_3 组成后级差分放大电路。

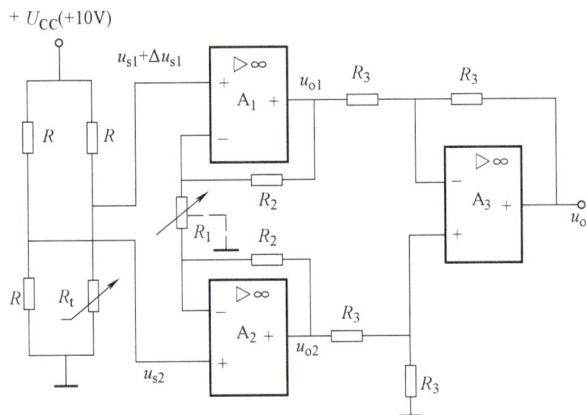

图 4-29　差分测量放大电路

由于 A_1、A_2 组成对称的差分式放大电路,因此,可把 R_1 的中点看成零电位,相当于虚地。这样 A_1、A_2 各自构成了同相比例放大电路。故其输出为

$$u_{o1}=\left(1+\frac{R_2}{R_1/2}\right)u_{s1}$$

$$u_{o2}=\left(1+\frac{R_2}{R_1/2}\right)u_{s2}$$

第二级 A_3 组成差分放大电路,由于外接电阻均相同为 R_3,则

$$u_o = (u_{o2} - u_{o1}) \frac{R_3}{R_3} = (u_{s2} - u_{s1}) \left(1 + \frac{2R_2}{R_1}\right) \tag{4-14}$$

因此，电压放大倍数为

$$A_u = \frac{u_o}{u_{s2} - u_{s1}} = 1 + \frac{2R_2}{R_1} \tag{4-15}$$

调节 R_1 可改变电路的放大倍数。为了减小误差，要求采用精密电阻。

测量温度的电路，由电阻温度变换器 R_t 和 R 组成测量桥路。当电桥平衡时，$u_{s1} = u_{s2}$，相当于共模信号，故输出 $u_o = 0$。这表明测量放大电路对共模信号有较高的共模抑制比和较小的温漂。若测量桥臂 R_t 感受到温度变化，则产生与 ΔR_t 相应的微小信号变化 Δu_{s1}，这相当于差模信号，能有效地进行放大。

由于测量放大电路具有较高精度和良好性能，在微弱信号检测中得到广泛应用。

4.2.3　高精度整流电路

在电子仪表中显示交流电压，需要将交流信号变换成直流量，再推动表头或数字显示系统工作。将交流转变成直流，一般采用二极管整流电路。但由于二极管死区电压的存在，使得电子仪表在输入信号小于二极管死区电压的情况下，无法实现整流。即使交流电压大于二极管的死区电压，二极管的非线性也会使输出端的直流电压与输入端的交流电压不成线性关系，信号越小，由非线性产生的误差越大，从而降低了电子仪表的测量精度。采用集成运放和二极管组成的电路，就可以把微弱的交流电转换成单向脉动电，把这样的电路称为高精度整流电路，也称为线性整流电路或精密整流电路。

1. 高精度半波整流电路

高精度半波整流电路图如图 4-30a 所示。由图 4-30a 可知，当 u_i 为正半周时，u_o' 为负值，由于集成运放的反相端为"虚地"点，VD_1 导通，VD_2 截止，R_f 中无电流流过，则 $u_o = 0V$。当 u_i 为负半周时，u_o' 为正值，VD_1 截止，VD_2 导通。不难得出

$$u_o = -\frac{R_f}{R_1} u_i \tag{4-16}$$

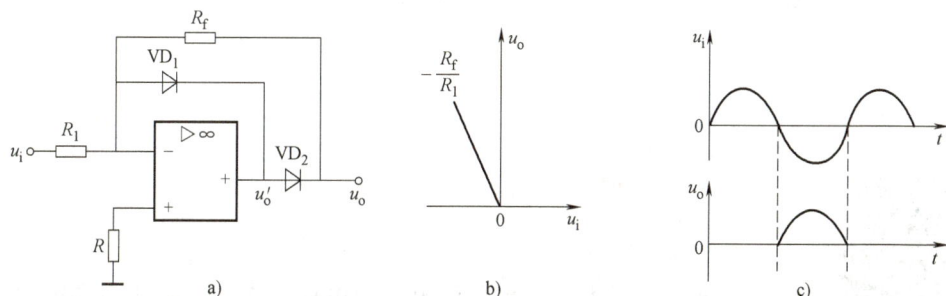

图 4-30　高精度半波整流电路

a）电路图　b）传输特性曲线　c）输入和输出波形

式（4-16）表明，集成运放的输出电压与二极管的阈值电压无关，而与输入电压成比例

关系。电压传输特性曲线是通过原点且斜率为 $-\dfrac{R_f}{R_1}$ 的一条直线，如图 4-30b 所示。输入和输出波形如图 4-30c 所示。若 $R_f = R_1$，则

$$u_o = -u_i$$

由此可知，该电路只在负半周得到线性整流，故称该电路为高精度半波整流电路。

2. 高精度全波整流电路

在高精度半波线性整流电路的基础上，加上一级加法器，就可组成高精度全波整流电路，如图 4-31a 所示。其输出电压为

$$u_o = -\left(\frac{2R}{2R}u_i + \frac{2R}{R}u_{o1}\right) = -(u_i + 2u_{o1}) \tag{4-17}$$

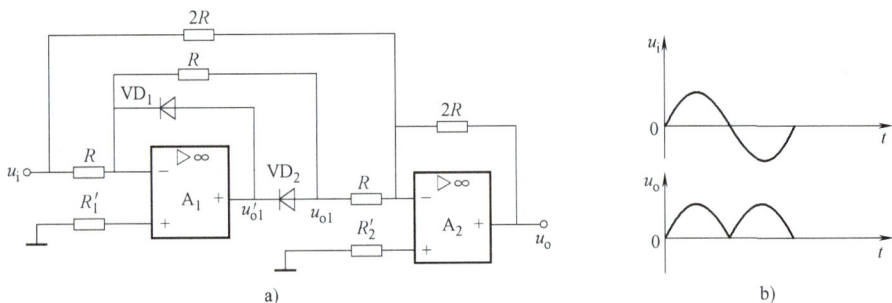

图 4-31 高精度全波整流电路
a）电路图 b）输入和输出波形

当输入信号 u_i 为正半周时，A_1 的输出 u'_{o1} 为负，VD_2 导通，VD_1 截止，$u_{o1} = -\dfrac{R}{R}u_i = -u_i$，代入式（4-17）中，得

$$u_o = -(u_i + 2u_{o1}) = -(u_i - 2u_i) = u_i$$

当 u_i 为负半周时，A_1 的输出 u'_{o1} 为正值，VD_2 截止，VD_1 导通，$u_{o1} = 0$，代入式（4-17）中，得

$$u_o = -u_i$$

全波线性整流电路的输入和输出波形如图 4-31b 所示。

仿 真 训 练

单元 4.2 仿真训练
电子仪表中高精度整流电路的应用

电子仪表中高精度整流电路的应用

1. 仿真电路

图 4-32 为高精度半波整流电路的仿真电路，图 4-33 为高精度半波整流电路的观测图。图 4-34 为高精度全波整流电路的仿真电路，图 4-35 为高精度全波整流电路的观测图。

2. 仿真内容及要求

1）搭接高精度半波整流电路。注意直流电源的极性，不要接错。优

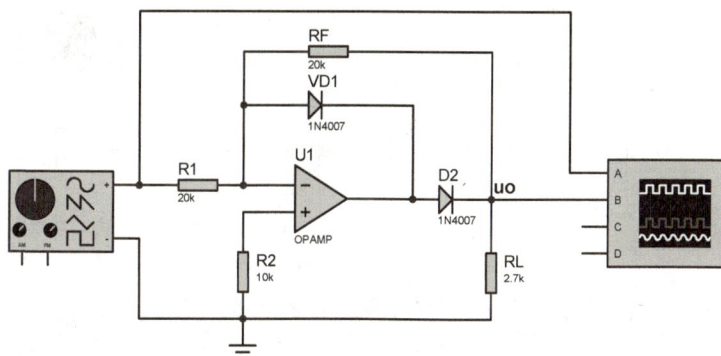

图 4-32 高精度半波整流电路的仿真电路

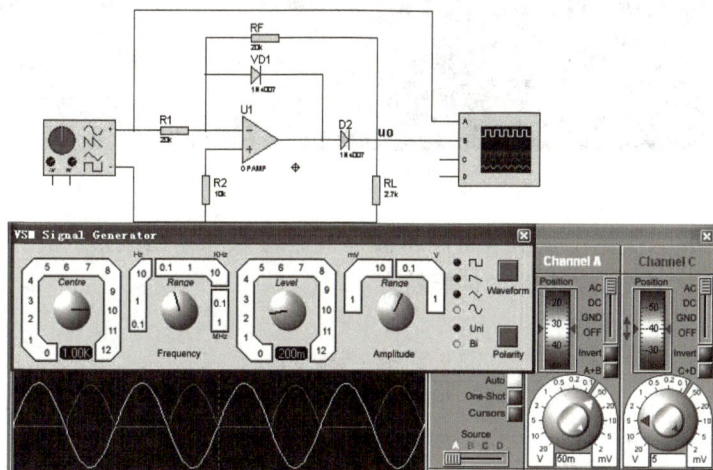

图 4-33 高精度半波整流电路的观测图

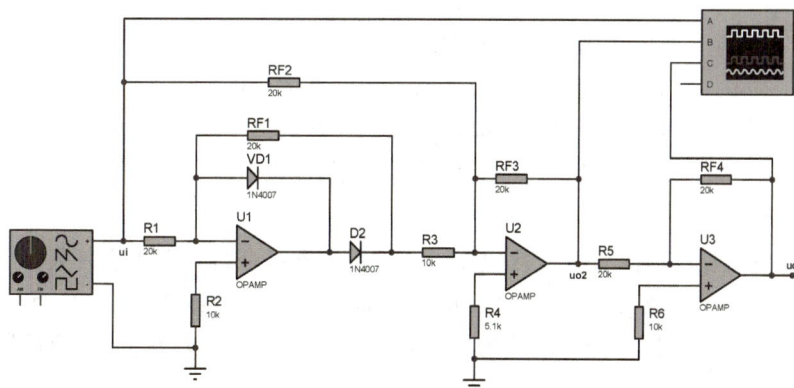

图 4-34 高精度全波整流电路的仿真电路

化调整电路结构和元器件参数。输入端接入交流正弦信号，用示波器观察输入和输出波形，并记录。通过分析输入和输出波形，总结半波整流电路的性能特点。

2）搭接高精度全波整流电路。注意直流电源的极性，不要接错。优化调整电路结构和元

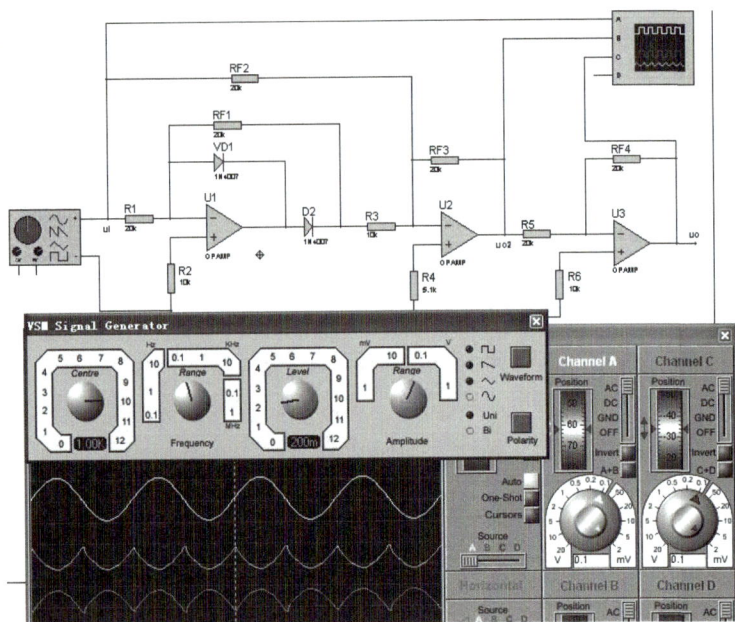

图 4-35 高精度全波整流电路的观测图

器件参数。输入端接入交流正弦信号，用示波器观察输入和输出波形，并记录。通过分析输入和输出波形，总结全波整流电路的性能特点。

技 能 实 训

精密整流器的安装与调试

单元 4.2 技能实训
精密整流器的
安装与调试

1. 实训目的

1) 掌握电子电路布线、安装等基本技能。

2) 熟悉精密整流器的电路构成和特点。

3) 掌握精密整流器的工作原理和分析方法。

4) 掌握对简单电路故障的排除方法，培养独立解决问题的能力。

5) 熟悉常用电子仪器的使用方法和技巧。

2. 实训器材

1) 仪器：直流稳压电源、信号发生器、双踪示波器各一台；万用表一只。

2) 元器件：集成运放 μA741 三只；4007 二极管两只；阻值为 2.7kΩ、5.1kΩ 的电阻各一只，阻值为 10kΩ 的电阻 3 只，阻值为 20kΩ 的电阻 6 只；面包板一块；连接导线若干。

3. 实训内容及要求

（1）半波整流电路性能测试

按图 4-36 所示搭接半波整流电路。$R_1 = R_f = 20\text{k}\Omega$，$R_2 = 10\text{k}\Omega$，$VD_1$、$VD_2$ 为开关管，输入信号 u_i 为幅度 200mV、频率 1000Hz 的正弦波。用双踪示波器观察输入、输出波形，并记录。

（2）全波整流电路性能测试

1) 按图 4-37 所示搭接全波整流电路。$R_{f2} = R_{f3} = 20\text{k}\Omega$，$R_3 = R_6 = 10\text{k}\Omega$，$R_5 = R_{f4} = 20\text{k}\Omega$，

其他参数如图 4-36 所示，输入信号 u_i 为幅度 200mV、频率 1000Hz 的正弦波。用双踪示波器观察 u_i、u_o'、u_o 的波形，并记录。

2）分别在全波整流器输入端加 -2V、+2V 的直流电压，观察并测量输出电压 u_o。

4. 实训报告要求

整理输入输出波形，总结实训经验及心得。

1）填写训练目的、测试电路及内容和仪器的型号。

2）整理半波整流、全波整流电路测试数据，分析测试结果及产生误差的原因。

3）在坐标纸上画出半波整流、全波整流电路的输入和输出电压波形，并进行分析。

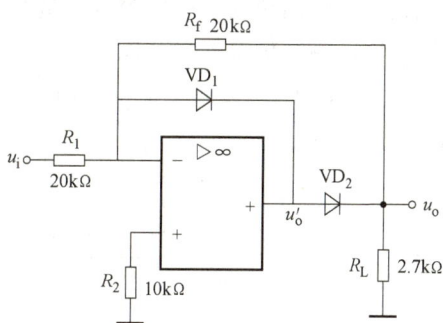

图 4-36　半波整流电路

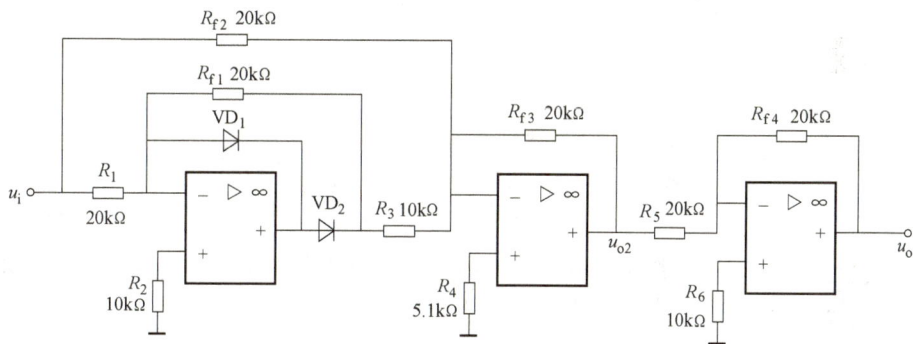

图 4-37　全波整流电路

单元 4.3　电压比较器的分析

知 识 准 备

电压比较器用来比较两个输入电压的大小，据此决定其输出是高电平还是低电平。由于比较器的输出只能是高电平或低电平两种状态，即可看作是数字量 1 或 0，所以可以认为比较器是模拟电路和数字电路的接口电路。电压比较器的主要用途是进行电平检测，它广泛地应用于自动控制和自动测量等技术领域，并用于实现 A/D 转换、组成数字仪表和各种非正弦信号的产生及变换电路等。电压比较器是集成运放非线性应用的典型电路，它可分为简单的电压比较器和迟滞电压比较器两类。

4.3.1　简单的电压比较器

4.3.1　简单的电压比较器

电压比较器的基本功能是比较两个或多个模拟量的大小，并由输出端的高、低电平来表示比较结果。简单的电压比较器的基本电路如图 4-38a 所示，集成运放处于开环状态，工作在非线性区，输入信号 u_i 加在反相端，参考电压 U_{REF} 接在同相端。当 $u_i > U_{REF}$（即 $u_- > u_+$）时，$u_o = -U_{om}$；当 $u_i < U_{REF}$（即 $u_- < u_+$）时，$u_o = +U_{om}$。传输特性如图 4-38b 所示。

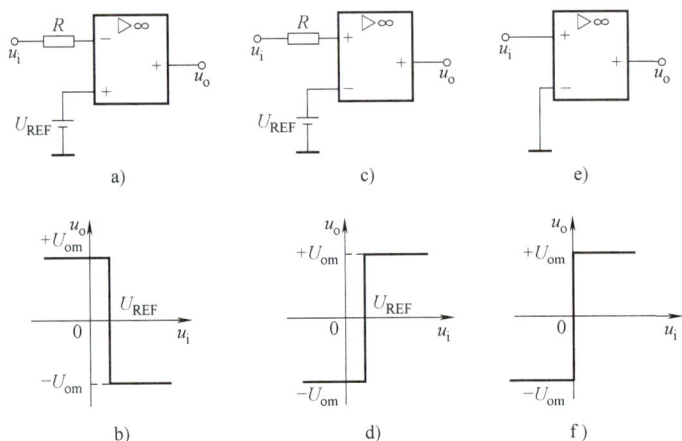

图 4-38　简单的电压比较器

a）基本电路图　b）a 图的传输特性　c）将 a 图 u_i 与 U_{REF} 调换

d）c 图的传输特性　e）过零电压比较器　f）e 图的特性曲线

4.3.1　简单的电压比较器——过零电压比较器

若希望当 $u_i > U_{REF}$ 时，$u_o = +U_{om}$，则只需将 u_i 与 U_{REF} 调换即可，如图 4-38c 所示，其传输特性如图 4-38d 所示。

由图 4-38b、d 可知，当输入电压 u_i 的变化经过 U_{REF} 时，输出电压发生翻转。把比较器的输出电压从一个电平翻转到另一个电平时对应的输入电压值称为阈值电压或门限电压，用 U_{TH} 表示。

当 $U_{REF} = 0$ 时，则输入电压 u_i 每次过零时，输出电压就会发生跳变，这种比较器称为过零电压比较器，如图 4-38e 所示，特性曲线如图 4-38f 所示。

比较器在越限报警中有着广泛的应用。例如，当压力、温度、液位等超过某一规定值时需要报警，就可用比较器实现。将需要报警的物理量转换成电压，将规定值相应的电压作为门限电平，将现场检测到的电压作为输入信号 u_i。当 u_i 低于规定值时，比较器输出为一个状态；当 u_i 超过规定值时，比较器输出翻转到另一状态，发出报警。比较器也可用于波形转换。例如，图 4-38e 所示的过零电压比较器 u_i 是图 4-39 所示的正弦波信号，则 u_i 每过零一次，输出状态就要翻转一次，由此可将正弦波转化为方波。过零电压比较器的波形转换作用如图 4-39 所示。

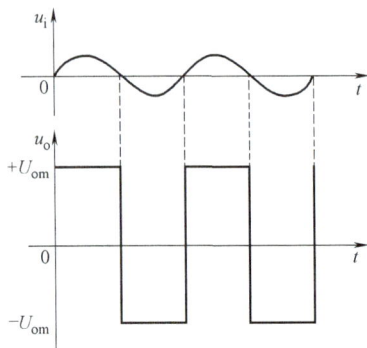

图 4-39　过零电压比较器的波形转换作用

4.3.2　迟滞电压比较器

简单的电压比较器（单门限电压比较器）有电路简单、灵敏度高等特点，但其抗干扰能力差。例如，在图 4-38e 所示的过零电压比较器电路中，当 u_i 中含有噪声或干扰电压时，其输入和输出电压波形受外界干扰的影响如图 4-40 所示。由于在 $u_i = 0$ 附近出现干扰，u_o 将时而为 U_{om}，时而为 $-U_{om}$，所以导致比较器输出不稳定。如果用这个输出电压 u_o 控制电动机，就将出现电动机频繁起停的现象，这种情况是决不允许的。提高抗干扰能力的一种方案是采用迟滞电压比较器。

迟滞电压比较器是一个具有迟滞回环特性的比较器，它是在反相输入单门限电压比较器的基础上引入了正反馈网络。图 4-41a 为迟滞电压比较器电路，输入信号通过平衡电阻 R_1 接到反相端，基准电压 U_{REF} 通过 R_2 接到同相输入端，同时输出电压 u_o 通过 R_f 接到同相输入端，构成正反馈。由于集成运放工作于非线性状态，所以它的输出只可能有两种状态，即正向饱和电压 $+U_{om}$ 和负向饱和电压 $-U_{om}$。由图 4-41a 可知，集成运放的同相端电压 u_+ 是由输出电压和参考电压共同作用叠加而成，因此集成运放的同相端电压 u_+ 也有两个。

当输出为正向饱和电压 $+U_{om}$ 时，将集成运放的同相端电压称为上门限电平，用 U_{TH1} 表示，则有

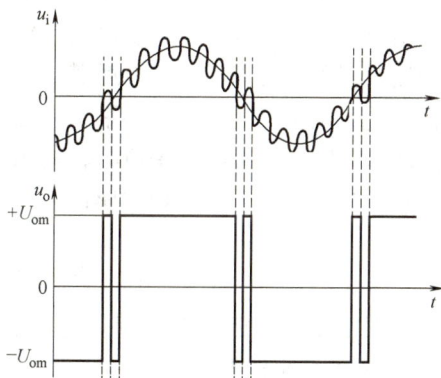

图 4-40　输入和输出电压波形
受外界干扰的影响

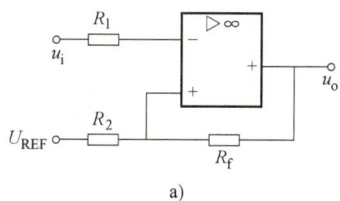

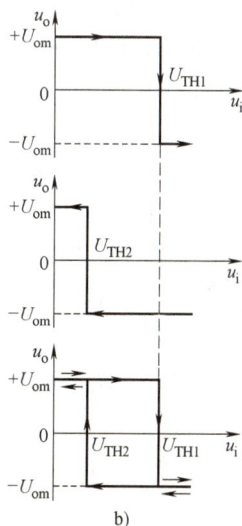

a)

b)

图 4-41　迟滞电压比较器

a）电路图　b）传输特性

$$U_{TH1} = u_+ = U_{REF}\frac{R_f}{R_2 + R_f} + U_{om}\frac{R_2}{R_2 + R_f} \tag{4-18}$$

当输出为负向饱和电压$-U_{om}$时，将集成运放的同相端电压称为下门限电平，用U_{TH2}表示，则有

$$U_{TH2} = u_+ = U_{REF}\frac{R_f}{R_2+R_f} - U_{om}\frac{R_2}{R_2+R_f} \qquad (4\text{-}19)$$

迟滞比较器的传输特性如图4-41b所示。当输入信号u_i从零开始增加时，电路输出为正饱和电压$+U_{om}$，此时集成运放同相端对地电压为U_{TH1}；当u_i逐渐增加到刚超过U_{TH1}时，电路翻转，输出变为负向饱和电压$-U_{om}$，这时，同相端对地电压变为U_{TH2}；当u_i继续增大时，输出保持$-U_{om}$不变。

若u_i从最大值开始下降，当下降到上门限电压U_{TH1}时，输出并不翻转，只有下降到略小于下门限电压U_{TH2}时，电路才发生翻转，输出变为正向饱和电压$+U_{om}$。

由以上分析可以看出，该比较器的传输特性曲线与磁滞回线类似，因此人们将具有正反馈的比较器称为迟滞比较器。迟滞比较器的特点是，当输入信号变化通过此时的门限电平时，使输出电压发生翻转，门限电平也随之变换到另一个门限电平。当输入电压反向变化通过刚才翻转这一瞬间的门限电平值时，输出不发生翻转，而要待u_i再继续变化到达并通过另一门限电平时，才能翻转，出现转换迟滞。这两个门限电平之差为

$$\Delta U_{TH} = U_{TH1} - U_{TH2} = 2U_{om}\frac{R_2}{R_2+R_f} \qquad (4\text{-}20)$$

称为迟滞回差电压或迟滞宽度。此宽度可以通过调节R_2和R_f的值来改变。

不难看出，当输出一旦翻转时，输入电压如果受干扰发生波动，那么只要波动值小于迟滞电压，输出就将是稳定的。可见，迟滞比较器具有较强的抗干扰能力。对图4-40所示的输入波形来说，取合适的上、下门限电平就可以避免干扰信号过零响应。例如图4-42所示的迟滞比较器的输入和输出波形，在t_1时刻，$u_i > U_{TH1}$，输出翻转为低电压，此时门限电压已下降为U_{TH2}，虽然在t_1以后的t_2、t_3等时刻，$u_i < U_{TH1}$，但是由于门限电平不是U_{TH1}，输出不能翻转，稳定在低电平，只有在t_4时刻，$u_i < U_{TH2}$，输出才翻转为高电平。虽然在t_4以后的t_5时刻$u_i > U_{TH2}$，但由于这时的门限电压已上升为U_{TH1}，所以输出仍稳定在高电平。输出方波的周期与正弦波周期一致，排除了外界干扰。

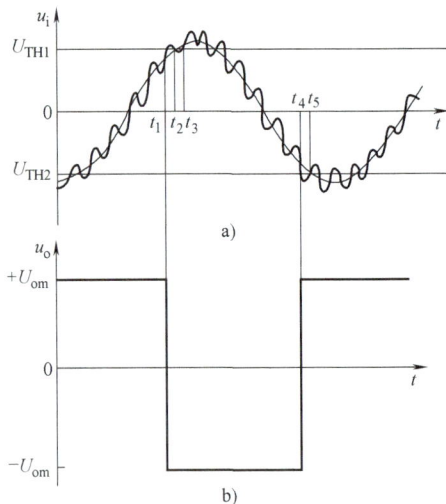

图4-42 迟滞比较器的输入和输出波形
a）输入波形 b）输出波形

4.3.3 电压比较器应用举例

4.3.3 电压比较器应用举例

生产实际中常需要监视压力、温度、水位、电压等物理量是否超过上限值或低于下限值，以判断设备是否工作正常。图4-43所示的三电平指示电路就可以实现这一监视要求。此电路由两个比较器组成。其中A_1、A_2运放相同，它们的高、低电平值大小相等，极性相反。

调整R_{w1}可以改变U_A电位，用它来模拟被监视物理量的变化。而A_1同

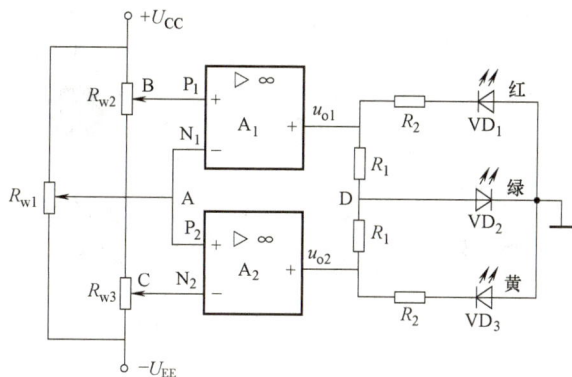

图 4-43　三电平指示电路

相输入端电位 U_B 确定上限值，此值可以通过调整 R_{w2} 给定，A_2 反相输入端电位 U_C 确定下限值，此值可以通过调整 R_{w3} 给定。显然，图中 $U_B > U_C$。当 $U_A < U_C$ 时，A_1 的 $u_{N1} < u_{P1}$，因此 $u_{o1} = U_{om}$，VD_1 截止；A_2 的 $u_{P2} < u_{N2}$，因此 $u_{o2} = -U_{om}$。由于 u_{o1}、u_{o2} 的电位大小相等，极性相反，所以两个 R_1 电阻的中点电位 $U_D = 0$、VD_1、VD_2 截止，3 个发光二极管中只有 VD_3 导通，发出黄光，指示低于下限值。当 $U_C < U_A < U_B$ 时，不难分析，这时 $u_{o1} = U_{om}$，$u_{o2} = U_{om}$，$U_D > 0$，显然 3 个发光二极管中 VD_1、VD_3 承受反偏而截止，只有 VD_2 导通，发绿光，指示工作在正常区。当 $U_A > U_B$ 时，可以分析出 $u_{o1} = -U_{om}$，$u_{o2} = U_{om}$，$U_D = 0$，3 个发光二极管中 VD_2、VD_3 截止，VD_1 导通，发红光，指示超过上限值。

电平指示电路种类很多，可参考有关集成运放应用电路手册。

仿　真　训　练

电压比较器的应用

1. 仿真电路

图 4-44 所示为利用比较器监控报警的仿真电路，图 4-45 所示为被监控信号超过正常值时的观测图，图 4-46 所示为被监控信号为正常值时的观测图。

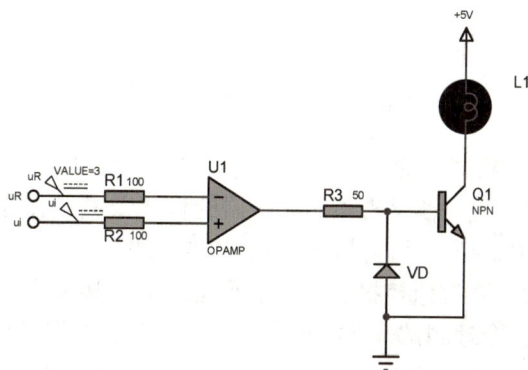

单元 4.3 仿真训练电压比较器的应用

图 4-44　利用比较器监控报警的仿真电路

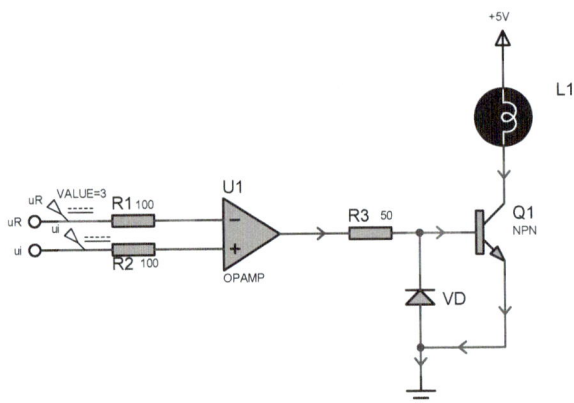

图 4-45　被监控信号超过正常值时的观测图

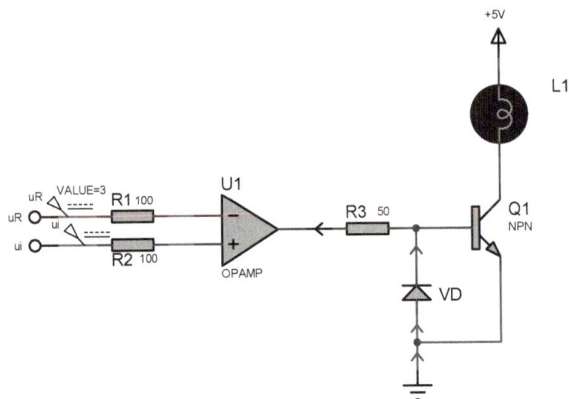

图 4-46　被监控信号为正常值时的观测图

2. 仿真内容及要求

搭接监控报警电路。注意直流电源的极性，不要接错。优化调整电路结构和元器件参数。固定正常值的上限，在输入端输入信号，改变它的大小，观察报警指示灯的情况。总结利用比较器设计监控报警电路的特点。

技 能 实 训

监控报警电路的安装与调试

1. 实训目的

1）进一步掌握电压比较器的作用及其工作原理，培养简单电路的设计能力，初步掌握设计电路的基本方法。

2）掌握监控报警电路中元器件的连接特点，能够对电路中的相关参数进行合理测试，并能正确判断出电路的工作状态。

3）掌握简单电路的装配方法，进一步熟练使用各种仪器仪表。

4）进一步提高分析问题和解决问题的能力。

单元4.3 技能实训 监控报警电路的安装与调试

2. 实训器材

数字万用表一只；双踪示波器一台；直流稳压电源一台；函数信号发生器一台；整流二极管一只；晶体管一只；电阻一只；面包板一块；导线若干。

3. 实训内容及要求

利用比较器可设计一种监控报警电路，如图 4-47 所示。在生产现场，若需对某一参数（如压力、温度、噪声等）进行监控，则可将传感器取得的监控信号 u_i 送给比较器，当 $u_i < U_R$ 时，比较器输出负值电压，晶体管 VT 截止，报警指示灯熄灭，表明工作正常。当 $u_i > U_R$ 时，说明被监控的信号超过正常值，这时比较器输出正值，使晶体管饱和导通，报警指示灯亮。电阻 R_3 取决于对晶体管基极的驱动强度，其阻值应保证晶体管进入饱和状态。二极管 VD 起保护作用，在比较器输出负值电压时，晶体管发射极上加有较高的反向偏压，可能会击穿发射极，而 VD 能把发射极的反向电压限制在 0.7V，从而保护了晶体管。

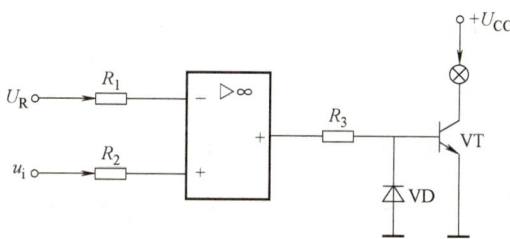

图 4-47　利用比较器设计监控报警电路

试根据图 4-47 自行设计并选择元器件参数，制作监控报警电路。

4. 考评内容及评分标准

监控报警电路安装与调试的考评内容及评分标准如表 4-3 所示。

表 4-3　监控报警电路安装与调试的考评内容及评分标准

步骤	考评内容	评分标准	标准分	扣分及原因	得分
1	监控报警电路设计及其工作原理分析	1）各元器件符号正确 2）各物理量标注正确 3）各元器件连接正确 4）原理分析准确 错一处扣 5 分，扣完为止（教师辅导、学生自查）	15		
2	计算相关参数，并选择元器件和对元器件质量进行判别（特别是集成电路）	1）各元器件型号、规格选择正确 2）元器件质量和分类判断正确 错一处扣 5 分，扣完为止（学生自查、教师检查）	15		
3	根据电路原理图进行电路连接；利用直观法或使用万用表测量在路电阻，分析电路连接是否正确	1）在路电阻的测量正确 2）不得出现断路（脱焊）、短路及元器件极性接反等错误 错一处扣 5 分，扣完为止（同学互查、教师检查）	20		

（续）

步骤	考评内容	评分标准	标准分	扣分及原因	得分
4	确认检查无误后，进行通电测试。使用万用表测量各点电压，准确判断电路的工作状态	1）仪器仪表档位、量程选择正确 2）读数准确，判断准确 　错一处扣 5 分，扣完为止（教师指导、同学互查）	20		
5	使用信号发生器等仪器仪表测量电路的输入、输出电压波形，对电路的工作状态进行正确分析	1）仪器仪表档位、量程选择正确 2）读数准确，判断准确 3）工作状态正常 　错一处扣 5 分，扣完为止（教师指导、同学互查）	15		
6	注意安全、规范操作。小组分工，保证质量。完成时间为90min	1）小组成员各有明确分工 2）在规定时间内完成该项目 3）各项操作规范、安全 　成员无分工扣 5 分，超时扣 10 分（教师指导、同学互查）	15		
	教师根据学生对集成运放及比较器理论水平和技能水平的掌握情况进行综合评定，并指出存在的问题，提出具体改进方案		100		

知 识 拓 展

负反馈放大电路的稳定性

　　放大电路中引入负反馈，可以改善电路的性能，而且反馈越深，性能改善越好。但是，反馈过深时，即使放大电路的输入信号为零，输出也会出现一定频率和一定幅值的信号，这种现象称为放大电路的自激振荡，它使放大电路不能正常工作，失去了电路的稳定性。

1. 负反馈放大电路自激振荡产生的原因和条件

（1）自激振荡产生的原因

　　图 4-48 为负反馈放大电路自激振荡框图。由前面的分析可知，负反馈放大电路的闭环放大倍数为

$$\dot{A}_\mathrm{f} = \frac{\dot{A}}{1+\dot{A}\dot{F}}$$

在中频段，由于 $\dot{A}\dot{F}>0$，$\dot{A}$ 和 $\dot{F}$ 的相角 $\varphi_A+\varphi_F = 2n\pi$（$n=0$，1，2，3，$\cdots$），因此有

$$|\dot{X}_\mathrm{i}'| = |\dot{X}_\mathrm{i}| - |\dot{X}_\mathrm{f}|$$

　　在低频段，因为耦合电容、旁路电容的存在，$\dot{A}\dot{F}$ 将产生超前相移；在高频段，由于半导体器件极间电容的存在，$\dot{A}\dot{F}$ 将产生滞后相移，通常将这些相移称为附加相移。当某一频率 f_0 的信号使附加相移为 π 的奇数倍时，反馈信号 $\dot{X}_\mathrm{f}$ 与中频段相比产生超前或滞后 $180°$ 的附加相移，因而有

$$|\dot{X}_\mathrm{i}'| = |\dot{X}_\mathrm{i}| + |\dot{X}_\mathrm{f}|$$

　　上式说明净输入信号 $|\dot{X}_\mathrm{i}'|$ 大于输入信号 $|\dot{X}_\mathrm{i}|$，输出信号 $|\dot{X}_\mathrm{o}|$ 增大，所以反馈的结果使放

大倍数增大。

如图 4-48 所示，在输入信号为零时，由于某种含有频率 f_0 的扰动信号（如合闸通电），使 $\dot{A}\dot{F}$ 产生了 180° 的附加相移，由此产生了输出信号 $\dot{X}_o$，经过反馈网络和比较环节后，得到净输入信号 $\dot{X}'_i = 0 - \dot{X}_f = -\dot{F}\dot{X}_o$，送到基本放大电路再放大，得到输出信号 $-\dot{A}\dot{F}\dot{X}_o$，$|\dot{X}_o|$ 将不断增大。

由于半导体器件的非线性特性，电路最终达到动态平衡，即反馈信号维持着输出信号，而输出信号又维持着反馈信号，称电路产生了自激振荡。

（2）产生自激振荡的条件

由图 4-48 可知，电路产生自激振荡时，由于 $\dot{X}_o$ 与 $\dot{X}_f$ 相互维持，所以 $\dot{X}_o = \dot{A}\dot{X}'_i = -\dot{A}\dot{F}\dot{X}_o$，即

$$\dot{A}\dot{F} = -1 \tag{4-21}$$

可写成模和相角形式

$$|\dot{A}\dot{F}| = 1 \tag{4-22}$$

$$\varphi_A + \varphi_F = (2n+1)\pi \ (n = 0,1,2,3,\cdots) \tag{4-23}$$

式（4-21）称为自激振荡的平衡条件，式（4-22）为幅值平衡条件，式（4-23）为相位平衡条件。负反馈放大电路只有同时满足上述两个条件，才会产生自激振荡。在起振过程中，$|\dot{X}_o|$ 有一个从小到大的过程，故起振条件为

$$|\dot{A}\dot{F}| > 1 \tag{4-24}$$

2. 负反馈放大电路稳定性的判断

利用负反馈放大电路环路增益的频率特性可以判断电路是否产生自激振荡，即电路是否稳定。

（1）判断方法

图 4-49 为两个负反馈电路环路增益的频率特性，由图可知它们均为直接耦合放大电路。设满足自激振荡相位条件的频率为 f_0，满足幅值条件的频率为 f_c。

在图 4-49a 中，使 $\varphi_A + \varphi_F = -180°$ 的频率为 f_0，使 $20\lg|\dot{A}\dot{F}| = 0\mathrm{dB}$ 的频率为 f_c。因为当 $f = f_0$ 时，$20\lg|\dot{A}\dot{F}| > 0\mathrm{dB}$，即 $|\dot{A}\dot{F}| > 1$，说明满足起振条件，所以，具有图 4-49a 所示环路增益频率特性的负反馈放大电路必然产生自激振荡，振荡频率为 f_0。

在图 4-49b 中，使 $\varphi_A + \varphi_F = -180°$ 的频率为 f_0，使 $20\lg|\dot{A}\dot{F}| = 0\mathrm{dB}$ 的频率为 f_c。因为当 $f = f_0$ 时，$20\lg|\dot{A}\dot{F}| < 0\mathrm{dB}$，即 $|\dot{A}\dot{F}| < 1$，说明不满足起振条件，所以，具有图 4-49b 所示环路增益频率特性的负反馈放大电路不可能产生自激振荡。

综上所述，判断负反馈放大电是否稳定的方法：

1）若不存在 f_0，则电路稳定。

2）若存在 f_0，且 $f_0 < f_c$，则电路不稳定，必然产生自激振荡；若存在 f_0，但 $f_0 > f_c$，则电路稳定，不会产生自激振荡。

（2）稳定裕度

虽然根据负反馈放大电路稳定性的判断方法，只要 $f_0 > f_c$ 电路就稳定，但是为了使电路具有足够的可靠性，还规定电路应具有一定的稳定裕度。

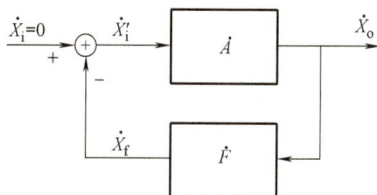

图 4-48 负反馈放大电路
自激振荡框图

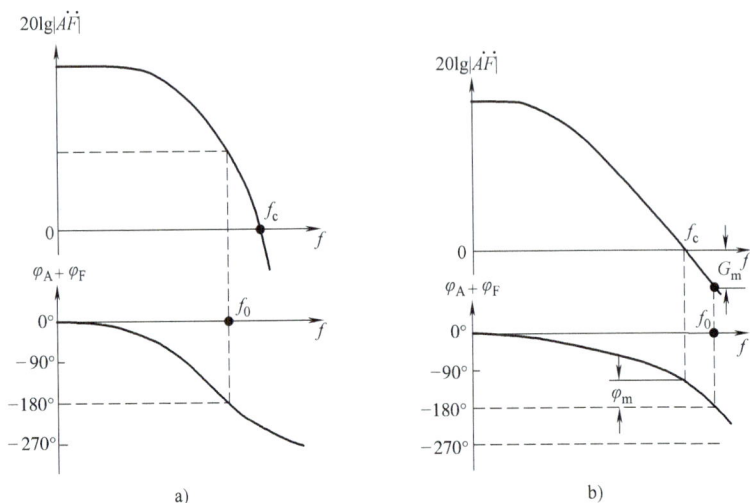

图 4-49　两个负反馈电路环路增益的频率特性

a）$f_0 < f_c$ 的情况　b）$f_0 > f_c$ 的情况

通常定义 $f = f_0$ 时所对应的 $20\lg|\dot{A}\dot{F}|$ 的值为幅值裕度 G_m，如图 4-49b 幅频特性所示，即

$$G_m = 20\lg|\dot{A}\dot{F}|_{f=f_0}$$

稳定的负反馈放大电路的 $G_m < 0$，而且 $|G_m|$ 越大，电路越稳定。通常认为，只要 $G_m \leqslant -10\mathrm{dB}$，电路就具有足够的幅值稳定裕度。

通常定义 $f = f_c$ 时的 $|\varphi_A + \varphi_F|$ 与 180° 的差值为相位裕度 φ_m，如图 4-49b 相频特性所示，即

$$\varphi_m = 180° - |\varphi_A + \varphi_F|_{f=f_c}$$

稳定的负反馈放大电路的 $\varphi_m > 0$，而且 φ_m 越大，电路越稳定。通常认为 $\varphi_m > 45°$，电路就具有足够的相位稳定裕度。

综上所述，只有当 $G_m \leqslant -10\mathrm{dB}$，且 $\varphi_m > 45°$ 时，才认为负反馈放大电路具有可靠的稳定性。

3. 负反馈放大电路自激振荡的消除方法

通过对负反馈放大电路稳定性的分析可知，当电路产生了自激振荡时，如果采用某种方法能够改变 $\dot{A}\dot{F}$ 的频率特性，使之根本不存在 f_0，或者即使存在 f_0，但 $f_0 > f_c$，那么自激振荡必然被消除。

（1）简单滞后补偿

假设某负反馈放大电路环路增益的幅频特性如图 4-50 中虚线所示，在电路中找出产生 f_{H1} 的那级电路，加补偿电路，如图 4-51a 所示，其高频等效电路如图 4-51b 所示。R_{o1} 为前级输出电阻，R_{i2} 为后级输入电阻，C_{i2} 为后级输入电容，因此加补偿电路前的上限频率为

$$f_{H1} = \frac{1}{2\pi(R_{o1}//R_{i2})C_{i2}}$$

加补偿电路后的上限频率为

$$f'_{H1} = \frac{1}{2\pi(R_{o1}//R_{i2})(C_{i2}+C)}$$

如果补偿后，$f = f_{H2}$ 时，$20\lg|\dot{A}\dot{F}| = 0\mathrm{dB}$，且 $f_{H2} \geqslant 10 f'_{H1}$，如图 4-50 中实线所示，则表明 $f=$

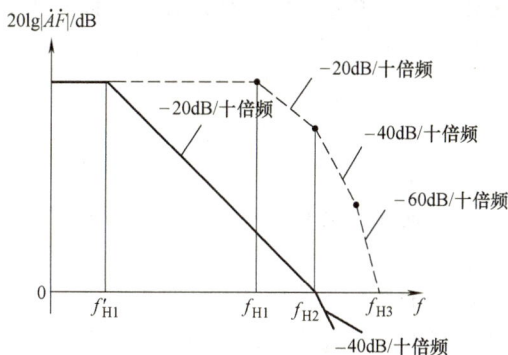

图 4-50 简单滞后补偿前后环路增益的幅频特性

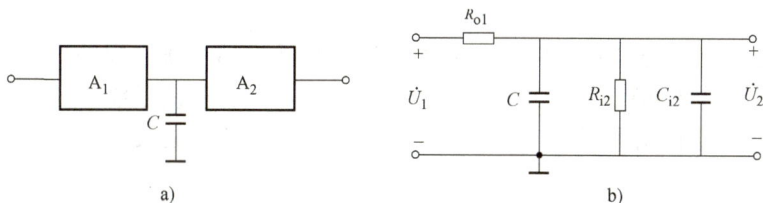

图 4-51 放大电路中的简单滞后补偿

a）简单滞后补偿电路 b）高频等效电路

f_c 时，$(\varphi_A + \varphi_F)$ 趋于 $-135°$，即 $f_0 > f_c$，并具有 $45°$ 的相位裕度，所以电路不会产生自激振荡。

（2）RC 滞后补偿

虽然简单滞后补偿可以消除自激振荡，但以频带变窄为代价。采用 RC 滞后补偿不仅可以消除自激振荡，而且可以使频带宽度的损失有所改善，其补偿电路如图 4-52 所示。补偿电路应加在极点频率最低的放大级，由于电阻 R 和电容 C 串联后并联在电路中，RC 网络对高频电压放大倍数的影响较单个电容的影响要小些，因此，采用 RC 滞后补偿，在消除自激振荡的同时，高频响应的损失比仅用电容补偿时要轻。采用 RC 滞后补偿前后放大电路环路增益的幅频特性如图 4-53 所示，f'_{H1} 为 RC 滞后补偿后的上限频率，f''_{H1} 为简单补偿后的上限频率，可见频带宽度有所改善，并且补偿后，环路增益幅频特性中只有两个拐点，因而电路不会产生自激振荡。

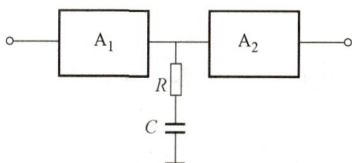

图 4-52 RC 滞后补偿电路

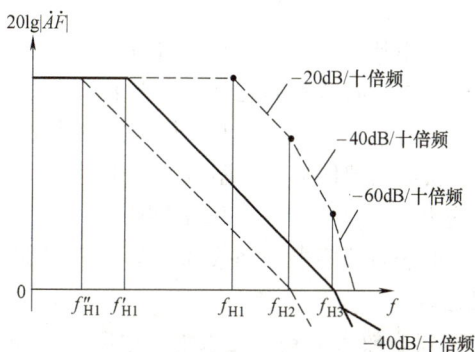

图 4-53 RC 滞后补偿前后环路增益的幅频特性

除上述介绍的补偿方法外，还有很多其他的补偿方法，读者可参阅相关文献。

自我检测题

一、填空题

1. 直流负反馈是指_____通路中有负反馈，交流负反馈是指_____通路中有负反馈。直流负反馈的作用是_____。

2. 若要稳定放大倍数、改善非线性失真等性能，则应引入_____负反馈。

3. 若希望减小放大电路从信号源索取的电流，则可采用_____负反馈；若希望取得较强的反馈作用，而信号源内阻很大，则宜采用_____负反馈；若要求负载变化时，输出电压稳定，则应引入_____负反馈；若要求负载变化时，输出电流稳定，则应引入_____负反馈。

4. 已知某放大电路输入信号电压为 1mV，输出电压为 1V，加上反馈后，达到上述同样输出时需加输入信号为 10mV，问所加的反馈深度为_____，反馈系数为_____。

5. 如果要求稳定输出电压，并提高输入电阻，那么应该对放大电路施加_____组态的负反馈。

6. 输入端串联反馈要求信号源的内阻_____，并联型反馈要求信号源的内阻_____。

7. 有源滤波器中能使有用频率信号通过，而对无用或干扰频率信号加以抑制，这都是对_____波形信号而言，对非正弦波信号可看作_____频率信号。

8. 在某个信号处理系统中，若要求让输入信号中的 10 ~ 15kHz 信号通过，则应选用_____滤波器；若要抑制 50Hz 的干扰信号，不使其通过，则可采用_____滤波器。

9. 由集成运放组成的电压比较器，其关键参数的阈值电压是指使输出电压发生_____时的_____电压值。只有一个阈值电压的比较器电路称为_____比较器，而具有两个阈值电压的比较器称为_____比较器或称为_____。

二、选择题

1. 负反馈使放大倍数（　　），正反馈使放大倍数（　　）。
A. 增大　　　　　　　　B. 减小

2. 电压负反馈稳定（　　），使输出电阻（　　）；电流负反馈稳定（　　），使输出电阻（　　）。
A. 输出电压　　　　　B. 输出电流　　　　　　　C. 增大　　　　　　　D. 减小

3. 负反馈所能抑制的是（　　）的干扰和噪声。
A. 反馈环内　　　　　B. 输入信号所包含　　　C. 反馈环外

4. 串联负反馈使输入电阻（　　），并联负反馈使输入电阻（　　）。
A. 增大　　　　　　　　B. 减小

5. 对于下面的要求分别选择：A. 电压串联；B. 电压并联；C. 电流串联；D. 电流并联的负反馈形式。

1）某仪表放大电路，要求输入电阻大，输出电流稳定，应选（　　）。

2）某传感器产生的是电压信号（几乎不能提供电流），经放大后，希望输出电压与信号成正比。这个放大电路应选（　　）。

3）要得到一个由电流控制的电流源，应选（　　　）。

4）要得到一个由电流控制的电压源，应选（　　　）。

5）需要一个阻抗变换电路，使输入电阻大、输出电阻小，应选（　　　）。

6）要得到一个阻抗变换电路，使输入电阻小、输出电阻大，应选（　　　）。

6. 一阶低通或高通有源滤波电路，其截止频率 f_H 或 f_L 与无源低通或高通滤波电路的 RC 有关，其关系式表示为（　　　）。

A. $\dfrac{1}{RC}$　　　　　B. $\dfrac{1}{2\pi\sqrt{RC}}$　　　　　C. $\dfrac{1}{2\pi RC}$

7. 由集成运放组成的电压比较器，其运放电路必须处于（　　　）。

A. 自激振荡状态　　　B. 开环或负反馈状态　　　C. 开环或正反馈状态

思考题与习题

1. 一个负反馈放大电路 $A = 10^4$，$F = 10^{-2}$。求 $A_f = \dfrac{A}{1+AF} = ?$　$A_f \approx \dfrac{1}{F} = ?$ 比较两种计算结果，误差是多少？若 $A = 10$，$F = 10^{-2}$，重复以上计算，比较它们的结果，说明什么问题？

2. 判断图 4-54 所示各放大电路中的反馈极性和组态。

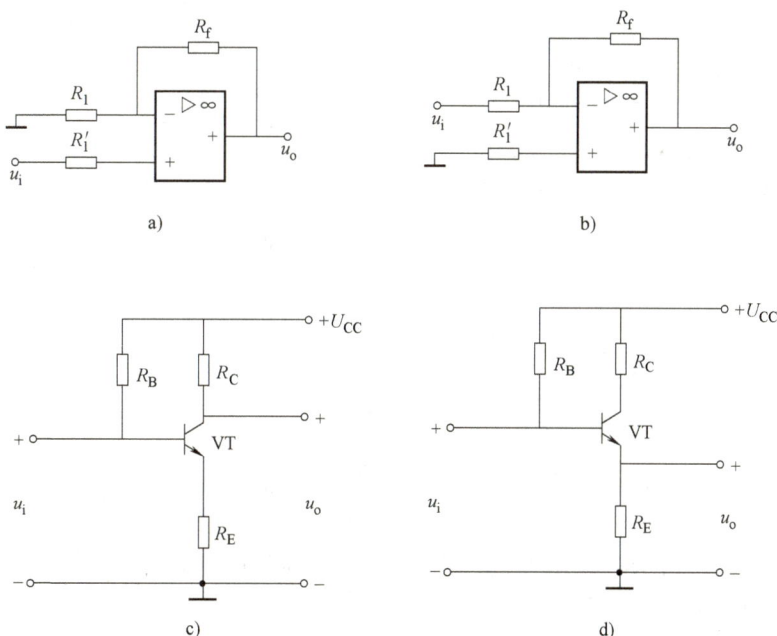

图 4-54　题 2 图

3. 有一负反馈放大电路，$A = 10^3$，$F = 0.099$。已知输入信号 u_i 为 0.1V，求其净输入信号 u_i'、反馈信号 u_f 和输出信号 u_o 的值。

4. 图 4-55 所示的各个电路分别存在哪些反馈支路？分析它们是正反馈还是负反馈，是直流反馈还是交流反馈，并分析反馈的组态。

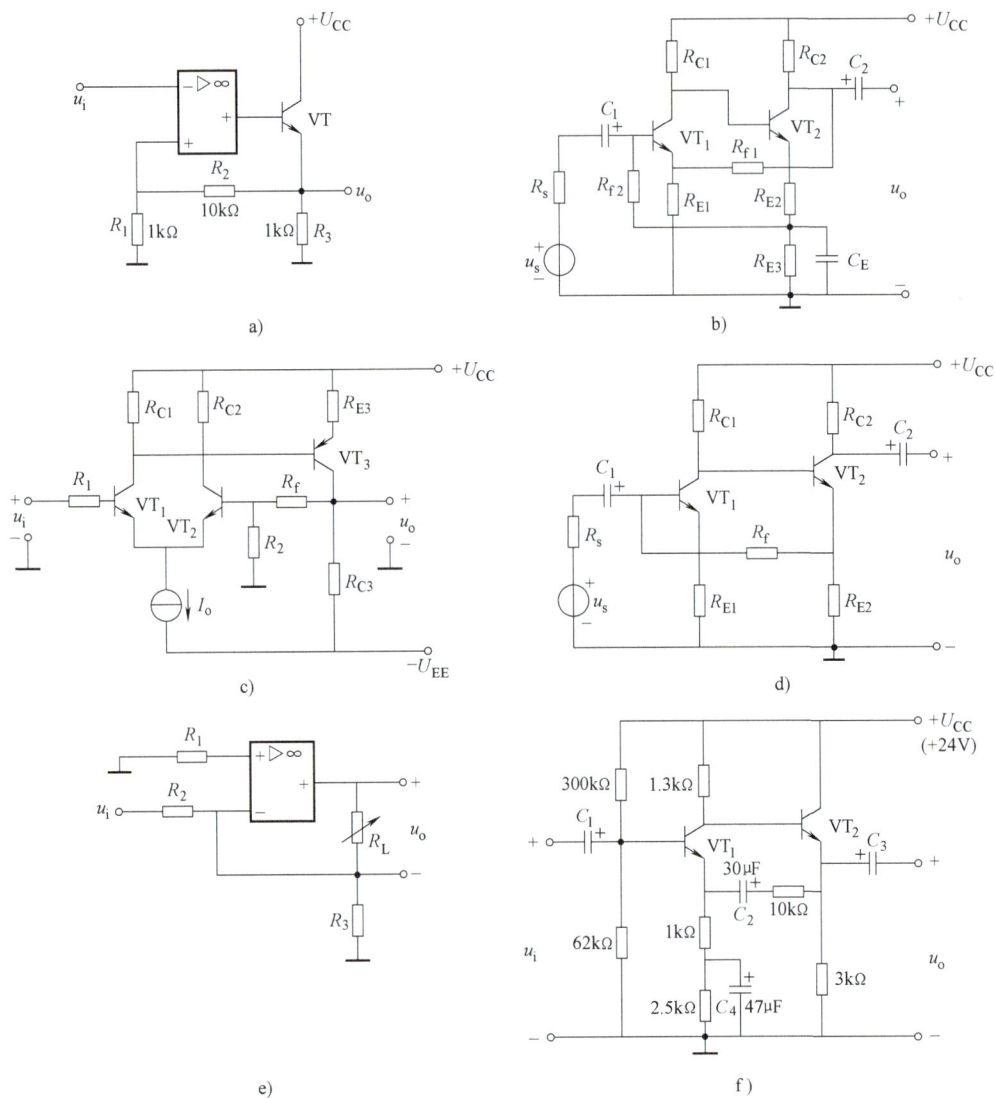

图 4-55　题 4 图

5. 根据图 4-56 中给出的电路参数，估算电压放大倍数 A_{uf}，设电路满足深度负反馈的条件。

6. 电路如图 4-57 所示，试分别按下列要求画出相应的反馈网络。

1）希望当静态时，U_{CQ3} 较稳定。

2）希望当 R_L 变化时，输出信号电压 u_o 较稳定。

3）希望输出信号电流受 R_L 变化的影响较小。

4）希望放大电路输入端向信号源 u_s 取用的电流较小。

7. 电路如图 4-58 所示。

1）判断级间反馈的极性和组态。

2）该反馈对放大倍数和输出电阻有何影响？（增大、减小或基本不变）

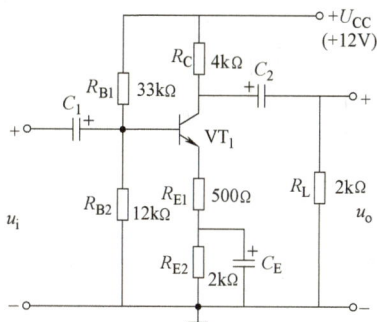

图 4-56 题 5 图

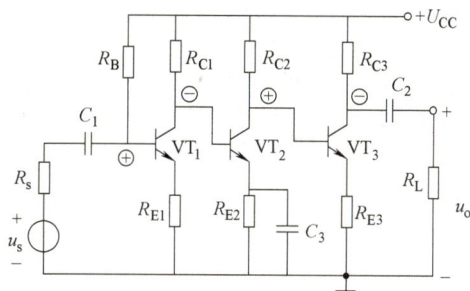

图 4-57 题 6 图

3）如为负反馈，假设满足 $AF \gg 1$ 的条件，则估算电压放大倍数 A_{uf}，如为正反馈，则试在原电路的基础上改为负反馈。

8. 图 4-59 所示的运放组件 A 是理想运放。已知 $u_i = 30\text{mV}$，试求：

1）S 断开时的输出电压。

2）S 闭合时的输出电压。

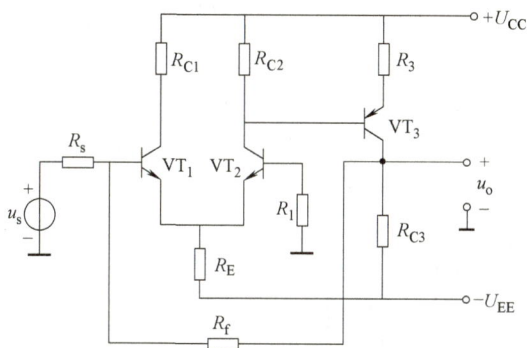

图 4-58 题 7 图

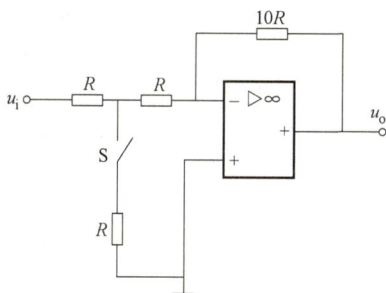

图 4-59 题 8 图

9. 有源滤波电路与无源滤波电路相比有什么优点？

10. 画出高通 RC 有源滤波器的电路和幅频特性，并与低通滤波器比较。

11. 什么是高精度整流电路？

12. 什么是比较电路？它有哪些类型？

13. 由运放组成的整流电路比普通二极管组成的整流电路有何优点？

14. 已知输入电压波形如图 4-60a 所示，运放的 $U_{OH} = 6\text{V}$，$U_{OL} = -6\text{V}$。试画出图 4-60b 所示电路的输出电压 u_o 的波形。

15. 如图 4-61 所示电路，已知 $u_i = 5\sin\omega t\text{V}$，$U_R = 2.5\text{V}$，运放 $U_{OL} = -10\text{V}$，$U_{OH} = 10\text{V}$。试画出其输出电压 u_o 的波形，并计算其占空比。

16. 如图 4-62 所示电路，已知 $u_i = 10\sin\omega t\text{V}$，$R_1 = R_2$，$U_R = 2.5\text{V}$，运放的 $U_{OH} = 10\text{V}$，$U_{OL} = -10\text{V}$。试画出其输出电压 u_o 的波形。

17. 电路图如图 4-63a 所示，已知 u_{i1}、u_{i2} 的波形分别为三角波及方波，分别如图 4-63b、c 所示，其运放的 $U_{OH} = 10\text{V}$，$U_{OL} = -10\text{V}$。试画出输出电压 u_o 的波形。

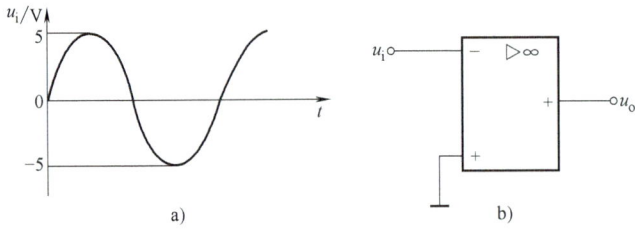

图 4-60　题 14 图

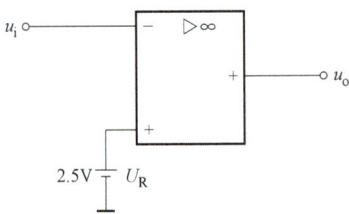

图 4-61　题 15 图

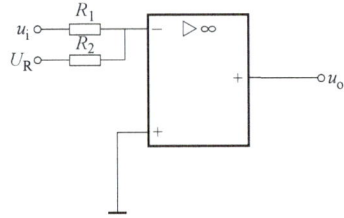

图 4-62　题 16 图

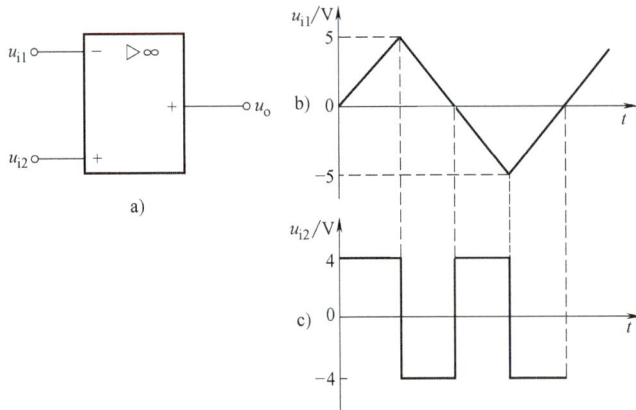

图 4-63　题 17 图

18. 图 4-64 所示为高精度全波整流电路，其中 A_1 组成半波整流电路，A_2 组成加法电路。设输入为正弦信号，$u_i = 500\sin\omega t$ mV，$f = 50$Hz。

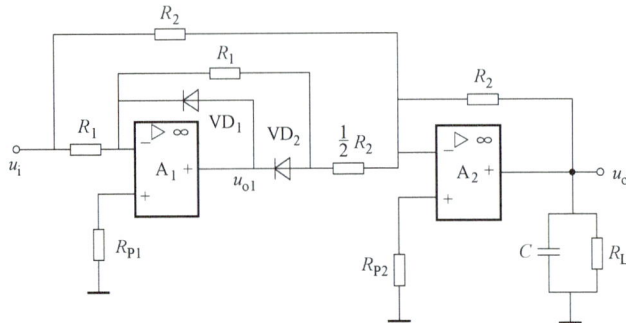

图 4-64　题 18 图

1）试分析当 u_i 为正、负半周时电路的工作原理，求输出 u_o 与 u_i 的关系式，并画出 u_{o1} 和 u_o 的波形图。

2）画出 $u_o = f(u_i)$ 的传输特性。

3）若在输出端接有负载 $R_L = 1k\Omega$，试问在满足 $R_L C \geqslant (3\sim5)\dfrac{T}{2}$ 的条件下，输出直流电压 u_o 为多大？滤波电容 C 应取多大电容量？

模块 5　波形发生电路

学 习 目 的

要知道：正弦波振荡的相位平衡条件和幅值平衡条件、RC 串并联式正弦波振荡电路的起振条件和振荡频率、RC 串并联及 LC 并联谐振网络的选频性特点、各类正弦波振荡电路的适用频率范围、石英晶体振荡电路的特点。

会判断：根据相位平衡条件判断 RC 串并联式、变压器反馈式、电感三点式、电容三点式正弦波振荡电路能否振荡。

会计算：正弦波振荡电路的振荡频率。

会分析：矩形波发生电路、三角波发生电路、锯齿波发生电路的工作原理。

单元 5.1　正弦波振荡电路的分析

知 识 准 备

5.1.1　*RC* 正弦波振荡电路的分析

前面所介绍的各种类型的放大电路，其作用都是把输入信号的电压和功率放大，从能量的观点来看，是在输入信号的控制下，把直流电能转换成按信号规律变化的交流电能。而振荡电路是一种不需要外接输入信号就能将直流能源转换成具有一定频率、一定幅度和一定波形的交流能量输出的电路。按振荡波形可将振荡电路分为正弦波振荡电路和非正弦波振荡电路。

根据选频网络所采用的元器件不同，正弦波振荡电路又可分为 *RC* 正弦波振荡电路、*LC* 正弦波振荡电路和石英晶体正弦波振荡电路。*RC* 振荡电路一般用来产生数赫到数百千赫的低频信号，*LC* 振荡电路主要用来产生数百千赫以上的高频信号。

正弦波振荡电路在测量、通信、无线电技术、自动控制和热加工等许多领域中有着广泛的应用。

1. 正弦波振荡电路的基本概念

（1）产生正弦波振荡的条件

首先观察一个现象，在一个放大电路的输入端加入正弦输入信号 $\dot{X}_i$，在它的输出端可输出正弦输出信号 $\dot{X}_o = \dot{A}\dot{X}_i$，如果通过反馈网络引入正反馈信号 $\dot{X}_f$，使 $\dot{X}_f$ 的相位和幅度都与 $\dot{X}_i$ 相同，即 $\dot{X}_f = \dot{X}_i$，那么这时即使去掉

输入信号，电路仍能维持输出正弦信号 $\dot{X}_o$。这样，电路就成为不需要输入信号就有输出信号的自激振荡电路。正弦波振荡电路的框图如图 5-1 所示。

由图 5-1 可知，产生自激振荡的基本条件是反馈信号与输入信号大小相等、相位相同，即 $\dot{X}_f = \dot{X}_i$，而 $\dot{X}_f = \dot{A}\dot{F}\dot{X}_i$，可得

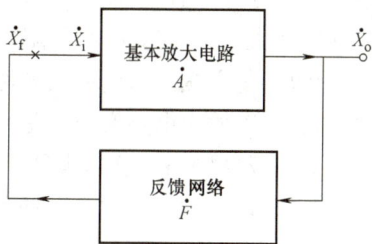

图 5-1 正弦波振荡电路的框图

$$\dot{A}\dot{F} = 1 \qquad (5\text{-}1)$$

式（5-1）就是产生自激振荡的平衡条件。这里包含着如下两层含义：

1）反馈信号幅度的大小与输入信号的幅度相等，表示 $|\dot{X}_f| = |\dot{X}_i|$，即

$$|\dot{A}\dot{F}| = 1 \qquad (5\text{-}2)$$

称为幅度平衡条件。

2）反馈信号的相位与输入信号的相位相同，表示输入信号经过放大电路产生的相移 φ_A 和反馈网络的相移 φ_F 之和为 0、2π、4π、$\cdots$、$2n\pi$，即

$$\varphi_A + \varphi_F = 2n\pi \, (n = 0,1,2,3,\cdots) \qquad (5\text{-}3)$$

称为相位平衡条件。

（2）自激振荡的建立过程和起振条件

1）自激振荡的建立过程。实际上的振荡电路，只要电路连接正确，在接通电源后，即可自行起振，并不需加激励信号。因为在电源接通后，闭合电路的电冲击、晶体管的内部噪声和电路热扰动等，在基极电路中会产生瞬变的电压和电流，经放大后形成集电极电流。这些瞬变电压和电流所包含的频率非常丰富，有低频分量和高频分量，经过选频网络的选择，将需要的频率分量选出来，经反馈网络在放大器输入端就会产生一个与原来激励信号同相的且幅度较大的信号。这样，经过不断地放大、选频、正反馈、再放大的循环过程，振荡就由弱到强地建立起来。

2）起振条件。由上可知，若要能起振，则每次反馈到输入端的信号都应比前一次大。即

$$|\dot{X}_f| > |\dot{X}_i|$$

$$|\dot{A}\dot{F}| > 1 \qquad (5\text{-}4)$$

式（5-4）为自激振荡的起振条件。

3）晶体管的自动稳幅作用。在振荡建立后，振幅会不会越来越大？答案是不会的。晶体管特性的非线性作用会起到自动限幅的作用。一开始电压、电流的振幅比较小，晶体管工作在线性区，放大器增益比较大，$|\dot{A}\dot{F}| > 1$，振荡电路增幅振荡，使振荡幅度增大，于是通过正反馈、放大、正反馈、再放大的循环过程，进入晶体管的饱和区和截止区，放大器的增益下降，$|\dot{A}\dot{F}|$ 也就减小，使振荡从 $|\dot{A}\dot{F}| > 1$ 过渡到 $|\dot{A}\dot{F}| = 1$，振荡稳定下来，最后达到平衡状态。

由增幅振荡到稳幅振荡的建立过程，说明前者由起振条件 $|\dot{A}\dot{F}| > 1$ 来保证，后者由晶体管特性的非线性来实现自动限幅。

（3）振荡电路的组成

由以上分析说明，要产生正弦波振荡，电路结构必须合理，才能使放大电路转化为振荡

电路。一般振荡电路由以下 4 部分组成。

1）放大电路。这是满足幅度平衡条件必不可少的。因为在振荡过程中，必然会有能量损耗，导致振荡衰减。通过放大电路，可以控制电源，不断地向振荡系统提供能量，以维持等幅振荡，所以放大电路实质上是一个换能器，它起补充能量损耗的作用。

2）正反馈网络。这是满足相位平衡条件必不可少的。它将放大电路输出电量的一部分或全部返送到输入端，完成自激任务。实质上，它起能量控制作用。

3）选频网络。选频网络的作用是使在通过正反馈网络的反馈信号中，只有被选定的信号，才能使电路满足自激振荡条件，而对于其他频率的信号，由于不能满足自激振荡条件，所以受到抑制，其目的在于使电路产生单一频率的正弦波信号。选频网络若由 R、C 元件组成，则称为 RC 正弦波振荡电路；若由 L、C 元件组成，则称为 LC 正弦波振荡电路；若用石英晶体组成，则称为石英晶体振荡电路。

4）稳幅电路。用于稳定振荡信号的振幅，它可以采用热敏元器件或其他限幅电路，也可以利用放大电路自身元器件的非线性来完成。为了更好地获得稳定的等幅振荡，有时还需引入负反馈网络。

（4）正弦波振荡电路的分析方法

通常可以采用下面的步骤来分析振荡电路的工作原理。

1）检查电路是否具有放大电路、反馈网络、选频网络和稳幅环节。

2）检查放大电路的静态工作点是否合适。

3）分析电路是否满足自激振荡条件。

首先检查相位平衡条件，其方法是在反馈网络和放大电路输入回路的连接处断开反馈，并在放大电路输入端假设加入信号电压 $\dot{U}_i$，根据放大电路和反馈网络的相频特性确定反馈信号的相位。如果在某一频率时，$\dot{U}_f$ 和 $\dot{U}_i$ 相位相同，即满足正反馈，那么就满足相位平衡条件。而振幅平衡条件一般比较容易满足，若不满足，则在测试调整时改变放大电路的放大倍数 $|\dot{A}|$ 或反馈系数 $|\dot{F}|$，使电路满足幅度条件。

2. *RC* 正弦波振荡电路

可将 RC 正弦波振荡电路分为 RC 串并联式正弦波振荡电路、移相式正弦波振荡电路和双 T 网络正弦波振荡电路。本节主要介绍 RC 串并联式正弦波振荡电路，因为它具有波形好、振幅稳定、频率调节方便等优点，应用十分广泛。图 5-2 所示为 RC 串并联（又称桥式）正弦波振荡电路的基本形式。其电路主要结构是采用 RC 串并联网络作为选频和反馈网络。

（1）RC 串并联网络的频率特性

RC 串并联网络如图 5-3 所示。假定输入 $\dot{U}_1$ 为幅值恒定、频率 f 可调的正弦波电压，则串并联网络的反馈系数为

$$\dot{F} = \frac{\dot{U}_2}{\dot{U}_1} = \frac{Z_2}{Z_1 + Z_2} = \frac{R // \dfrac{1}{j\omega C}}{R + \dfrac{1}{j\omega C} + R // \dfrac{1}{j\omega C}} = \frac{1}{3 + j\left(\omega RC - \dfrac{1}{\omega RC}\right)} \tag{5-5}$$

令 $\omega_0 = \dfrac{1}{RC}$，即 $f_0 = \dfrac{1}{2\pi RC}$，则

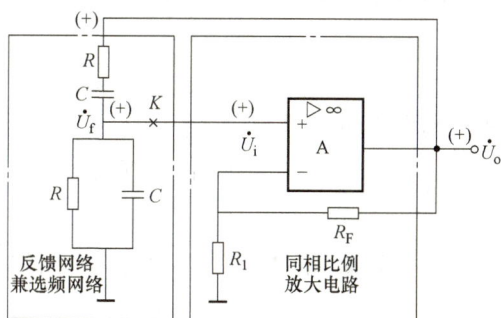

图 5-2　RC 串并联正弦波振荡电路的基本形式

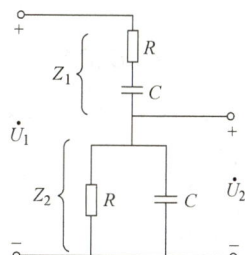

图 5-3　RC 串并联网络

$$\dot{F} = \frac{1}{3+j\left(\dfrac{\omega}{\omega_0}-\dfrac{\omega_0}{\omega}\right)} = \frac{1}{3+j\left(\dfrac{f}{f_0}-\dfrac{f_0}{f}\right)} \tag{5-6}$$

式（5-6）即为 RC 串并联网络的频率特性，其幅频特性和相频特性分别为

$$|\dot{F}| = \frac{1}{\sqrt{3^2+\left(\dfrac{f}{f_0}-\dfrac{f_0}{f}\right)^2}} \tag{5-7}$$

$$\varphi_F = -\arctan\frac{\dfrac{f}{f_0}-\dfrac{f_0}{f}}{3} \tag{5-8}$$

由式（5-7）和（5-8）可知

当 $f=0$ 时，$|\dot{F}|=0$，$\varphi_F=+90°$；

当 $f=\infty$ 时，$|\dot{F}|=0$，$\varphi_F=-90°$；

当 $f=f_0$ 时，$|\dot{F}|=|\dot{F}|_{max}=\dfrac{1}{3}$，$\varphi_F=0°$。

由此可以看出，当 f 由 0 趋于 ∞ 时，$|\dot{F}|$ 的值先从 0 逐渐增大，然后又逐渐减小到 0。其相角 φ_F 也从 +90° 逐渐减小过 0° 至 -90°。RC 串并联网络的频率特性如图 5-4 所示。

由以上分析可知，RC 串并联网络只在 $f=f_0=\dfrac{1}{2\pi RC}$ 时输出幅度最大，而且输出电压与输入电压同相，即相位移为 0°。所以，RC 串并联网络具有选频特性。

（2）RC 串并联正弦波振荡电路

1）电路组成。RC 串并联正弦波振荡电路由放大电路、反馈网络两部分组成，这里的反馈网络同时又是选频网络。由于 RC 串并联网络在 $f=f_0$ 时，输出最大，相位 $\varphi_F=0°$，所以当构成振荡电路时，根据自激振荡相位平衡条件，要求放大电路的相移 $\varphi_A=\pm2n\pi$。所以在图 5-2 所示的 RC 串并联正弦波振荡电路中，采用同相比例运算放大电路；这样就可以满足正弦波振荡的相位平衡条件。

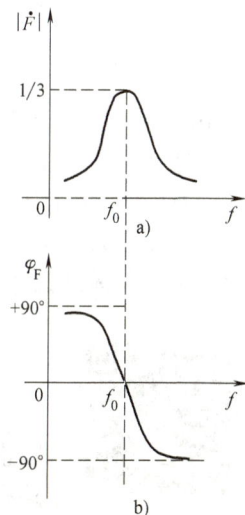

图 5-4　RC 串并联网络的频率特性

2）振荡频率。RC 串并联正弦波振荡电路的振荡频率为

$$f_0 = \frac{1}{2\pi RC} \tag{5-9}$$

可见，改变 R、C 的参数值，就可以调节振荡频率。

3）起振条件。根据起振条件 $|\dot{A}\dot{F}| > 1$，而 $|\dot{F}| = \frac{1}{3}$，故要求同相比例放大电路的电压放大倍数 $A_f = 1 + \frac{R_F}{R_1}$ 应略大于 3，即 R_F 应略大于 $2R_1$。如果 $A_f < 3$，即 $R_F < 2R_1$，电路就不能振荡；如果 $A_f \gg 3$，输出 u_o 波形就会失真，变成近似于方波。

4）常用的稳幅措施。为了改善输出电压波形幅度的稳定性，可以采用下面的措施。

① 采用热敏电阻。如果在图 5-2 电路中，选择负温度系数的热敏电阻作为反馈电阻 R_F，当振荡电路起振时，$\dot{U}_o$ 幅值就较小，R_F 的功耗较小，R_F 阻值较大，于是电压放大倍数 $A_f = 1 + \frac{R_F}{R_1}$ 值较大，有利于起振。在 $\dot{U}_o$ 的幅值增大后，R_F 的功耗增大，它的温度上升，R_F 阻值下降，放大倍数 A_f 下降，当 $A_f = 3$ 时，输出电压的幅值变得稳定，达到自动稳幅的目的。

② 利用二极管的非线性实现自动稳幅。利用二极管实现自动稳幅的 RC 串并联正弦波振荡电路如图 5-5 所示。在负反馈电路中，二极管 VD_1、VD_2 与电阻 R_5 并联。不论输出信号在正半周还是负半周，总有一个二极管正向导通。若两个二极管参数一致，则电压放大倍数为

$$A_f = 1 + \frac{R_4 + R_5 /\!/ r_d}{R_3} \tag{5-10}$$

式中，r_d 为二极管正向交流电阻。

当振荡电路起振时，输出电压幅值较小，根据二极管的特性，这时，它的正向交流电阻 r_d 阻值大，使放大倍数 A_f 较大，有利于起振。在输出电压幅值增大后，通过二极管的电流增大，r_d 减小，使放大倍数下降，从而达到自动稳定输出的目的。

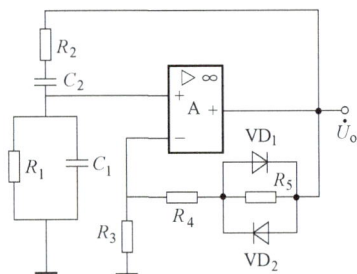

图 5-5　利用二极管实现自动稳幅的 RC 串并联正弦波振荡电路

RC 正弦波振荡器的特点是电路结构简单、容易起振、频率调节方便，但振荡频率不能太高，一般适用于 $f_0 < 1\text{MHz}$ 的场合。这是由于选频网络中的 R 太小，会使放大电路的负载加重、C 过小而易受寄生电容的影响，使 f_0 不稳定，所以振荡频率受到限制。

在音频信号发生器中，常采用改变双联波段电容的方法来改变振荡频率的频段，用同轴双联电位器来连续调节频段内的频率。

5.1.2　LC 正弦波振荡电路的分析

5.1.2　LC 正弦波振荡电路的分析

LC 正弦波振荡电路采用 LC 并联回路作为选频网络，主要用于产生高频正弦波信号，振荡频率通常都在 1MHz 以上。常见的 LC 正弦波振荡电路有变压器反馈式、电感三点式和电容三点式 3 种。

1. LC 并联网络的频率特性

LC 并联谐振回路如图 5-6 所示。图中 R 表示电感和回路其他损耗的总

等效电阻，其值一般很小。

（1）谐振频率

由图 5-6 可知，LC 并联回路的总阻抗 $\dot{Z}$ 为

$$\dot{Z} = \frac{\dot{U}}{\dot{I}} = \frac{\dfrac{1}{j\omega C}(R+j\omega L)}{R+j\omega L+\dfrac{1}{j\omega C}}$$

通常 $\omega L \gg R$，则上式可近似写为

$$\dot{Z} = \frac{\dfrac{L}{C}}{R+j\left(\omega L-\dfrac{1}{\omega C}\right)} \tag{5-11}$$

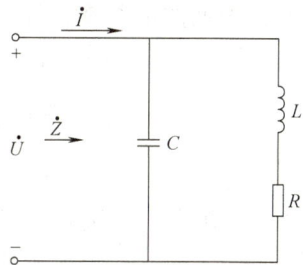

图 5-6　*LC 并联谐振回路*

由于电路谐振时，LC 回路呈纯电阻性，所以式（5-11）中分母虚部一定为 0。令并联谐振时角频率为 ω_0，则

$$\omega_0 = \frac{1}{\sqrt{LC}} \tag{5-12}$$

谐振频率为

$$f_0 = \frac{1}{2\pi\sqrt{LC}} \tag{5-13}$$

谐振时，LC 回路等效阻抗 Z_0 为

$$Z_0 = \frac{L}{RC} \tag{5-14}$$

通常令

$$Q = \frac{\omega_0 L}{R} = \frac{1}{\omega_0 RC} \tag{5-15}$$

Q 称为谐振回路的品质因数。若用 Q 表示 Z_0，则

$$Z_0 = \frac{L}{RC} = Q\,\omega_0 L = \frac{Q}{\omega_0 C} = Q\sqrt{\frac{L}{C}} \tag{5-16}$$

可见，当 LC 并联回路发生谐振时，阻抗呈纯阻性，而 Q 值越大，谐振时的阻抗 Z_0 越大。

（2）频率特性

根据式（5-11）、式（5-15）和式（5-16），阻抗 $\dot{Z}$ 可写成

$$\dot{Z} = \frac{Z_0}{1+jQ\left(\dfrac{\omega}{\omega_0}-\dfrac{\omega_0}{\omega}\right)} = \frac{Z_0}{1+jQ\left(\dfrac{f}{f_0}-\dfrac{f_0}{f}\right)} \tag{5-17}$$

它的幅频特性和相频特性分别为

$$|\dot{Z}| = \frac{Z_0}{\sqrt{1+\left[Q\left(\dfrac{f}{f_0}-\dfrac{f_0}{f}\right)\right]^2}} \tag{5-18}$$

$$\varphi = -\arctan\left[Q\left(\frac{f}{f_0} - \frac{f_0}{f}\right)\right] \tag{5-19}$$

由式（5-18）和式（5-19）画出的 LC 并联谐振回路的频率特性曲线如图 5-7 所示。从图中看出，当频率 $f=f_0$ 时具有选频性，此时 $|\dot{Z}| = Z_0$，$\varphi = 0°$，$\dot{Z}$ 达到最大值，并为纯阻性。当 $f \neq f_0$ 时，$|\dot{Z}|$ 值减小。Q 值越大，谐振时的阻抗越大，且幅频特性越尖锐，相角随频率变化的程度也越急剧，选频效果越好。

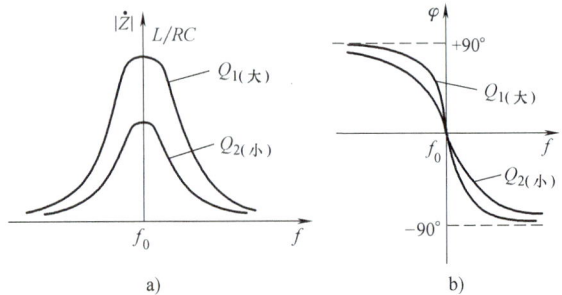

图 5-7　LC 并联谐振回路的频率特性曲线
a）幅频特性　b）相频特性

2. 变压器反馈式 LC 正弦波振荡电路

变压器反馈式 LC 正弦波振荡电路如图 5-8 所示，其中 LC 组成的并联选频网络和晶体管 VT 及偏置电路 R_1、R_2、R_E、C_E 组成选频放大电路，是共射极接法。N_1、N_2 和 N_3 组成一个变压器。这个电路的反馈是通过 N_1、N_2 之间的互感耦合来实现的，因此称为变压器反馈式振荡电路。

用以下方法判断该电路是否满足相位平衡条件。假设断开图 5-8 中的反馈端 K 点，并在放大电路输入端引入信号 $\dot{U}_i$，其频率为 LC 回路的谐振频率 f_0，此时放大管的集电极负载等效为一个纯电阻，则选频放大电路本身的相移 $\varphi_A = 180°$（即 $\dot{U}_o$ 与 $\dot{U}_i$ 反相），反馈信号的相位可由变压器绕组 N_1 和 N_2 的同名端决定。若 N_1 和 N_2 的同名端如图 5-8 所示，则反馈信号 $\dot{U}_f$ 与集电极输出信号 $\dot{U}_o$ 反相，即 $\varphi_F = 180°$，因此 $\dot{U}_f$ 与 $\dot{U}_i$ 同相，也就是说电路满足振荡的相位平衡条件。

对于频率 $f \neq f_0$ 的信号，LC 回路的阻抗不是纯阻抗，而是感性或容性阻抗。此时，LC 回路对信号会产生附加相

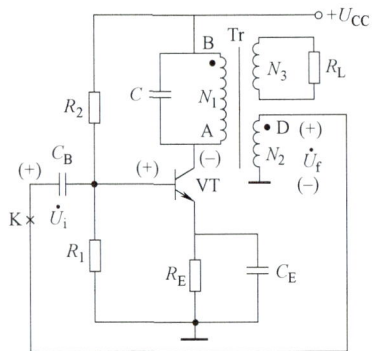

图 5-8　变压器反馈式
LC 正弦波振荡电路

移，造成 $\varphi_A + \varphi_F \neq 360°$，不能满足相位平衡条件，电路也就不可能产生振荡。由此可见，LC 振荡电路只有在 $f=f_0$ 这个频率上才有可能振荡。

为了满足幅度条件 $AF \geq 1$，对晶体管的 β 值有一定要求。一般只要 β 值较大，就能满足振幅平衡条件。反馈线圈匝数越多，耦合越强，电路越容易起振。

变压器反馈式振荡电路的振荡频率取决于 LC 并联回路的谐振频率，此谐振频率为

$$f \approx f_0 = \frac{1}{2\pi\sqrt{LC}} \tag{5-20}$$

变压器反馈式振荡电路的特点如下。

1）易起振，输出电压较大。由于采用变压器耦合，所以易满足阻抗匹配的要求。

2）调频方便。一般在 LC 电路中采用接入可变电容器的方法来实现调频。调频范围较宽，

工作频率通常在几兆赫左右。

3）输出波形不理想。由于反馈电压取自电感两端，它对高次谐波的阻抗大，反馈也强，所以在输出波形中含有较多高次谐波成分。

3. 三点式 LC 正弦波振荡电路

（1）电感三点式振荡电路

图 5-9a 是电感三点式 LC 振荡电路，又称电感反馈式 LC 振荡电路或哈特莱振荡电路。其交流通路如图 5-9b 所示。放大电路采用分压式偏置，由于 C_B 的容量较大，对交流信号而言，基极是信号的公共端，所以是共基极放大电路。电感（L_1 和 L_2 两部分）与电容 C 并联，接在集电极构成的选频网络。电感 L_2 上的电压为反馈电压 $\dot{U}_f$，送到晶体管的输入端 E 端。假设将反馈端 K 处断开，加入输入信号 $\dot{U}_i$ 为（+），则各点的瞬时极性变化如图 5-9 所示。因此，$\dot{U}_f$ 与 $\dot{U}_i$ 同相，满足相位平衡条件。

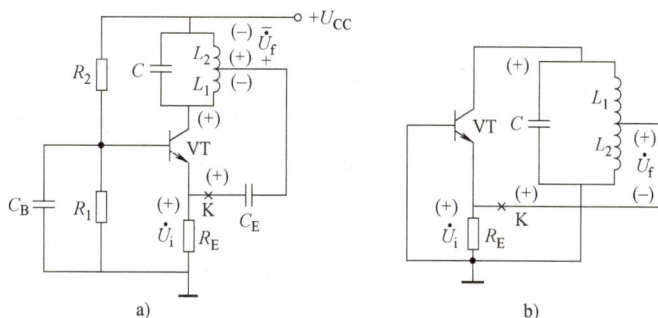

图 5-9　电感三点式 LC 振荡电路
a）电路　b）交流通路

通常 L_2 的匝数为电感线圈总匝数的 $\frac{1}{8} \sim \frac{1}{4}$ 就能满足起振条件，抽头的位置一般通过调试决定。在图 5-9 电路中，电感的 3 个端子分别与晶体管 VT 的 3 个电极相连，所以称为电感三点式振荡电路。由于反馈电压 $\dot{U}_f$ 从电感 L_2 两端引出，所以又称为电感反馈式振荡电路。

电感三点式振荡电路的振荡频率由 LC 并联谐振频率确定，即

$$f_0 \approx \frac{1}{2\pi\sqrt{LC}} = \frac{1}{2\pi\sqrt{(L_1+L_2+2M)C}} \tag{5-21}$$

式中，M 为电感 L_1 和电感 L_2 之间的互感。

在电感三点式振荡电路中，由于 L_1、L_2 耦合紧密，所以容易起振。如果采用可变电容器，就能在较宽的范围内调节振荡频率，故它在收音机、信号发生器等需要改变频率的场合得到广泛的应用。由于反馈信号取自电感 L_2，对高次谐波信号具有较大阻抗，使输出波形也含有较大高次谐波成分，输出波形变差，所以这种振荡电路常用于对波形要求不高的设备中。其振荡频率通常在几十兆赫以下。

（2）电容三点式振荡电路

电容三点式振荡电路如图 5-10a 所示，其交流通路如图 5-10b 所示。放大电路采用分压式偏置的共射极电路，选频网络由电容（C_1 和 C_2 串联）与电感 L 并联组成。反馈信号 $\dot{U}_f$ 取自电

容 C_2 两端的电压，送到晶体管 VT 的基极。如果将反馈端 K 点断开，加入输入信号 $\dot{U}_i$ 为（+），那么各点瞬时极性变化就如图 5-10 所示。可以看出，$\dot{U}_f$ 与 $\dot{U}_i$ 同相，满足相位平衡条件。

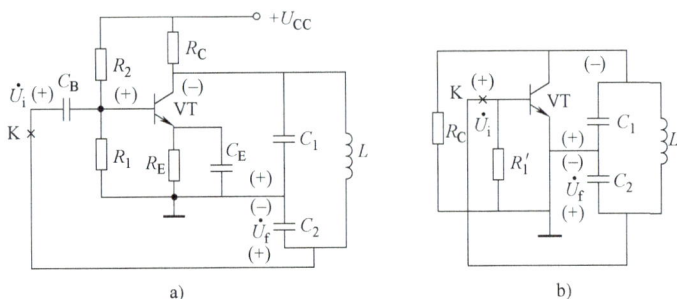

图 5-10 电容三点式振荡电路
a）电路 b）交流通路

由于 LC 并联回路中，电容 C_1 和 C_2 的 3 个端子分别与晶体管 VT 的 3 个电极相连，所以称为电容三点式振荡电路。反馈电压取自电容 C_2 两端的电压，故又称为电容反馈式振荡电路。

电容三点式振荡电路的振荡频率由 LC 并联谐振频率确定，即

$$f_0 \approx \frac{1}{2\pi\sqrt{LC}} = \frac{1}{2\pi\sqrt{L\dfrac{C_1 C_2}{C_1 + C_2}}} \qquad (5\text{-}22)$$

由于反馈电压取自电容两端的电压，电容对高次谐波容抗小，对高次谐波的正反馈比基波弱，所以输出波形中的高次谐波成分小，波形较好，振荡频率较高，可以达到 100MHz 以上。常在电感 L 两端并联可变电容器，以调节频率，但调节范围较小。

（3）三点式振荡电路的一般形式

上面介绍了两种基本形式的三点式振荡电路，由此可得到三点式振荡电路的一般形式，如图 5-11 所示。从两种振荡电路可找到一个共同规律，即晶体管集电极、发射极之间的电抗性质 X_{CE} 与基极、发射极之间的电抗性质 X_{BE} 相同，而集电极、基极之间的电抗性质 X_{CB} 与 X_{CE}、X_{BE} 相反。这就是判断三点式振荡电路相位平衡条件的法则。

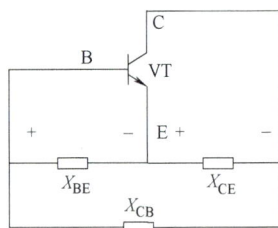

图 5-11 三点式振荡电路的一般形式

4. 实用电路举例

图 5-12 所示是一种超外差式收音机的本机振荡电路。放大电路为共基极接法，输入阻抗较低，截止频率高，输出对输入影响小，工作比较稳定，适用于振荡频率较高的场所。电路元器件参数如图 5-12 所示，图中电容 C_B 和 C_2 对振荡信号而言可视为交流短路，读者可自行分析并计算本机振荡频率的可调范围。

图 5-13a 所示为一种电视机的本机振荡电路，它是一个共集电极接法的电容三点式振荡电路，它的交流等效电路如图 5-13b 所示。这里晶体管 C、B 支路由 L_9、C_{23} 并联，再与 C_{24} 串联组成，整个支路为电感性。集电极通过 C_{27} 交流接地，所以是共集电极接法。

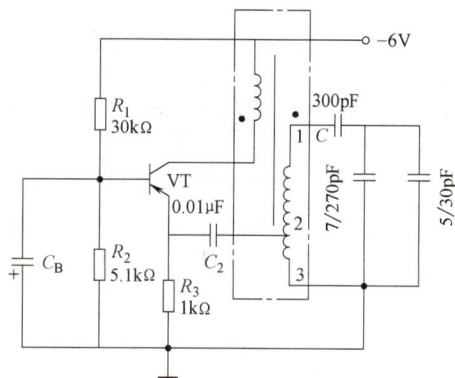

图 5-12 超外差式收音机的本机振荡电路

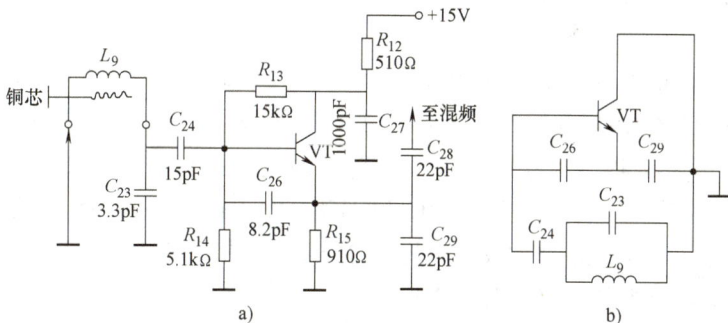

图 5-13 电视机的本机振荡电路及其交流等效电路
a) 电路 b) 交流等效电路

5.1.3 石英晶体振荡电路及其应用

我们知道，石英电子表的计时是非常准确的，这是因为在表的内部有一个用石英晶体做成的振荡电路，简称为晶振。与一般的 LC 振荡电路相比，石英晶振的频率稳定度相当高。所以在要求频率稳定度高的场合，都采用石英晶体振荡电路。它广泛应用于标准频率发生器、频率计、电话机、电视机、VCD、DVD 和计算机等设备中。

5.1.3 石英晶体振荡电路及其应用

1. 石英晶体振荡电路

（1）石英晶体谐振器的结构

石英是一种各向异性的晶体，其化学成分是二氧化硅（SiO_2）。从一块晶体上按一定的方位角切下的薄片，称为石英晶片（可以是正方形、矩形或圆形等）。在晶片的两个对应表面上镀银并引出两个电极，再加上外壳封装（一般用金属外壳密封，也可用玻璃壳封装），就构成石英晶体谐振器，简称石英晶体或晶片。石英晶体谐振器的外形、结构和符号如图 5-14 所示。

（2）石英晶体的压电效应

如果在石英晶片上加一个交变电压（电场），晶片就会产生与该交变电压频率相似的机械变形振动，而晶片的机械振动，又会在其两个电极之间产生一个交变电场，这种现象称为晶体的压电效应。在一般情况下，这种机械振动和交变电场的幅度是极其微小的，只有在外加交变电压的

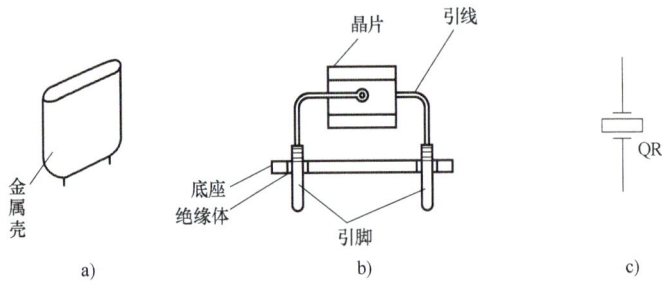

图 5-14　石英晶体谐振器

a）石英晶体的外形　b）石英晶体的结构　c）石英晶体的符号

频率等于石英晶片的固有振动频率时，振幅才会急剧增大，这种现象称为压电谐振。石英晶片的谐振频率取决于晶片的几何形状和切片方向，其体积越小，谐振频率越高。

（3）石英晶体的等效电路

石英晶片的压电谐振等效电路和 LC 谐振回路十分相似，其等效电路如图 5-15 所示。图中，C_0 表示金属极板之间的电容，约几皮法到几十皮法。L 和 C 分别模拟晶片振动时的惯性和弹性。一般等效的电感 L 很大，为 $10^{-3} \sim 10^2$ H；等效的电容 C 很小，为 $10^{-4} \sim 10^{-1}$ pF。R 是模拟晶片振动时的摩擦损耗，其等效值很小，约几欧到几百欧。石英晶振的回路品质因数 Q 值很大，可达 $10^4 \sim 10^6$，这使得用石英晶体构成的振荡器的振荡频率非常稳定。

（4）石英晶振的谐振频率和谐振曲线

图 5-16 是石英晶体谐振器的电抗-频率特性曲线。它具有两个谐振频率 f_s 和 f_p，这两个频率非常接近，当 $f_s < f < f_p$ 时，石英晶体呈感性；在其余频率范围内，石英晶体均呈容性。

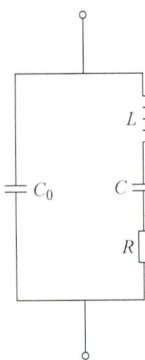

图 5-15　石英晶体的等效电路

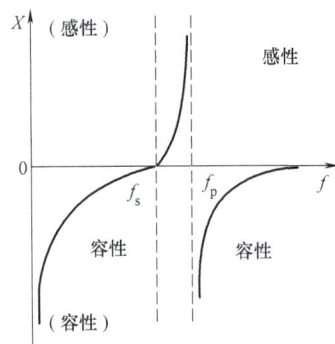

图 5-16　石英晶体谐振器的电抗-频率特性曲线

2. 石英晶体振荡电路的应用

石英晶体振荡电路的形式是多种多样的，但基本电路只有两种，即并联型和串联型。前一种石英晶体工作在接近于并联谐振状态，而后者则工作在串联谐振状态。

（1）并联型石英晶体振荡电路

在图 5-17 所示的并联型石英晶体振荡电路中，利用石英晶体在频率 $f_s \sim f_p$ 时阻抗呈感性的特点，作为一个感性元器件，与外接电容 C_1、C_2 构成电容三点式振荡电路。该电路的振荡频率接近并略高于 f_s，若改变 C_s，则可以在很小的范围内微调振荡器的输出频率。

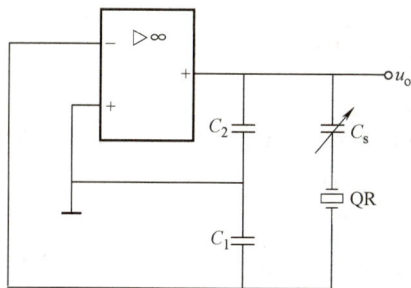

图 5-17　并联型石英晶体振荡电路

（2）串联型石英晶体振荡电路

图 5-18 是串联型石英晶体振荡电路。该电路是一个文氏桥式振荡电路。电路中选频和正反馈都由石英晶体谐振器来完成。R_F 和 R_1 构成负反馈支路，起稳幅作用。当工作频率等于石英晶体串联谐振频率 f_s 时，晶体的阻抗最小，且为纯电阻，电路满足相位平衡条件。可见，电路的振荡频率由石英晶体的串联谐振频率 f_s 决定。若改换晶体，则改变电路的振荡频率。调节 C_1 和 C_2，可以改变输出正弦波波形的失真度。

（3）实用电路举例

图 5-19a 是彩色电视机中的一种调幅载波振荡电路。为了保证频率稳定，采用石英晶体谐振器 QR，它等效为电感 L_s，VD 为变容二极管，它等

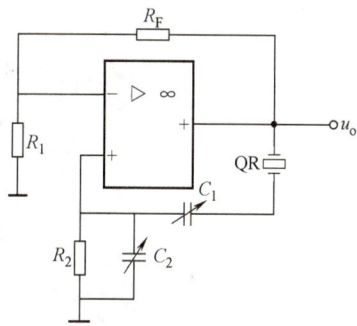

图 5-18　串联型石英晶体振荡电路

效为电容 C_z。L 为高频扼流圈，可忽略它对振荡频率的影响。图 5-19b 是其交流通路，可以看出它是一个电容三点式 LC 正弦波振荡电路。

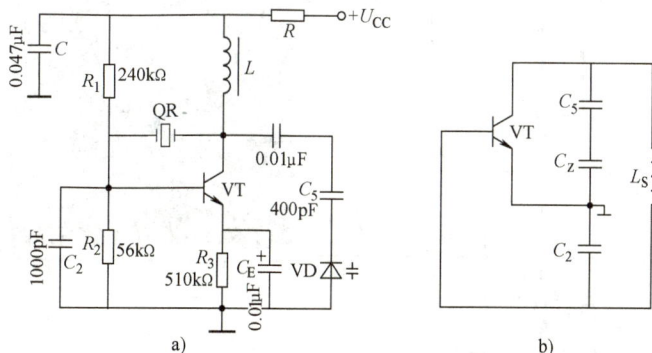

图 5-19　彩色电视机中的一种调幅载波振荡电路
a）振荡电路　b）交流通路

仿 真 训 练

正弦波振荡器的应用

1. 仿真电路

图 5-20 为 RC 桥式正弦波振荡器的仿真电路，图 5-21 为 RC 桥式正弦波振荡器的观测图。

2. 仿真内容及要求

1）搭接 RC 桥式正弦波振荡器。注意直流电源的极性，不要接错。优化电路结构和元器件参数。调节电位器，用示波器观测输出波形，记下临界起振、正弦波输出及失真情况下的电位器值，分析负反馈强弱对起振条件及输出波形的影响。用示波器测量振荡频率，并与理论值进行比较、分析产生误差的原因。

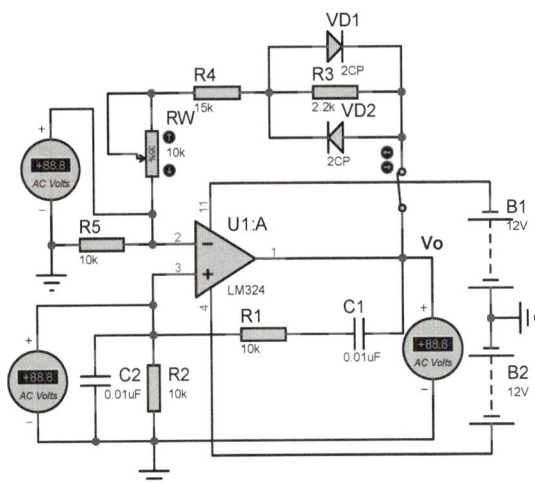

图 5-20　RC 桥式正弦波振荡器的仿真电路

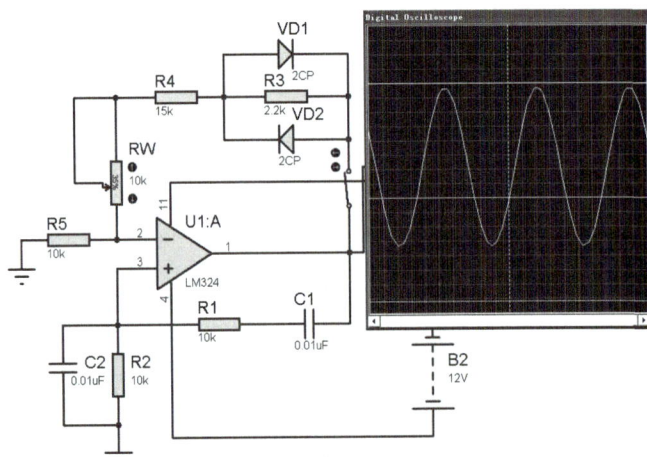

图 5-21　RC 桥式正弦波振荡器的观测图

2）调节电位器，使输出电压幅值最大且不失真，用交流毫伏表分别测量输出电压、同相端电压和反相端电压，分析振幅平衡条件。

3）断开两只二极管，重复步骤2）中的内容，将测试结果与步骤2）进行比较，分析两只二极管的稳幅作用。

技 能 实 训

RC 桥式正弦波振荡器的安装与调试

1. 实训目的
1）掌握电子电路布线、安装等基本技能。
2）进一步理解 RC 正弦波振荡器的组成及其振荡条件。
3）学会测量、调试振荡器。
4）掌握对简单电路故障的排除方法，培养独立解决问题的能力。
5）熟悉常用电子仪器的使用方法和技巧。

2. 实训器材
1）仪器：直流稳压电源、信号发生器、频率计、交流毫伏表、双踪示波器各1台；万用表一只。

2）元器件：集成运放 μA741 一块；二极管 2CP 两只；阻值为 15kΩ、2.2kΩ 的电阻各一只，阻值为 10kΩ 的电阻 3 只；值为 10kΩ 的电位器一只；面包板一块；连接导线若干。

3. 实训内容及要求
按图 5-22 所示的 RC 桥式正弦波振荡器连接实训电路。

1）接通±12V 电源，调节电位器 RP，使输出波形从无到有，直至正弦波出现失真为止。记下在临界起振、正弦波输出及失真情况下的 RP 值，分析负反馈强弱对起振条件及输出波形的影响。

2）调节电位器 RP，使输出电压 u_o 幅值最大且不失真，用交流毫伏表分别测量输出电压 u_o，反馈电压 u_+ 和 u_-，分析振幅平衡条件。

3）用示波器或频率计测量振荡频率 f_o，并与理论值进行比较。

图 5-22 RC 桥式正弦波振荡器

4）断开二极管 VD_1、VD_2，重复前面2）中的操作，将测试结果与2）进行比较，分析 VD_1、VD_2 的稳幅作用。

4. 实训报告要求
1）列表整理实训数据，画出波形，将实测频率与理论值进行比较。
2）根据实训分析 RC 振荡器的起振条件。
3）讨论二极管 VD_1、VD_2 的稳幅作用。

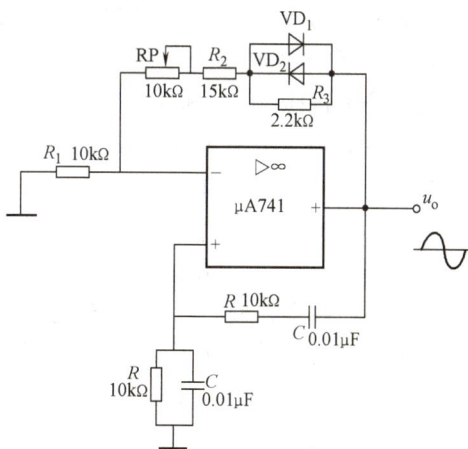

单元 5.2 非正弦波发生电路的分析

知 识 准 备

在电子设备中常用到一些非正弦信号，例如，数字电路中用到的矩形波，示波器和电视机扫描电路中用到的锯齿波等。非正弦波的产生可以有多种方法，本单元主要介绍以电压比较器为基本环节所形成的非正弦波发生电路。在非正弦波发生电路中，矩形波发生电路是基本电路，在矩形波发生电路的基础上，再加上积分环节，就可以组成三角波或锯齿波发生电路。

5.2.1 矩形波发生电路

矩形波发生电路是一种能够直接产生矩形波的非正弦波信号发生电路。矩形波有两种，一种是输出电压处于高电平的时间 T_H 和输出电压处于低电平的时间 T_L 不相等；另一种是二者相等（即 $T_H = T_L$），通常把 $T_H = T_L$ 的矩形波称为方波。由于矩形波包含丰富的谐波，所以矩形波发生电路又称为多谐振荡器。

5.2.1 矩形波发生电路

1. 方波发生电路

方波发生电路如图 5-23 所示。它是在迟滞比较器的基础上，把输出电压经 R、C 反馈到集成运放的反相端，在运放的输出端引入限流电阻 R_3 和两个稳压管而组成的双向限幅电路。

在图 5-23 中，电容 C 上的电压加在集成运放的反相输入端，集成运放工作在非线性区，输出只有两个值，即 $+U_Z$ 和 $-U_Z$。在接通电源的瞬间，图 5-23 所示电路的输出电压究竟偏于正向饱和还是负向饱和，具有不确定性。设在刚接通电源时，电容 C 上的电压为零，输出为正饱和电压 $+U_Z$，同相输入端的电压为

$$U_+ = \frac{R_2}{R_1 + R_2} U_Z \qquad (5\text{-}23)$$

从负反馈回路看，输出电压 $+U_Z$ 通过电阻 R 向电容 C 充电，使电容电压 u_C 逐渐上升。当充电电压 u_C 稍大于 U_+ 时，电路发生翻转，输出电压迅速由 $+U_Z$ 值变成 $-U_Z$，这时同相端电压变为

图 5-23 方波发生电路

$$U_+' = -\frac{R_2}{R_1 + R_2} U_Z \qquad (5\text{-}24)$$

电容 C 开始通过 R 放电，使 u_C 逐渐下降，u_C 降至零后由于输出端为负电压，所以电容 C 开始反向充电，u_C 继续下降，当 u_C 下降到稍低于 U_+' 时，电路又发生翻转，输出电压由 $-U_Z$ 迅速变成 $+U_Z$。在输出电压变成 $+U_Z$ 后，电容又反过来充电，如此周而复始，在集成运放的输出端便得到了如图 5-24 所示的方波发生电路的输出电压波形。

从以上分析可知，方波的频率与 RC 充放电时间常数有关，R、C 的乘积越大，充放电时间越长，方波的频率就越低。图 5-24 画出了在 $t = t_1 \sim t_3$ 时的方波一个周期内输出端及电容 C 上的电

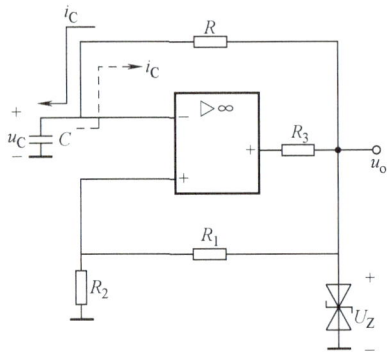

压波形，其周期可由下式估算，即

$$T \approx 2RC \ln\left(1 + \frac{2R_2}{R_1}\right) \qquad (5\text{-}25)$$

2. 占空比可调的矩形波发生电路

通常把矩形波高电平的时间 T_H 与周期 T 之比称为占空比。方波的占空比为 50%。如需产生占空比小于或大于 50% 的矩形波，则只需适当改变电容 C 的正、反向充电时间常数即可。故只需对图 5-23 稍加改造，即可得到改造后的占空比可调的矩形波发生电路，如图 5-25a 所示。

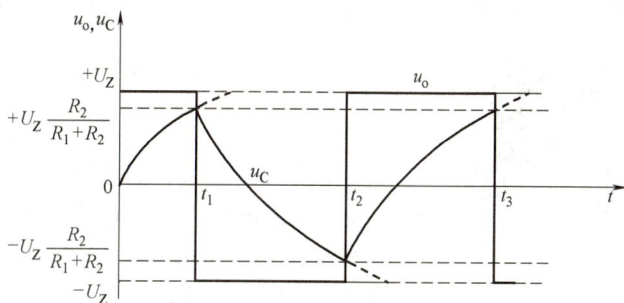

图 5-24　方波发生电路的输出电压波形

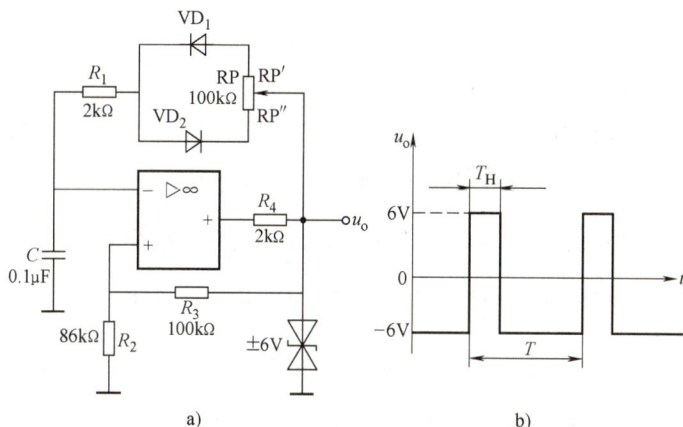

图 5-25　占空比可调的矩形波发生电路
a）电路　b）波形

在图 5-25a 中利用二极管单向导电特性（VD$_1$ 和 VD$_2$ 为锗二极管），使电容充放电路径不同，从而改变充电和放电的时间常数。当电位器 RP 的滑动端向上移时，$R_P' < R_P''$，则充电时间常数 $\tau_1 \approx (R_1 + R_P')C$ 小于放电时间常数 $\tau_2 \approx (R_1 + R_P'')C$，故输出振荡波形高电平变窄，使占空比变小，波形如图 5-25b 所示。相反，当 RP 滑动端下移时，$R_P' > R_P''$，则 $\tau_1 > \tau_2$，故输出波形高电平变宽，使占空比变大。当忽略二极管的导通电阻时，电容充电、放电的时间分别为

$$T_H = (R_1 + R_P')C \ln\left(1 + \frac{2R_2}{R_3}\right) \qquad (5\text{-}26)$$

$$T_L = (R_1 + R_P'')C \ln\left(1 + \frac{2R_2}{R_3}\right) \qquad (5\text{-}27)$$

$$T = T_H + T_L = (2R_1 + R_P)C \ln\left(1 + \frac{2R_2}{R_3}\right) \qquad (5\text{-}28)$$

矩形波的占空比为

$$D = \frac{T_H}{T} = \frac{R_1 + R_P'}{2R_1 + R_P} \qquad (5\text{-}29)$$

可见，改变电路中电位器滑动端的位置即可调节矩形波的占空比，而使总的振荡周期不变。

5.2.2 三角波和锯齿波发生电路

1. 三角波发生电路

三角波发生电路一般可用矩形波发生电路后加一级积分电路组成，将矩形波积分后即可得到三角波。图 5-26 所示为方波—三角波发生器。集成运放 A_2 构成一个积分器，集成运放 A_1 构成迟滞电压比较器。迟滞电压比较器输出端的矩形波加在积分电路的反相输入端，而积分电路输出的三角波又接到迟滞电压比较器的同相输入端，以控制迟滞电压比较器输出端的状态发生跳变，从而在 A_2 的输出端得到周期性三角波。

由于迟滞电压比较器反相输入端接地，所以同相输入端的电压由 u_o 和 u_{o1} 共同决定，为

$$u_{+1} = \frac{R_2}{R_1+R_2}u_{o1} + \frac{R_1}{R_1+R_2}u_o \qquad (5\text{-}30)$$

当 $u_{+1}>0$ 时，$u_{o1}=+U_Z$；当 $u_{+1}<0$ 时，$u_{o1}=-U_Z$。

在电源刚接通时，假设电容器初始电压为零，集成运放 A_1 输出电压为 $+U_Z$，即积分器输入为 $+U_Z$，通过 R_3 给电容 C 开始正向充电，输出电压 u_o 开始减小，u_{+1} 值也随之减小，当 u_o 减小到 $-\frac{R_2}{R_1}U_Z$ 时，u_{+1} 由正值变为零，滞回比较器 A_1 翻转，输出 u_{o1} 变为 $-U_Z$。

当 $u_{o1}=-U_Z$ 时，积分器输入负电压，电容 C 开始反向充电，输出电压 u_o 开始增大，u_{+1} 值也随之增大，当 u_o 增大到 $\frac{R_2}{R_1}U_Z$ 时，u_{+1} 由负值变为零，滞回比较器 A_1 翻转，输出 u_{o1} 变为 $+U_Z$。

此后，前述过程不断重复，便在 A_1 的输出端得到幅值为 U_Z 的矩形波，在 A_2 输出端得到三角波，三角波发生器的波形如图 5-27 所示。矩形波和三角波的振荡频率相同，可以证明其频率为

$$f = \frac{R_1}{4R_2R_3C} \qquad (5\text{-}31)$$

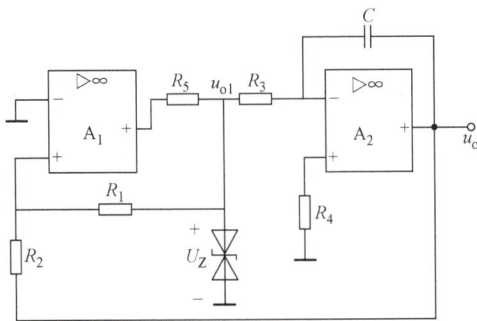

图 5-26 方波—三角波发生器

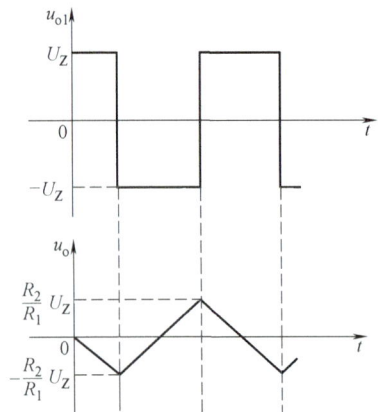

图 5-27 三角波发生器的波形

由以上分析可知，三角波的输出幅度与迟滞比较器中电阻值之比以及迟滞比较器的输出电压 U_Z 成正比；而三角波的振荡周期不仅与迟滞比较器的电阻值之比成正比，还与积分电路

的时间常数成正比。在实际调整三角波的输出幅度与振荡周期时，应该先调整电阻 R_1、R_2 值，使其输出达到规定值，然后再调整 R_3、C 值，以使振荡周期满足要求。

2. 锯齿波发生电路

锯齿波发生电路能够提供一个与时间呈线性关系的电压或电流波形，这种信号在示波器和电视机的扫描电路以及许多数字仪表中得到了广泛应用。锯齿波与三角波的不同之处是，上升和下降的波形不对称。因此，只要在三角波发生电路的基础上，使积分电路中的积分电容充放电路径不同，就可以让波形上升和下降的斜率不同，从而输出锯齿波。简单的锯齿波发生电路如图 5-28 所示。

锯齿波发生电路的工作原理与三角波发生电路基本相同，只是在集成运放 A_2 的反相输入电阻 R_3 上并联了由二极管 VD_1 和电阻 R_5 组成的支路，使积分器的正向积分和反向积分的速度明显不同。当 $u_{o1} = -U_Z$ 时，VD_1 反偏截止，正向积分的时间常数为 R_3C；当 $u_{o1} = +U_Z$ 时，VD_1 正偏导通，反向积分常数为 $(R_3 /\!/ R_5) C$。若取 $R_5 \ll R_3$，则反向积分时间小于正向积分时间，就形成了如图 5-29 所示的锯齿波。

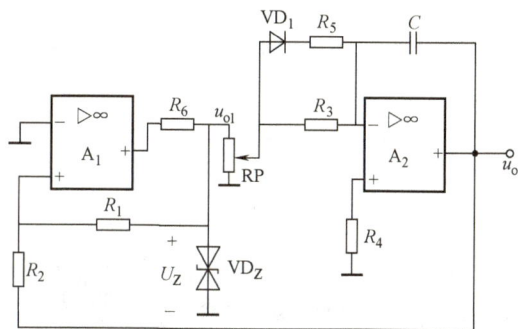

图 5-28　简单的锯齿波发生电路

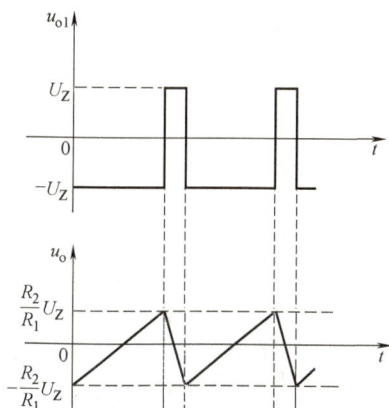

图 5-29　锯齿波发生电路的波形

仿 真 训 练

非正弦波发生器的应用

1. 仿真电路

图 5-30 为三角波和方波发生器的仿真电路，图 5-31 为三角波和方波发生器的观测图。

2. 仿真内容及要求

1）搭接三角波、方波发生器。注意直流电源的极性，不要接错。优化调整电路结构和元器件参数。调节电位器，用示波器观测第 1 级和第 2 级输出电压波形，测量它们的幅值、频率及电位器值，并记录。把实测频率与理论值进行比较，分析产生误差的原因。

单元 5.2 仿真训练
非正弦波发生
器的应用

2）改变电位器的位置，观察对第 1 级和第 2 级输出电压波形幅值及频率的影响。改变第 1 级运放同相端的任一电阻阻值，观察对第 1 级和第 2 级输出电压波形幅值及频率的影响。

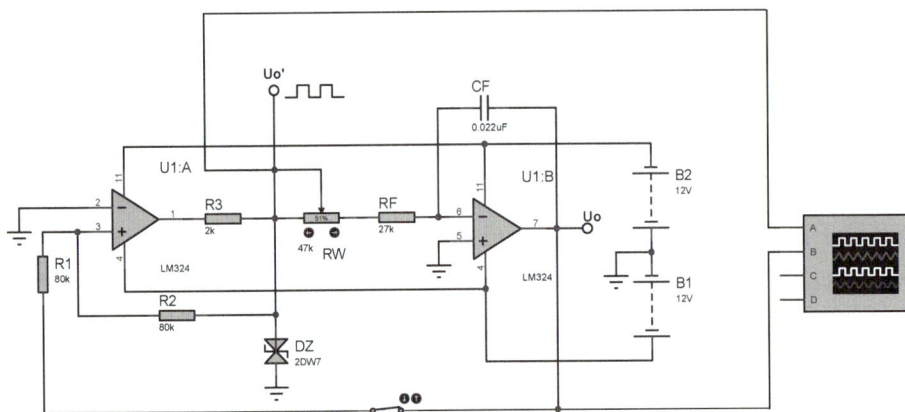

图 5-30　三角波和方波发生器的仿真电路

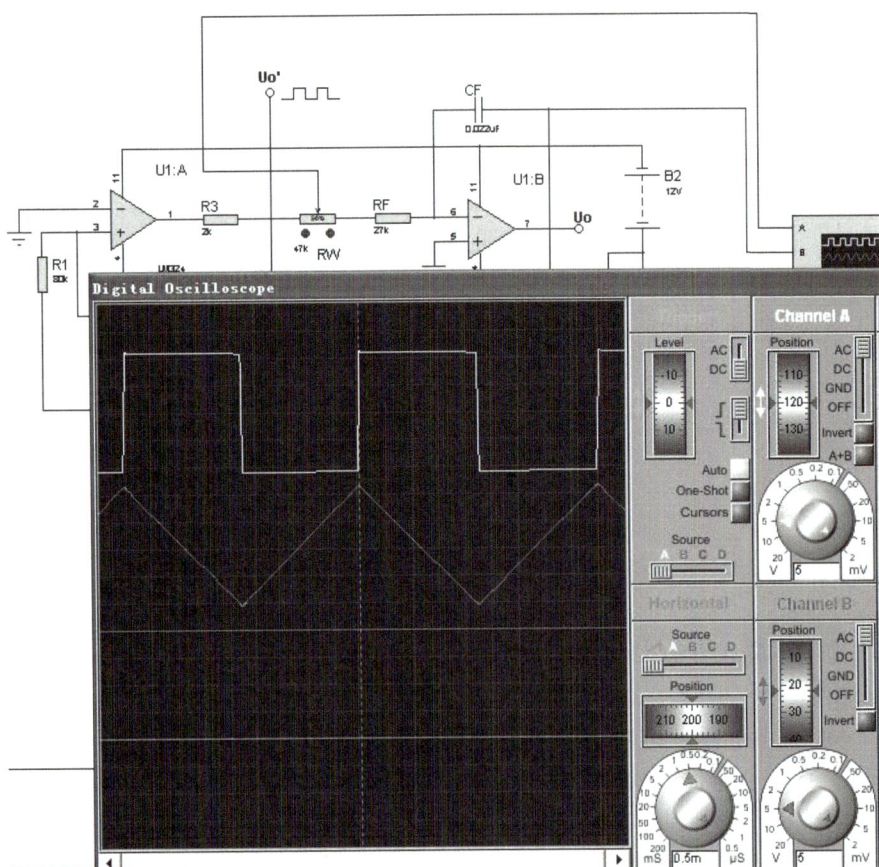

图 5-31　三角波和方波发生器的观测图

技 能 实 训

三角波和方波发生器的装配与调试

单元 5.2 技能实训
三角波和方波
发生器的装配
与调试

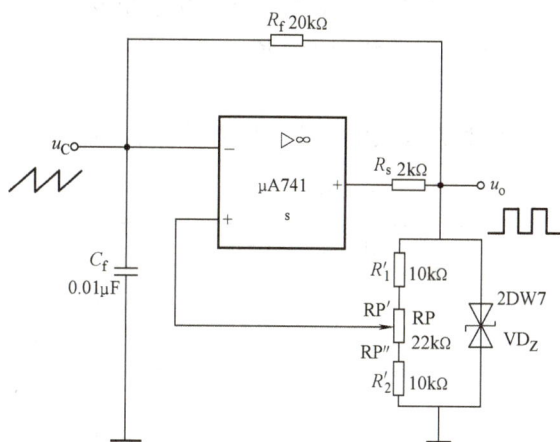

1. 实训目的

1）学会用集成运放构成方波和三角波发生器。

2）掌握波形发生器的调整和主要性能指标的测试方法。

3）巩固电子电路的基本测试方法，提高实际调整和测试能力。

2. 实训器材

1）仪器：三路输出直流稳压电源、信号发生器、示波器、交流毫伏表及万用表各一台。

2）元器件：集成运放 μA741 两只；稳压管 2DW7 一只；阻值为 22kΩ、47kΩ 的电位器各一只；阻值为 10kΩ 的电阻 4 只，阻值为 1kΩ、20kΩ、2kΩ、500Ω 的电阻各一只，容值为 0.01μF、1000pF 的电容各一只，面包板一块，导线若干。

3. 实训内容及要求

（1）方波发生器

在实训台面板上选择一个带有 8 脚运放插座的合适区域，按图 5-32 所示的方波发生器连接实训电路。

1）将电位器 RP 调至中心位置，用双踪示波器观察并描绘方波 u_o 及三角波 u_c 的波形（注意对应关系），测量其幅值及频率，并记录。

2）改变 RP 动点的位置，观察 u_o、u_c 幅值及频率变化的情况。把动点调至最上端和最下端，测出频率范围，并记录。

图 5-32　方波发生器

3）将 RP 恢复至中心位置，将一只稳压管短接，观察 u_o 波形，分析 VD_Z 的限幅作用。

（2）三角波和方波发生器

按图 5-33 所示的三角波和方波发生器连接实训电路。

1）将电位器 RP 调至合适位置，用双踪示波器观察并描绘三角波输出 u_o 及方波输出 u_{o1}，测其幅值、频率及 R_P 值，并记录。

2）改变 RP 的位置，观察对 u_o、u_{o1} 幅值及频率的影响。

3）改变 R_1（或 R_2），观察对 u_o、u_{o1} 幅值及频率的影响。

4. 实训报告要求

（1）方波发生器

1）列表整理实训数据，在同一坐标纸上，按比例画出方波和三角波的波形图（标出时间和电压幅值）。

2）分析当 R_P 变化时，对 u_o 波形的幅值及频率的影响。

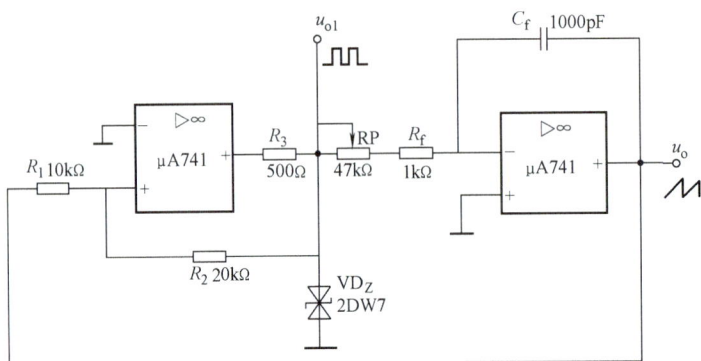

图 5-33　三角波和方波发生器

3）讨论 VD_Z 的限幅作用。

（2）三角波和方波发生器

1）整理实训数据，将实测频率与理论值进行比较。

2）在同一坐标纸上，按比例画出三角波及方波的波形，并标明时间和电压幅值。

3）分析电路参数变化（R_1、R_2 和 R_P）对输出波形频率及幅值的影响。

5. 考评内容及评分标准

三角波和方波发生器装配与调试的考评内容及评分标准如表 5-1 所示。

表 5-1　三角波和方波发生器安装与调试的考评内容及评分标准

步骤	考评内容	评分标准	标准分	扣分及原因	得分
1	画出波形电路原理图，并分析其工作原理	1）各元器件符号正确 2）各物理量标注正确 3）各元器件连接正确 4）原理分析准确 错一处扣5分，扣完为止（教师辅导、学生自查）	15		
2	根据相关参数，对元器件质量进行判别（特别是集成运放）	元器件质量和分类判断正确 错一处扣5分，扣完为止（学生自查、教师检查）	15		
3	根据电路原理图进行电路连接；利用直观法或使用万用表通过对在路电阻的测量，分析电路连接是否正确	1）在路电阻的测量正确 2）不得出现断路（脱焊）、短路及元器件极性接反等错误 错一处扣5分，扣完为止（同学互查、教师检查）	20		
4	确认检查无误后，进行通电测试。使用万用表测量各点电压，准确判断电路的工作状态	1）仪器仪表档位、量程选择正确 2）读数准确，判断准确 错一处扣5分，扣完为止（教师指导、同学互查）	20		

（续）

步骤	考评内容	评分标准	标准分	扣分及原因	得分
5	使用信号发生器等仪器仪表对电路进行输出电压波形的测量，对电路的工作状态进行正确分析	1) 仪器仪表档位、量程选择正确 2) 读数准确，判断准确 3) 工作状态正常 错一处扣 5 分，扣完为止（教师指导、同学互查）	15		
6	注意安全、规范操作。小组分工，保证质量。完成时间为 90min	1) 小组成员各有明确分工 2) 在规定时间内完成该项目 3) 各项操作规范、安全 成员无分工扣 5 分，超时扣 10 分（教师指导、同学互查）	15		
	教师根据学生对波形发生电路理论水平和技能水平的掌握情况进行综合评定，并指出存在的问题和具体改进方案		100		

知 识 拓 展

接触无线电（基础知识）

无线电与人类的工作、生活密不可分，如广播、电视、无线通信等，可以说我们生活在无线电波的包围中。

19 世纪 60 年代，英国物理学家麦克斯韦总结前人的工作，提出了电磁波学说。20 多年后，德国科学家赫兹通过实验，证明了电磁波的存在。

那么，什么是电磁波？电磁波有什么作用？如何利用电磁波？从电工学电磁感应现象知道，在电磁场里，磁场的任何变化会产生电场，电场的任何变化也会产生磁场。交变的电磁场不仅可能存在于电荷、电流或导体的周围，而且能够脱离其产生的波源向远处传播，这种在空间中以一定速度传播的交变电磁场就称为电磁波。无线电技术中使用的这一段电磁波称为无线电波。

理论分析和实验都表明无线电波是横波，即电场和磁场的方向都与波的传播方向相互垂直，而且电场强度与磁场强度的方向也总是相互垂直的。

无线电波在空间传播时，必然要受到大气层的影响，尤其以电离层的影响最为显著。电离层是由于从太阳及其他星体发出的放射性辐射进入大气层，使大气层被电离而形成的。电离层内含有的自由电子是影响无线电波的主要因素。

电离层对无线电波的主要影响是使传播方向由电子密度较大区域向密度较小区域弯曲，即发生电波折射。这种影响随波段的不同而不同。波长越长，折射越显著。30MHz 以下的电波被折回地面，30MHz 以上的电波则穿透电离层。另外，电波受电离层的另一影响是能量被吸收而衰减。电离程度越大，衰减越大；波长越长，衰减也越大。因此，无线电波的传播方式，因波长的不同而分为地波、天波和空间波 3 种形式。地波是沿地球表面空间向外传播的无线电波，中、长波均利用地波方式传播。依靠电离层的反射作用传播的无线电波叫天波，短波多利用这种方式传播。空间波是沿直线传播的无线电波，它包括由发射点直接到达接收点的直射波和经地面反射到接收点的反射波，超短波的电视和雷达多采用空间波的方式进行传播。

发射与接收是无线电技术的两个工作过程，缺一不可。把无线电波发送出去的装置称为发射器。要使声音、图像传播出去，就需要将它们"搭载"在无线电波上，这个过程称为调制，而被当作传播工具的无线电波则称为载波。调制的方式又有两种：一种是让载波的幅度随着声音的大小而变化，这种方式叫调幅，调制后的电波称为调幅波；另一种是让载波的频率随声音的大小而变化，这种方式叫调频，调制后的电波称为调频波。无论是调幅还是调频，都需要以高频振荡信号作为载波，因此发射装置必须有高频振荡电路，振荡信号的频率、幅值及功率都必须满足发射的要求。

无线电信号的接收也必须使用振荡电路。可以将调幅/调频收音机接收无线电信号的工作原理简单归纳为以下4步。

1）接收相应频率的无线电波。用于无线广播的无线电波频率有很多，一个频率对应一个电台的一套广播节目，而一台收音机一次只能收听一个频率的广播节目。这就提出了一个最基本的要求：收音机应能有选择性地接收无线电波。事实上，收音机靠其本身配置的天线将各种频率的无线电波接收（电磁感应）进来，然后通过一个具有选择功能的电路（选频网络）来择取听众需收听的电台频率，此时自然就要将其他频率的无线电波滤掉。

2）频率变换。将高频载波变换为固定的中频信号，但是载波的性质不变。由于接收电路不可能随着外来信号的变化而改变，因此它所对应的工作频率必须是固定的。这就需要将接收到的高频信号进行变换，即混频。混频时需要一个比外来信号高出一个中频的高频信号，此信号必须由高频振荡电路产生，即本机振荡。高频信号与外来信号频率相减，得到一个差频信号，即中频。这也是"超外差式"的含义。这一选择过程就是常说的选台，即调谐过程。

3）解调出调制在载波上的声音信息。经过频率变换后，下一步就是把"搭载"在电波上的声音信息解调出来。解调是通过特别设计的电子电路-检波电路来完成的。调制的方式有调幅和调频两种，相对应的解调方式和采用的电子电路也是不同的。一般情况下，从天线上直接接收到的无线电信号是非常微弱的，通过调谐电路后还需经过前置预放大电路放大到一定幅度才能送往解调电路。

4）把声音信息还原成人耳能听到的声音。从无线电波上解调出来的声音信息此时还是一种幅度很低的电信号，无法驱动负载工作，还需用电压放大电路和功率放大电路将其放大，再通过扬声器或耳机还原成原来的声音。

自我检测题

一、填空题

1. 在正弦波振荡电路的振荡条件中，幅值平衡条件是指_____，相位平衡条件是指_____，后者实质上要求电路满足_____反馈。

2. 对于 RC 串并联网络的频率特性，当外加信号频率 f 达到电路的固有频率 $f_0 =$ _____时，其输出电压是输入电压的_____，而其相位差为_____。因此，组成 RC 串并联正弦波振荡电路，必须配备电压放大倍数 $A_u \geqslant$ _____的_____相放大电路。

3. 正弦波振荡电路一般由_____部分组成，其中有_____。

4. 在正弦波振荡电路中，若希望振荡频率 f_0 在 100MHz 以上，则应采用_____振荡电路；若希望振荡频率在几百 kHz 以上，并不要求频率可调，但要求频率稳定度高，则应采用_____振荡电路。

二、选择题

1. 当石英晶体谐振于 f_s 时，相当于 LC 电路呈现（　　）。

A. 串联谐振　　　　B. 并联谐振　　　　C. 最大阻抗

2. 产生低频正弦波一般可选用（　　）振荡器；产生高频正弦波可选用（　　）振荡器；产生频率稳定度很高的正弦波可选用（　　）振荡器。

A. RC　　　　　　B. LC　　　　　　C. 石英晶体

3. 三角波和锯齿波发生电路一般（　　）积分环节。

A. 有　　　　　　　B. 没有

4. 当石英晶体发生串联谐振，即 $f=f_s$ 时，它呈_____；当频率在 f_s 与 f_p 之间极窄的范围内，石英晶体呈_____；当频率 $f<f_s$ 或 $f>f_p$ 时，石英晶体均呈_____。

A. 纯电阻性　　　　B. 感性　　　　　　C. 容性

思考题与习题

1. 正弦波振荡电路的种类有哪几种？各有什么特点？它们各自应用在什么范围？

2. 如何判断一个变压器反馈式振荡电路能否产生正弦波振荡？

3. 如何判断一个三点式振荡电路能否产生正弦波振荡？

4. 石英晶体谐振器具有哪些特点？

5. 将图 5-34 所示电路中相应端点进行连接，构成文氏桥式振荡电路和过零比较器，输出正弦波和方波，写出输出波形周期 T 的表达式。

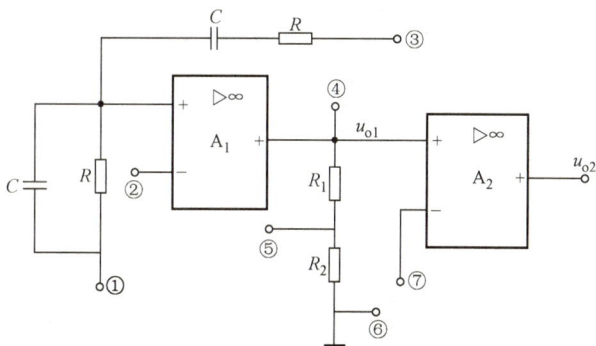

图 5-34　题 5 图

6. 用相位平衡条件判断图 5-35 所示电路能否产生振荡？若不能产生振荡，说明为什么；若能产生振荡，试求其振荡频率。

7. 图 5-36 所示为超外差收音机中的本机振荡电路。

1）在图中标出振荡线圈一次、二次绕组的同名端。

2）当 $C_4=20\ \text{pF}$ 时，在可变电容 C_5 的变化范围内，振荡频率可调范围为多大？

8. 图 5-37 为几个石英晶体振荡电路，指出它们属于串联型还是并联型。

9. 图 5-38 是一个方波发生器电路，已知 $R_1=R_2=R_3=50\text{k}\Omega$，$R_4=2\text{k}\Omega$，$C=0.02\mu\text{F}$，

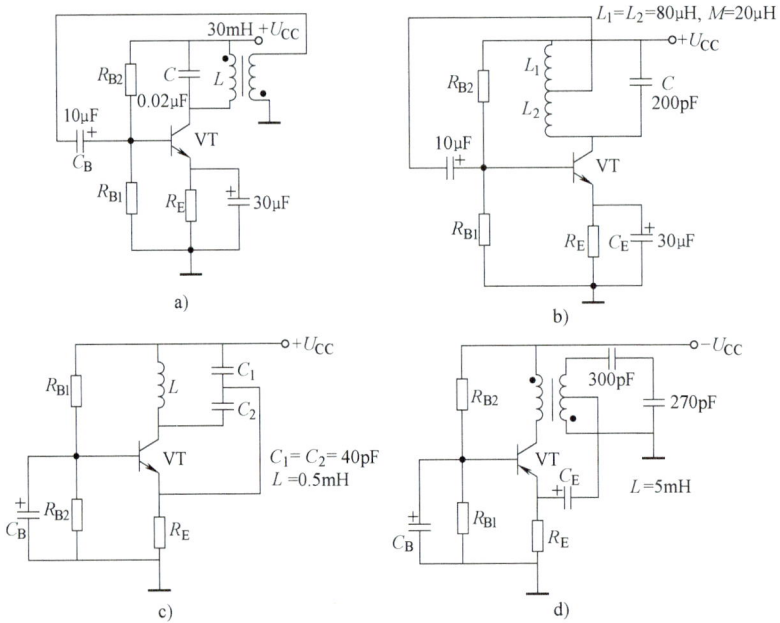

图 5-35　题 6 图

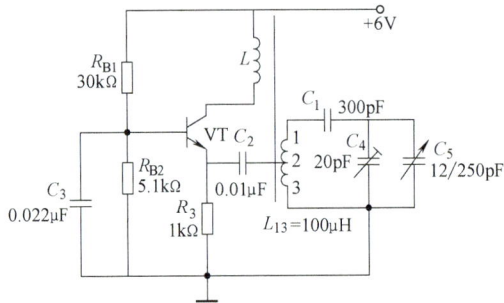

图 5-36　题 7 图

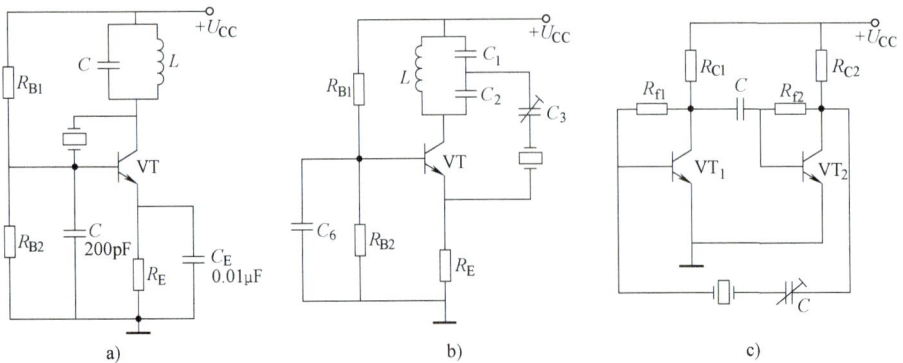

图 5-37　题 8 图

$\pm U_Z = \pm 6\,\mathrm{V}$。

1）分析电路的组成和各部分的功能。

2）计算 u_o 的幅值 U_{om} 和振荡周期 T。

3）画出电容器上电压 u_C 和输出电压 u_o 的波形。

10. 三角波发生电路如图 5-39 所示。

1）求 u_{o1} 的幅值 U_{o1m} 和输出 u_o 的幅值 U_{om} 以及周期 T。

2）画出 u_{o1} 和 u_{o2} 的波形图。

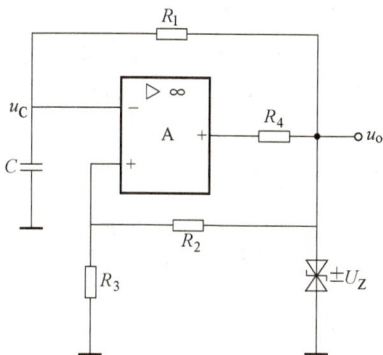

图 5-38　题 9 图

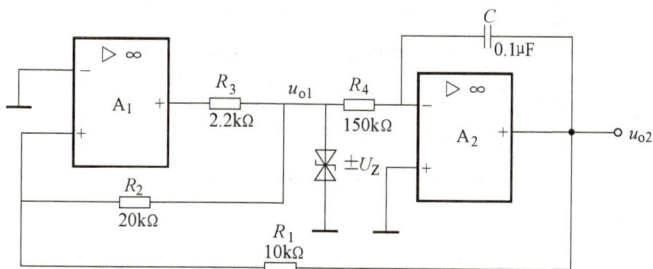

图 5-39　题 10 图

11. 若图 5-39 所示的运放 A_1 反相输入端不接地，而接参考电压 $U_R = 2\,\mathrm{V}$，则 u_{o1} 和 u_{o2} 的波形与题 10 比较有何变化？

12. 分析图 5-40 所示电路。

1）A_1、A_2 分别组成什么电路？整个电路具有什么功能？

2）设 $R_4 \gg R_5$，画出 u_{o1} 和 u_{o2} 的波形示意图，并标明幅值。

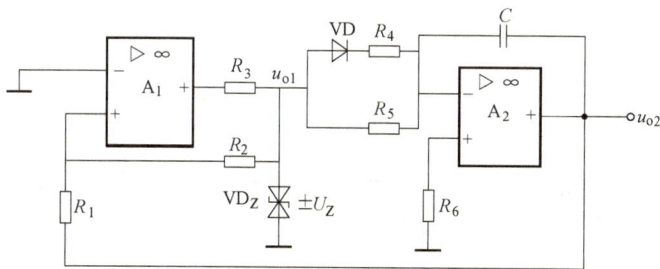

图 5-40　题 12 图

模块 6　集成功放及集成稳压电路

学习目的

要知道：功率放大、最大不失真输出功率、效率等概念，交越失真形成原因及其消除方法，甲类放大、甲乙类放大、乙类放大、复合晶体管的特点，OCL 和 OTL 功率放大电路区别。稳压、限流、调整、采样、基准、比较放大、稳压系数、输出电阻、串联型稳压等概念；直流稳压电源组成部分。

会选用：功率放大电路中晶体管，硅稳压管稳压电路中的限流电阻和稳压管。

会计算：OCL 和 OTL 功率放大电路的输出功率、电源功率、管耗、效率及功率管的极限参数要求。硅稳压管稳压电路的限流电阻值；串联型稳压电路的输出电压以及输出电压的可调范围；三端式固定输出集成稳压器单组电路中各元器件参数。

会使用：集成功率放大电路，集成稳压器。

会分析：硅稳压管稳压电路的工作原理，串联型稳压电路的工作原理。

会画出：三端式固定输出集成稳压器单电压输出电路。

会识别：复合管的管型，集成稳压器的引脚编号。

单元 6.1　功率放大电路的应用

知 识 准 备

6.1.1　功率放大电路特点与分类

6.1.1 功率放大电路特点与分类

在电子系统中，模拟信号被放大后，往往要推动一个实际的负载，如使扬声器发声、继电器动作、仪表指针偏转等。这个工作往往需要很大的功率。能够输出较大功率的放大器称为功率放大器。演播大厅和家庭影院中的功放机就是功率放大器的典型应用。

功率放大电路实际上也是一种能量转换器，它在输入交流信号的驱动下，能高效率地把直流电能转化为按输入信号变化的交流电能。因此，功率放大电路有一些特殊问题和要求。

（1）输出功率要足够大

功率放大电路的输出负载一般都需要较大的功率。为满足这个要求，功放器件的输出电压和电流的幅度都应该较大，往往工作在接近极限状态。

（2）效率要高

所谓效率，就是负载得到的有用信号功率和电源供给的直流功率的比值。它代表了电路

将电源直流能量转换为输出交流能量的能力，即

$$\eta = \frac{P_{om}}{P_V} \tag{6-1}$$

因此，必须尽可能地降低消耗在功放器件和电路上的功率，以提高效率。

（3）失真要小

功率放大电路是在大信号下工作的，所以不可避免地会产生非线性失真，这就使输出功率和非线性失真成为一对主要矛盾。因此，在使用中必须兼顾提高交流输出功率和减小非线性失真这两方面的要求。

当然，在不同场合下，对非线性失真的要求不同。例如，在测量系统和电声设备中，这个问题显得比较重要；而在工业控制系统等场合中，则以输出功率为主要目的，对非线性失真的要求就降为次要问题了。

（4）散热要好

在功率放大电路中，有相当大的功率消耗在管子的集电结上，使结温和管壳的温度升高。为了充分利用允许的功耗而使管子输出足够大的功率，放大器件的散热就成为一个重要问题。

通常，功率放大电路按其工作状态的不同，可分为甲类、乙类和甲乙类功率放大电路等。在输入信号的整个周期内，晶体管都处于导通状态，这种工作方式称为甲类放大，其效率最高也只能达到50%左右；功放管只在半个周期内导通的功放电路，称为乙类功放，其效率最高约为78.5%；而功放管导通时间超过半个周期，但不是在整个周期内导通的功放电路，称为甲乙类功放，其效率介于上述两者之间。

6.1.2　双电源互补对称功率放大电路的分析

1. OCL 乙类互补对称功率放大电路

（1）电路组成

采用正、负电源供电的互补对称功率放大电路又称为无输出电容的功率放大电路，简称为 OCL 电路。图 6-1 所示为 OCL 乙类互补对称功率放大电路的原理图。通常选正、负电源的绝对值相同。VT_1 为 NPN 型管，其集电极接正电源 U_{CC1}；VT_2 为 PNP 型管，其集电极接负电源 $-U_{CC2}$，两管的参数特性基本一致，将两管的发射极连在一起，作为输出端直接接负载 R_L。所以两管都为共集电极接法。将两管的基极连接在一起与输入信号 u_i 直接耦合。

当 $u_i = 0$ 时，电路处于静态，两管都不导通，静态电流为零，电源不消耗功率。

6.1.2　双电源互补对称功率放大电路的分析—OCL 乙类互补对称功率放大电路

当输入信号处于正半周（$u_i > 0$）时，VT_1 发射结正偏导通，VT_2 截止，电流 i_{C1} 通过负载 R_L；当信号处于负半周（$u_i < 0$）时，VT_1 截止，VT_2 导通，电流 i_{C2} 通过负载 R_L；这样 VT_1、VT_2 在整个周期内交替导通，为负载提供电流，组成了推挽式电路。由以上分析可知，电路工作在乙类放大状态，两个管子工作性能对称，轮流导通，故称这种电路为互补对称电路。

（2）图解分析

采用图解法分别做出 VT_1、VT_2 的工作情况，如图 6-2a、b 所示。为了便于分析，把 VT_1、VT_2 的特性曲线连在一起，使 Q_1 与 Q_2 点在 $U_{CE} = U_{CC}$ 处重合，形成 VT_1 和 VT_2 互补电路的合成曲线，如图 6-2c 所示，它反映出输出电压 u_o 和负载电流 i_L 的关系。

（3）功率、效率的计算

1）输出功率 P_o。由图 6-2c 可知，u_o、i_L 为正弦波，根据输出功率的定义

$$P_o = I_L^2 R_L = \frac{1}{2}I_{cm}^2 R_L = \frac{1}{2}I_{cm}U_{cem} = \frac{1}{2}\frac{U_{cem}^2}{R_L} \quad (6\text{-}2)$$

这个数值正好是图 6-2c 中阴影部分组成的三角形 ABQ 的面积，因此常用它表示输出功率的大小，称为功率三角形。

如果输入信号足够大，U_{cem} 就可达到最大值 U_{CC} - U_{CES}，而信号基本上不失真。此时，输出功率为最大不

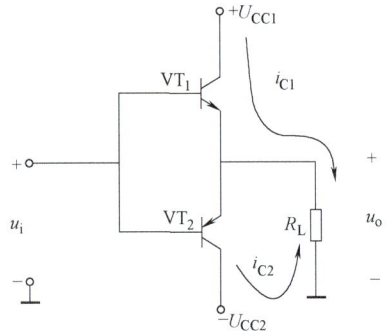

图 6-1　OCL 乙类互补对称功率放大电路的原理图

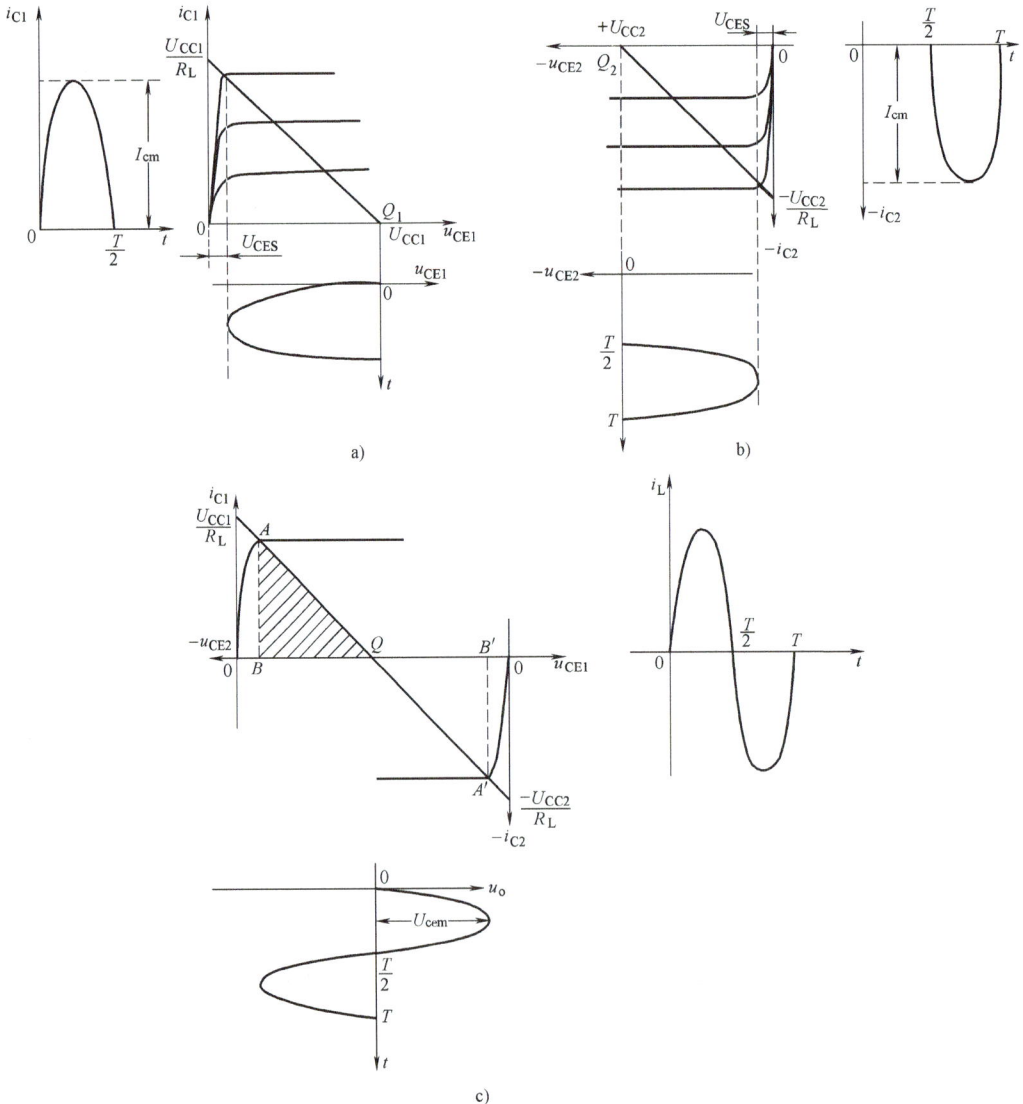

a)

b)

c)

图 6-2　图解法分析 OCL 乙类互补对称功率放大电路

a）VT$_1$管输出特性　b）VT$_2$管输出特性　c）互补电路的合成曲线

失真输出功率

$$P_{om} = \frac{1}{2} I_{cm}(U_{CC} - U_{CES}) \approx \frac{1}{2} I_{cm} U_{CC} = \frac{1}{2} \frac{U_{CC}^2}{R_L} \qquad (6\text{-}3)$$

2）直流电源供给的功率 P_V。由于每个电源只提供半个周期的电流，所以总功率为

$$P_V = 2 \frac{1}{2\pi} \int_0^\pi U_{CC} I_{cm} \sin\omega t \mathrm{d}(\omega t) = \frac{2}{\pi} U_{CC} I_{cm} \qquad (6\text{-}4)$$

3）效率 η。理想情况下，电路的效率为

$$\eta = \frac{P_{om}}{P_V} = \frac{I_{cm} U_{CC}}{2} \bigg/ \frac{2 U_{CC} I_{cm}}{\pi} = \frac{\pi}{4} \approx 78.5\% \qquad (6\text{-}5)$$

4）管耗 P_T。两只晶体管总的集电极耗散功率 $P_T = P_V - P_o$。

$$P_T = P_V - P_o = \frac{2}{\pi} I_{cm} U_{CC} - \frac{1}{2} I_{cm}^2 R_L \qquad (6\text{-}6)$$

式（6-6）说明，P_o 和 P_V 均与 I_{cm} 有关，也就是说 P_T 与 I_{cm} 有关。由数学分析推导可得两管最大管耗为

$$P_{TM} = \frac{2}{\pi^2} \frac{U_{CC}^2}{R_L} = 0.4 P_{om} \qquad (6\text{-}7)$$

所以每只功放管的管耗与总的交流最大输出功率 P_{om} 的关系是

$$P_{T1M} = 0.2 P_{om} \qquad (6\text{-}8)$$

5）晶体管的选择。由以上分析可知，在选择晶体管时应满足下列条件：

① 每只晶体管的最大允许管耗 $P_{CM} \geqslant \frac{1}{\pi^2} \frac{U_{CC}^2}{R_L}$（或 $0.2 P_{om}$）。

② 每只晶体管 C、E 之间的反向击穿电压 $|U_{(BR)CEO}| > |U_{CC1}| + |U_{CC2}|$。

③ 每只晶体管的最大允许集电极电流 $I_{CM} > \dfrac{U_{CC1}}{R_L}$（或 $\dfrac{-U_{CC2}}{R_L}$）。

2. OCL 甲乙类互补对称功率放大电路

（1）交越失真

在介绍乙类互补对称电路时，忽略了晶体管的死区电压，而实际上由于没有直流偏置，当输入信号 u_i 低于死区电压（硅管约为 0.5V，锗管约为 0.1V）时，VT_1 和 VT_2 都截止，i_{C1} 和 i_{C2} 基本为零，负载上无电流通过，出现一段死区，这种现象称为交越失真。乙类互补对称功率放大电路的交越失真如图 6-3 所示。

6.1.2　双电源互补对称功率放大电路的分析—OCL 甲乙类互补对称功率放大电路

（2）甲乙类互补对称电路

为减小和克服交越失真，通常在两基极间串接二极管（或电阻），以便在静态时供给 VT_1 和 VT_2 一定的正偏压，使两管在静态时都处于微导通状态。OCL 甲乙类互补对称功率放大电路如图 6-4 所示。这样，当有输入信号时，就可使波形失真减小或为零。此时电路就工作在甲乙类。但是，为提高工作效率，在波形失真允许的前提下应使静态工作电流尽可能小一些。

（3）复合管

在互补对称功率放大电路中，要求一对功率输出管 NPN 型管和 PNP 型管性能对称。但往往难以找到特性接近的大功率 NPN 型管和 PNP 型管，为此，在大功率互补对称功放电路中，

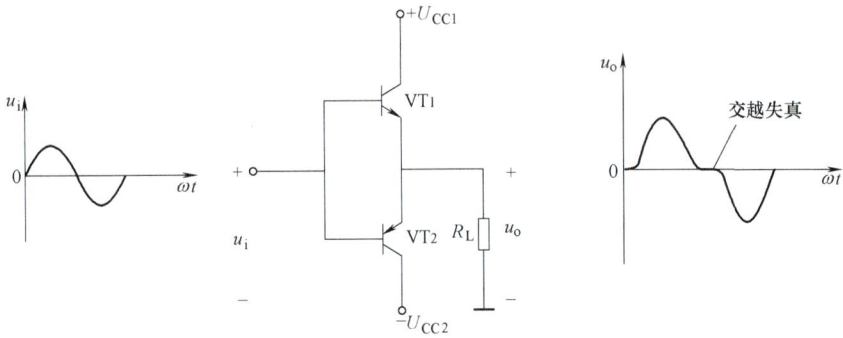

图 6-3　乙类互补对称功率放大电路的交越失真

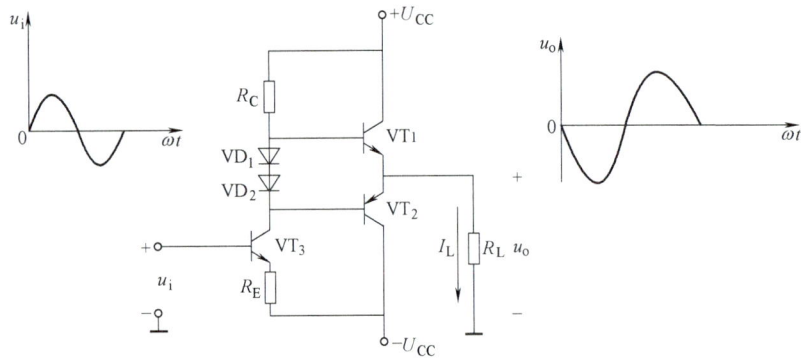

图 6-4　OCL 甲乙类互补对称功率放大电路

常采用复合管的接法来实现互补。

　　复合管是把两个或两个以上的晶体管适当连接起来成为一个管子。复合管又称为达林顿管。常用的典型复合管电路如图 6-5 所示。

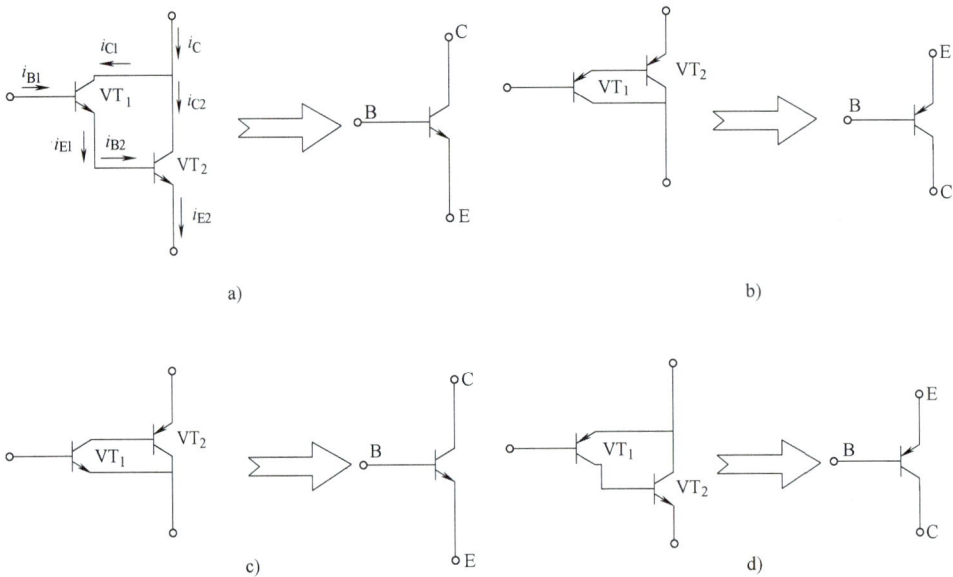

a)

b)

c)

d)

图 6-5　常用的典型复合管电路

a) NPN+NPN=NPN　b) PNP+PNP=PNP　c) NPN+PNP=NPN　d) PNP+NPN=PNP

复合管的主要特点是：电流放大倍数大大提高，总的电流放大倍数是单管电流放大倍数的乘积，即 $\beta = \beta_1 \beta_2$；复合管的输入电阻大大提高，同时增强乙类功率放大射极输出器的电流放大能力；复合管的类型主要取决于第一个管子的类型。复合管的缺点是穿透电流较大，温度稳定性变差。

6.1.3　OTL 功率放大电路的分析及其应用

1. OTL 功率放大电路的分析

（1）电路的基本原理

双电源互补对称功率放大电路由于静态时输出端电位为零，负载可以直接连接，不需要耦合电容，所以它具有低频响应好、输出功率大、便于集成等优点。但它需要双电源供电，使用起来有时会感到不方便。如果采用单电源供电，只需在两管发射极与负载之间接入一个大电容 C 即可。这种电路通常又称为无输出变压器电路，简称为 OTL 电路。OTL 功率放大电路如图 6-6 所示。

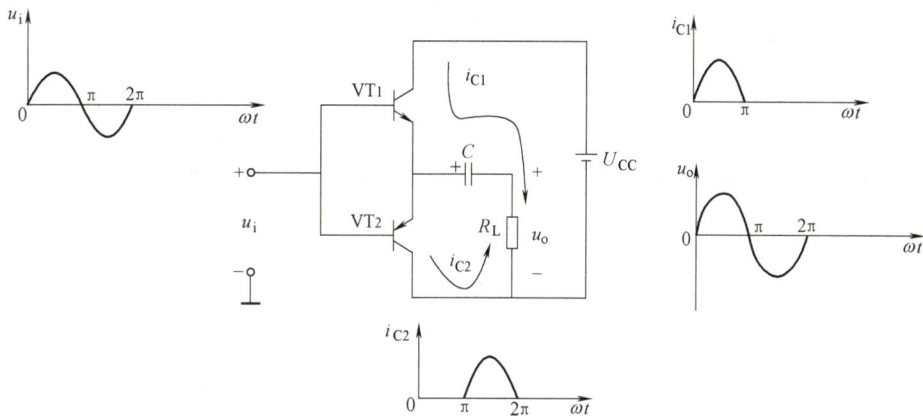

6.1.3　OTL 功率放大电路的分析及其应用

图 6-6　OTL 功率放大电路

在静态（$u_i = 0$）时，VT_1 和 VT_2 中有很小的电流通过，若 VT_1 和 VT_2 的特性对称，则 C 被充电，晶体管发射极电位 $U_E = \frac{1}{2} U_{CC}$。这样，VT_1 的 $U_{CE1} = \frac{1}{2} U_{CC}$，$VT_2$ 的 $U_{CE2} = -\frac{1}{2} U_{CC}$。

当输入信号 u_i 为正半周（$u_i > 0$）时，VT_1 导通，VT_2 截止，于是，VT_1 以射极输出器形式将正半周信号电压传送给负载 R_L，同时对电容 C 充电，负载电阻 R_L 上的电流方向如图 6-6 中 i_{C1} 所示；当 u_i 为负半周（$u_i < 0$）时，VT_2 导通，VT_1 截止，此时电容 C 通过导通的 VT_2 进行放电，负载 R_L 上的电流方向如图 6-6 中 i_{C2} 所示。i_{C1} 和 i_{C2} 大小相等，方向相反。于是在负载 R_L 上就得到了一个随 u_i 变化的完整的电流波形。

（2）功率、效率的计算

OTL 电路的分析计算与 OCL 电路相似，只是在 OTL 电路中，每个晶体管的工作电压不是原来的 U_{CC}，而是 $\frac{1}{2} U_{CC}$。

1）最大输出功率 P_{om} 为

$$P_{om} = \frac{1}{2}\frac{\left(\dfrac{U_{CC}}{2}\right)^2}{R_L} = \frac{1}{8}\frac{U_{CC}^{\ 2}}{R_L} \tag{6-9}$$

2）直流电源供给的功率 P_V 为

$$P_V = U_{CC}I_E = \frac{1}{\pi}I_{cm}U_{CC} = \frac{1}{2\pi}\frac{U_{CC}^{\ 2}}{R_L} \tag{6-10}$$

3）效率 η 为

$$\eta = \frac{P_{om}}{P_V} = \frac{\pi}{4} \approx 78.5\%$$

4）管耗 P_T。

管耗为

$$P_T = \frac{1}{\pi}I_{cm}U_{CC} - \frac{1}{2}I_{cm}U_{cem}$$

每一只管的管耗为

$$P_{T1} = P_{T2} = 0.2P_{om}$$

2. 实用电路举例

（1）实用 OTL 电路

图 6-7 所示是一个 OTL 互补对称功放的实用电路。VT$_1$ 组成前置放大级（又称为推动级），VT$_2$ 和 VT$_3$ 组成互补对称电路输出级。在输入信号 $u_i = 0$ 时，一般只要 R_1、R_2 有适当的数值，就可使 I_{C1}、U_{B2} 和 U_{B3} 达到所需的大小。使当 VT$_2$、VT$_3$ 均为锗管时，$U_{AB} > 0.4\text{V}$；使当 VT$_2$ 为硅管而 VT$_3$ 为锗管时，$U_{AB} > 0.9\text{V}$，从而给 VT$_2$、VT$_3$ 提供一个合适的偏置，使 $U_K = U_C = \dfrac{1}{2}U_{CC}$。

（2）实用 OCL 电路

把性能对称的复合管用于大功率 OTL 电路或 OCL 电路中，就构成了复合互补对称功率放大电路，又称为准互补推挽功率放大电路。图 6-8 所示电路就是一个实用 OCL 准互补功率放大电路。

从图 6-8 中可看出，电路采用双电源供电且推挽输出，故为 OCL 电路。由 VT$_1$、VT$_2$ 组成差动放大输入级，在静态时电路中的 A 点电位被稳定在零电位上，以确保负载中没有直流电流通过。信号由 VT$_1$ 集电极送至 VT$_4$ 的基极，VT$_6$ 的集电极与发射极把信号送至 VT$_7$ 和 VT$_8$ 的基极。VT$_7$、VT$_9$ 复合成 NPN 型管，VT$_8$、VT$_{10}$ 复合成 PNP 型管，组成准互补功率输出级，输出信号经熔断丝接负载。VT$_6$、R_2 和 R_3 组成 U_{BE} 倍增电路，为 OCL 输出级提供直流偏置电压，以克服交越失真。其偏置电压为

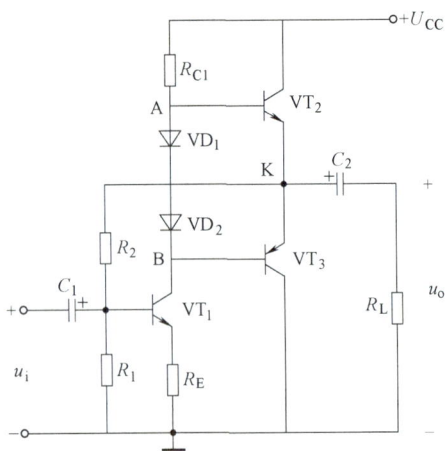

图 6-7 OTL 互补对称功放的实用电路

$$U_{B7,B8} = U_{CE6} = \frac{U_{BE6}}{R_3}R_2 + U_{BE6} = U_{BE6}\left(1 + \frac{R_2}{R_3}\right) \tag{6-11}$$

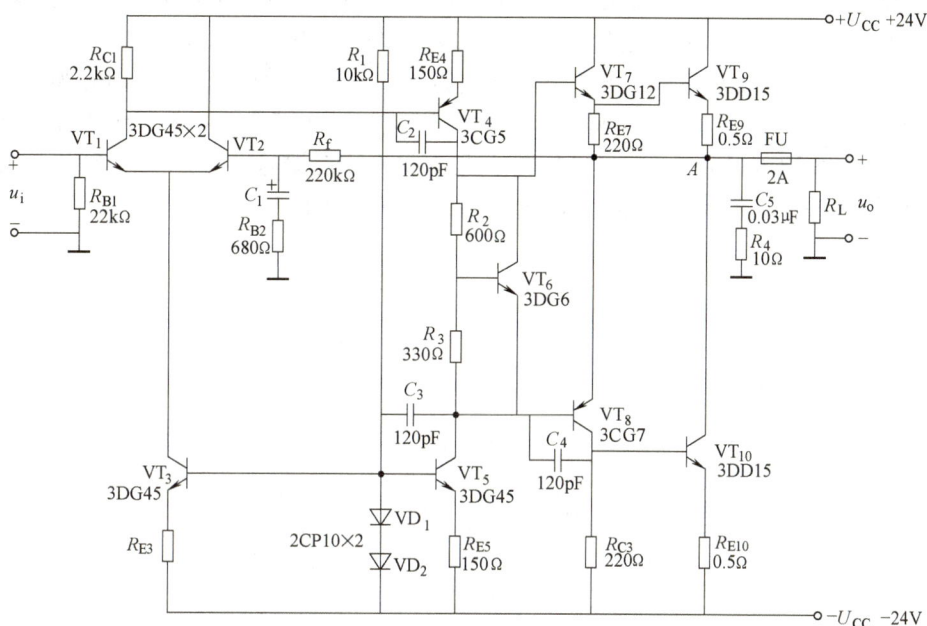

图 6-8　实用 OCL 准互补功率放大电路

可见，改变 R_2 大小即可使 U_{B7}、U_{B8} 倍增于 U_{BE6}，以满足电路设置静态工作点的要求。

R_{B1}、R_f 分别构成了 VT_1、VT_2 的基极电流回路。R_f 引入直流负反馈，可稳定整个电路的静态工作点。R_1、VD_1 和 VD_2 确定基准电压，并与 VT_3、VT_5 组成恒流源，VT_3 为差动放大输入级提供稳定的静态电流，VT_5 是 VT_4 的有源负载，可提高 VT_4 的电压放大倍数。R_f、C_1 和 R_{B2} 形成交流电压串联负反馈，增强了电路的工作稳定性及带负载能力。

6.1.4　常用集成功率放大电路的应用

集成功率放大电路与分立元器件晶体管低频功率放大器比较，不仅具有输出功率大、外围连接元器件少、体积小、质量轻、成本低、安装调试简单、使用方便等特点，而且在性能上也十分优越，例如，温度稳定性好、电源利用率高、功耗低、非线性失真小。因此，在收音机、电视机、收录机、开关功率电路、伺服放大电路中广泛采用各类专用集成功率放大器。有时还将各种保护电路如过电流保护、过电压保护、过热保护以及起动、消噪等电路集成在芯片内部，使用更加安全可靠。

集成功放的种类很多，从用途划分，有通用型功放和专用型功放；从芯片内部的电路构成划分，有单通道功放和双通道功放；从输出功率划分，有小功率放大器、中功率放大器和大功率放大器等。

1. LM386 集成功率放大电路

LM386 是目前应用较广的一种小功率通用型集成功放电路，其特点是电源电压范围宽 4~16V、功耗低（常温下是 660mW）、频带宽（300kHz）。此外，电路的外接元器件少，应用时不必加散热片，广泛应用于收音机、对讲机、双电源转换、方波和正弦波发生器等。

图 6-9a 为 LM386 内部电路图，图 6-9b 为其引脚排列及功能。LM386 是小功率音频集成功放，采用 8 脚双列直插式塑料封装，其中 4 脚为接"地"端，6 脚为电源端，2 脚为反相输入

端，3 脚为同相输入端，5 脚为输出端，7 脚为去耦端，1、8 脚为增益调节端。引脚 1、8 间外接阻容电路，可改变集成功放电压放大倍数（20~200）。其中，当 1、8 脚开路时，电压放大倍数为 20；当 1、8 脚短路时，电压放大倍数为 200。在其内部电路中可划分为 3 级，第一级为差分放大电路（双入单出），第二级为共射放大电路（恒流源作有源负载），第三级为 OTL 功放电路。电阻 R_f 从输出端连接到 VT_3 的发射极形成反馈通道，并与 R_4 和 R_5 构成反馈网络，引入深度电压串联负反馈。输出端应外接输出电容后再接负载。

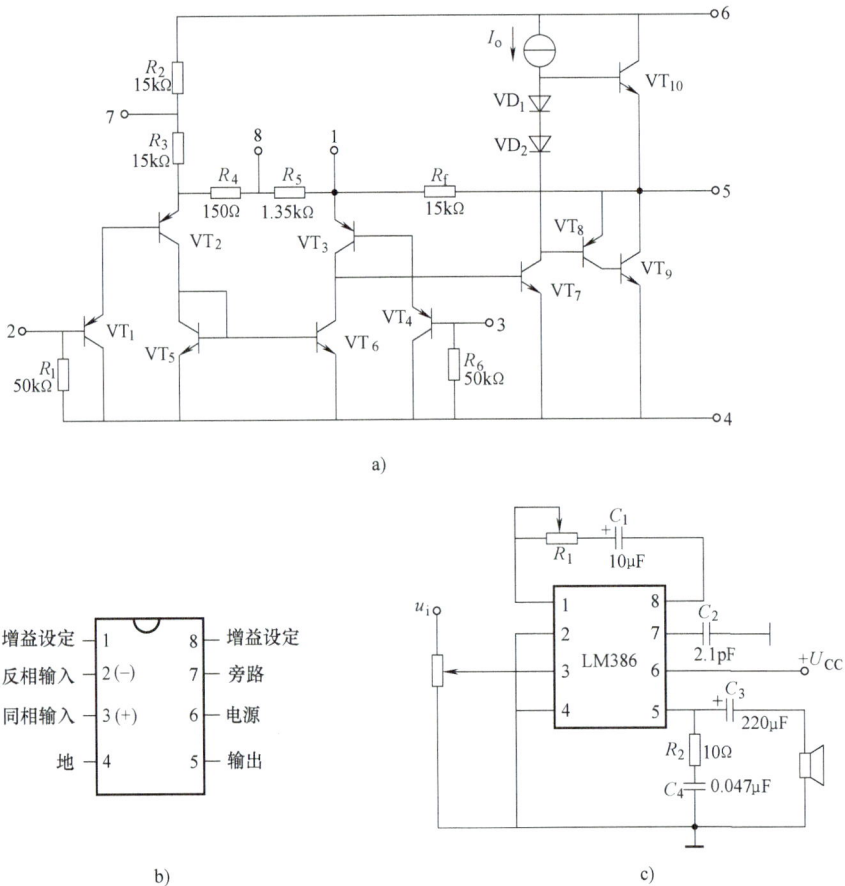

图 6-9 LM386 集成功放

a）内部电路图 b）引脚排列及功能 c）由 LM386 构成的 OTL 典型应用电路

LM386 的外特性可描述为额定工作电压 4~16V，当电源电压为 6V 时，静态工作电流为 4mA，适合用电池供电。频响范围可达数百千赫。最大允许功率为 660mW（25℃），不需散热片。当工作电压为 4V、负载电阻为 4Ω 时，输出功率（失真为 10%）为 300mW；当工作电压为 6V、负载电阻分别为 4Ω、8Ω、16Ω 时，输出功率分别为 340mW、325mW、180mW。

图 6-9c 为由 LM386 构成的 OTL 典型应用电路。R_1、C_1 是用来调节电压放大倍数的；C_2 是去耦电容，它可防止电路自激；R_2、C_4 组成容性负载，抵消扬声器部分的感性负载，以防止在信号突变时，因在扬声器上出现较高的瞬时电压而导致损坏，且可改善音质；C_3 为功放输出电容。

2. TDA2616/Q 集成功率放大电路

TDA2616/Q 集成功放是 PHILIPS 公司生产的具有静噪功能的 12W 双声道高保真功率放大器。它采用 9 脚单列直插式封装，TDA2616/Q 引脚排列及功能如图 6-10a 所示。2 脚为静音控制端，当该脚接 0V 低电平时，TDA2616/Q 处于静音状态，输出端停止输出；当该脚接高电平时，TDA2616/Q 处于工作状态，最大输出功率为 15W，失真度不大于 0.2%。TDA2616/Q 既可以使用单电源供电，也可使用双电源供电。单电源供电时的应用电路如图 6-10b 所示。双电源供电时的应用电路如图 6-10c 所示。

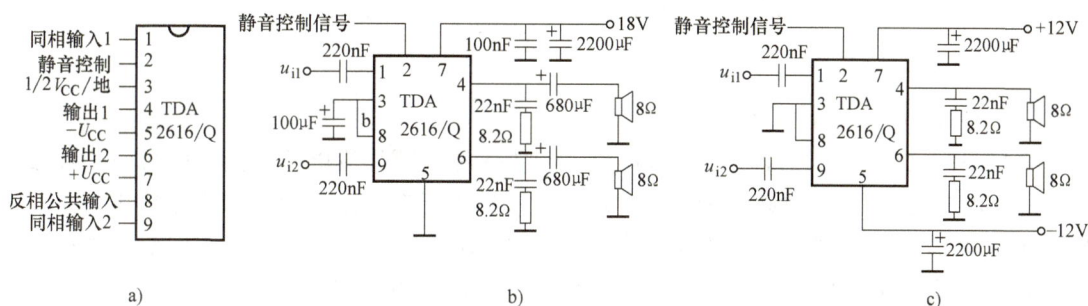

图 6-10　TDA2616/Q 集成功放

a）引脚排列及功能　b）单电源供电时的应用电路　c）双电源供电时的应用电路

3. 1006 和 175 集成功率放大电路

1006 和 175 集成功放模块的内部电路与 OTL 和 OCL 电路大体相同。图 6-11 所示为其内部电路框图。可以看到，它也是由前置级、驱动级和互补推挽输出级组成，还包括滤波、静噪和保护电路，这些电路的全部元器件都被集成在内部基片上，外部只需接上音源、扬声器和直流电源，而不需要调试就能令人满意地进行工作，是一种使用方便、性能良好的通用型集成功放。人们管它叫"傻瓜"功放模块。

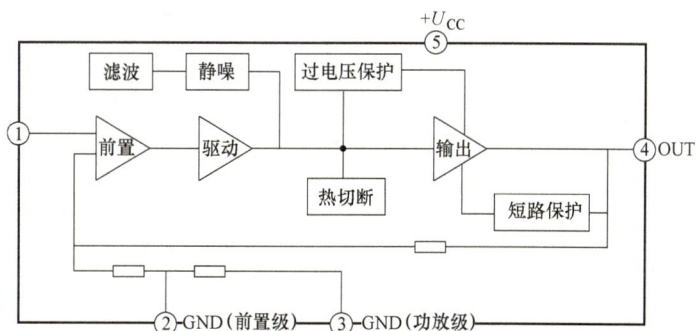

图 6-11　1006 和 175 集成功放内部电路框图

图 6-12 所示为由 1006 功放模块构成的 OTL 典型应用电路。它组成了 OTL 音频功放电路。1006 功放模块的最大输出功率为 6W，电源电压范围是 8~18V。负载阻抗为 4~8Ω。图 6-13 所示为由 175 功放模块构成的 OTL 典型应用电路。它采用+35V、−35V 电源供电，最大输出功率为 75W。这种功放模块的闭环增益为 30dB，频率响应为 10Hz~50kHz，失真度不大于 0.7%。

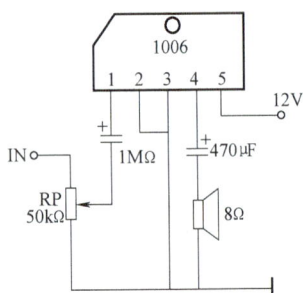

图 6-12 由 1006 功放模块构成
的 OTL 典型应用电路

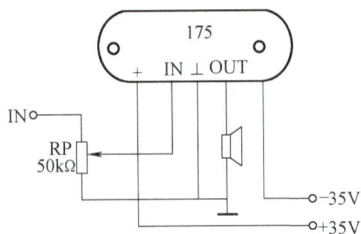

图 6-13 由 175 功放模块构成
的 OCL 典型应用电路

4. TDA2030A 音频功率放大电路

TDA2030A 是当前音质较好、使用较为广泛的一种音频集成电路，能适应长时间连续工作，而且集成电路内部有过载保护和热切断保护，适用于在收录机及高保真立体声装置中作为音频功率放大器。其外部特性主要描述如下：额定工作电压为 ±6 ~ ±18V；静态工作电流小于 60mA；输出峰值电流为 3.5A；电压增益为 30dB；−3dB 功率带宽为 10Hz ~ 140kHz；当 $U_{CC} = \pm 14V$、$R_L = 4\Omega$ 时，输出功率（谐波失真小于 0.5%）为 14W。图 6-14 所示为其引脚排列图，1 脚为同相输入端，2 脚为反相输入端，4 脚为输出端，3 脚接负电源，5 脚接正电源。TDA2030A 的电路特点是引脚和外接元器件少。

图 6-15 所示为由 TDA2030A 组成的 OCL 功放电路。其中 R_1、R_2 和 C_2 组成电压串联负反馈，可以稳定输出端的直流电位，改善输出电压的非线性失真；C_4、C_5 为电源耦合滤波电容；VD_1、VD_2 作为保护二极管，防止当不慎将电源接反时损坏集成块；R_4、C_7 用于高频补偿，以改善输出的负载特性。

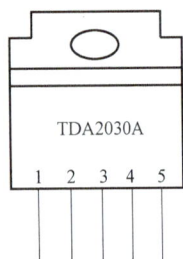

图 6-14 TDA2030A 的引脚排列图

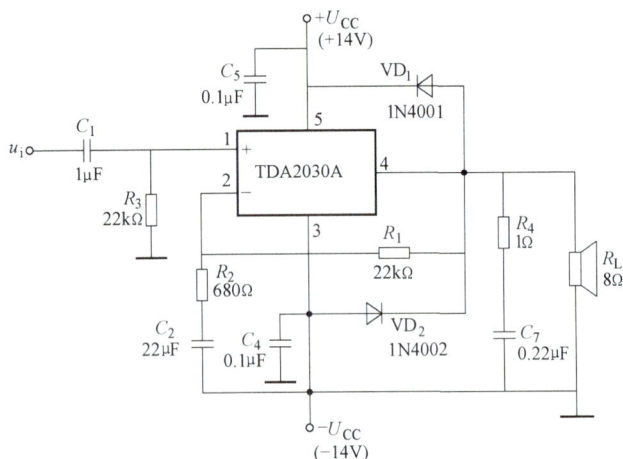

图 6-15 由 TDA2030A 组成的 OCL 功放电路

图 6-16 所示为由 TDA2030A 组成的 OTL 功放电路。由于它采用单电源供电，常用于中小型录音机等家用音响设备。在输入端同时采用两个阻值相同的 R_1、R_2 分压来提供直流偏置，经 R_3 使得同相输入端的电位为 $U_{CC}/2$。静态时，TDA2030A 的同相输入端、反相输入端和输出端的电位均为 $U_{CC}/2$。其他元器件的作用与上述 OCL 功放电路相同。

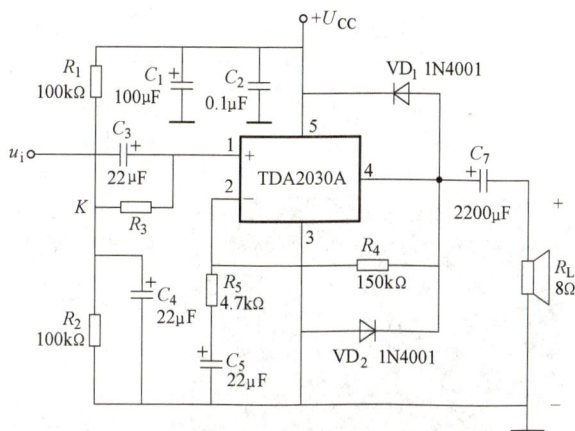

图 6-16　由 TDA2030A 组成的 OTL 功放电路

仿 真 训 练

功率放大电路的应用

1. 仿真电路

图 6-17 为低频功率放大电路的仿真电路，图 6-18 为低频功率放大电路的观测图。

2. 仿真内容及要求

搭接低频功率放大电路。注意晶体管的极性，不要接错。优化调整电路结构和元器件参数。在输入端加入交流正弦输入信号，用示波器观测输

单元 6.1 仿真训练
功率放大电路
的应用

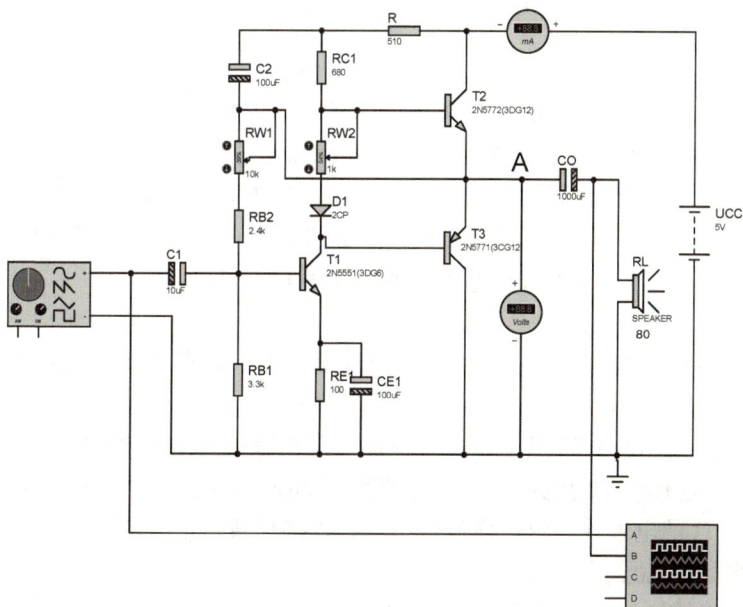

图 6-17　低频功率放大电路的仿真电路

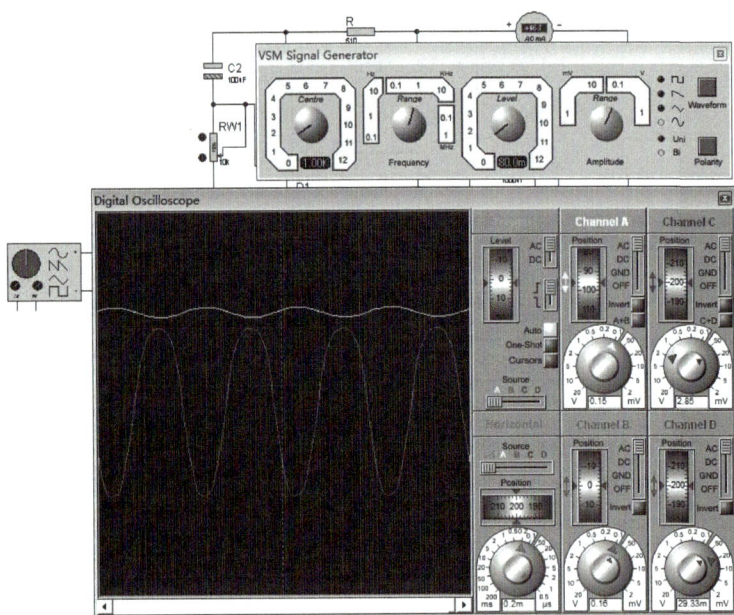

图 6-18　低频功率放大电路的观测图

出波形。调节输入信号的频率和幅度，直至观察到的输出波形最大而不失真为止。测量出此时的输入信号电压、输出电压和电源供给的电流 ，记录测量结果。计算出输出功率、直流电源供给的功率和效率，并分析结果，说明理论值与测试值产生误差的原因。

技 能 实 训

集成功率放大器的安装与调试

单元 6.1 技能实训
集成功率放大器
的安装与调试

1. 实训目的
1）掌握电子电路布线、安装等基本技能。
2）进一步熟悉集成功率放大器的特点。
3）掌握集成功率放大器的主要技术指标及其测试方法。
4）掌握对简单电路故障的排除方法，培养独立解决问题的能力。
5）熟悉常用电子仪器的使用方法和技巧。

2. 实训器材
1）仪器：直流稳压电源、信号发生器、交流毫伏表、电流表、双踪示波器各一台，万用表一只。
2）元器件：集成功放 LM386 一块；扬声器一个；阻值为 10Ω 的电阻一只；容值为 $10\mu F$ 的电容两只，容值为 $100\mu F$ 的电容一只，容值为 $220\mu F$ 的电容一只，容值为 $0.047\mu F$ 的电容一只；阻值为 $36k\Omega$ 的电位器一只；面包板一块；连接导线若干。

3. 实训电路及测量原理
由 LM386 构成的功放实训测试电路如图 6-19 所示。
LM386 是 8 脚器件，其中 1、8 脚为增益设定端，电路增益可通过改变 1、8 间元器件的参数实现。当 1、8 脚断开时，$A_u = 20$；当接入 10μF 电容时，$A_u = 200$；若接入的滑动变阻器电阻调为 $R_P = 1.2$kΩ、$C_2 = 10$μF 的串联电路，则 $A_u = 50$。C_5 为防自激电容。R_1、C_5 组成容性负载，抵消扬声器部分的感性负载，以防止在信号突变时扬声器上呈现较高的瞬时电压而遭到损坏。

实际测量时，可通过测出最大不失真波形的输出电压 U_o 和电源供给电流 I_{co}，即可求出最大不削波时的输出功率 P_o、直流电源供给的功率 P_V 和效率 η，即

$$P_o = \frac{U_o^2}{R_L}; \quad P_V = U_{CC}I_{co}; \quad \eta = \frac{P_o}{P_V} \times 100\%$$

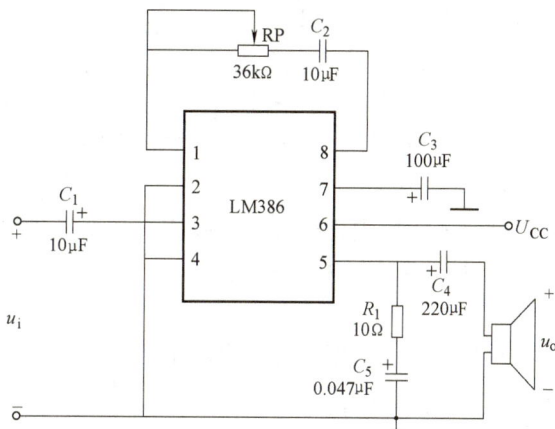
图 6-19　由 LM386 构成的功放实训测试电路

4. 实训内容及要求

按电路图 6-19 进行电路装配。

（1）检查电路连接

用万用表测量各关键点的电阻，查看电路连接是否正确。

（2）测试静态工作电压

调整电源电压 $U_{CC} = +9$V。用万用表测试集成功率放大器 LM386 各引脚对地的静态直流电压值和电源供电电流值。将数据记录于自拟的实训测试表格中。

将电位器 RP 调到输入端量程位置，把示波器接在输出端，观察输出端有无自激现象。如有，则可改变 R_1 的阻值，以消除自激。

（3）测量输出功率和效率

测试仪器仪表的连接方法示意图如图 6-20 所示。

1）断开 LM386 的 1、8 脚连接的元器件，把电流表串入供电电路中，在输入端加入电压有效值为 U_i、频率为 1kHz 的信号，在输出端接上毫伏表和示波器。调节 U_i 幅度大小，直至使用示波器观察到的输出波形最大而不失真为止。测量出此时的输入信号电压有效值 U_i，输出电压有效值 U_o 和电源供给的电流 I_{co}，将测量结果记录在表 6-1 中。

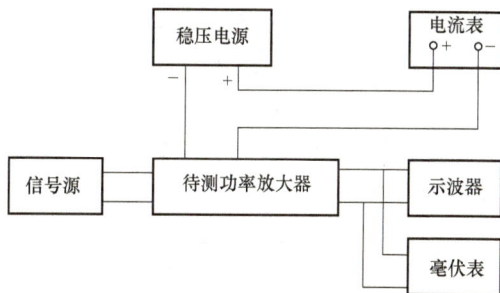
图 6-20　测试仪器仪表的连接方法示意图

表 6-1　测量结果

测试条件 U_i = mV　　f = 1kHz　　R_L = 8Ω				
输出电压 U_o/V	电流 I_{co}/mA	输出功率 P_o	电源供给功率 P_V	效率 η

2）在 1、8 脚间接入 $C_2 = 10$μF 的电容，重复 1）的测试内容。

3）在 1、8 脚间接入 $R_P = 1.2$kΩ，$C_2 = 10$μF 的电容，重复 1）的测试内容。

4）把电源电压改变为+6V，重复上述测试内容。

（4）频率特性的测量

1）按图 6-19 所示电路，调节信号频率 f = 1kHz，适当输入信号电压 u_i，使输出信号电压 u_o 波形最大而不失真，测出此时的 u_o 值，并算出此时的电压放大倍数 A_u。保持 u_i 不变，改变信号源频率，测量出 $0.707A_u$ 时对应的上限频率 f_H 和下限频率 f_L。将数据记录在自拟的实训数据表格中。

2）改变输出耦合电容为 $100\mu F$，其余条件同上，将测试结果填入上述实训数据表格中，并与 1）中测试结果进行比较。

5. 实训报告要求

1）整理实训数据，计算出输出功率 P_o、直流电源供给的功率 P_V 和效率 η，并分析结果，说明理论值与测试值产生误差的原因。

2）对实训过程中测出的波形出现的问题进行分析。

3）按教师要求完成实训报告。

单元 6.2　直流稳压电源的应用

知 识 准 备

6.2.1　稳压电路的分析

1. 概述

在各种电子设备和装置（如测量仪器、自动控制系统和电子计算机等）中，都需要稳定的直流电压，但是经过整流滤波后的电压还会随电网电压、负载及温度的变化而变化，因此，在整流滤波电路之后，还需接稳压电路。

（1）直流稳压电源的组成

直流稳压电源一般由电源变压器、整流电路、滤波电路、稳压电路 4 部分组成，其组成框图如图 6-21 所示。

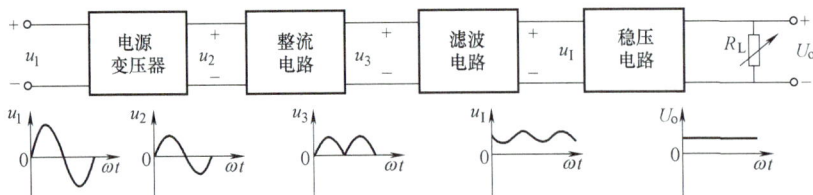

图 6-21　直流稳压电源组成框图

电源变压器的作用是为用电设备提供所需的交流电压；整流器和滤波器的作用是把交流电变换成平滑的直流电；稳压器的作用是克服电网电压、负载及温度变化所引起的输出电压的变化，提高输出电压的稳定性。

稳压电路根据调整元器件类型可分为电子管稳压电路、晶体管稳压电路、可控硅稳压电路、集成稳压电路等；根据调整元器件与负载的连接方法，可分为并联型和串联型；根据调整元器件的工作状态，可分为线性和开关型稳压电路。下面主要介绍硅稳压管稳压电路、串联型稳压电路、集成三端式稳压电路。

（2）稳压电路的质量指标

稳压电路的技术指标分为两大类：一类为特性指标，用来表示稳压电源规格，即表明稳压电源工作特征的参数，例如，输入电压及其变化范围，输出电压及其调节范围，额定输出电流以及过电流保护电流值等；另一类为质量指标，用来衡量稳压电源稳定性能状况的参数，如稳压系数、输出电阻、纹波电压及温度系数等。

1）稳压系数 S_r

稳压系数指当通过负载的电流和环境温度保持不变时，稳压电路输出电压的相对变化量与输入电压的相对变化量之比，即

$$S_r = \frac{\Delta U_o / U_o}{\Delta U_I / U_I}\bigg|_{\Delta I_L = 0,\ \Delta T = 0} \tag{6-12}$$

式中，U_I 为稳压电源输入直流电压，U_o 为稳压电源输出直流电压。S_r 数值越小，输出电压的稳定性越好。

2）输出电阻 R_o

输出电阻指当输入电压和环境温度不变时，输出电压的变化量与输出电流变化量之比，即

$$R_o = \frac{\Delta U_o}{\Delta I_o}\bigg|_{\Delta U_I = 0,\ \Delta T = 0} \tag{6-13}$$

R_o 的值越小，带负载的能力越强，对其他电路的影响越小。

3）纹波电压 S

纹波电压指在稳压电路输出端中含有的交流分量，通常用有效值或峰值表示。S 值越小越好，否则影响正常工作，如在电视机中出现交流"嗡嗡"声和光栅在垂直方向呈现 S 形扭曲。

4）温度系数 S_T

温度系数指在 U_I 和 I_o 都不变的情况下，因环境温度 T 变化所引起的输出电压的变化，即

$$S_T = \frac{\Delta U_o}{\Delta T}\bigg|_{\Delta U_I = 0,\ \Delta I_o = 0} \tag{6-14}$$

式中，ΔU_o 为漂移电压。S_T 越小，漂移越小，该稳压电路受温度的影响越小。

另外，还有其他质量指标，如负载调整率、噪声电压等。

2. 硅稳压管稳压电路

（1）稳压电路及工作原理

在本书 1.1.4 节中已介绍了硅稳压管的正、反向伏安特性。当稳压管工作于反向击穿状态时，只要流过稳压管的反向电流 I_Z 满足 $I_{zmin} \leq I_Z \leq I_{zmax}$，稳压管就起稳压作用，负载两端电压 U_o 基本上是稳定的。硅稳压管的伏安特性如图 6-22 所示。

图 6-23 所示为由硅稳压管组成的稳压电路，R 起限流作用。由于负载 R_L 与用作调整元器件的稳压管 VD_Z 并联，故又称为并联型稳压电路。

电路的稳压过程如下。

6.2.1　稳压电路的分析—硅稳压管稳压电路

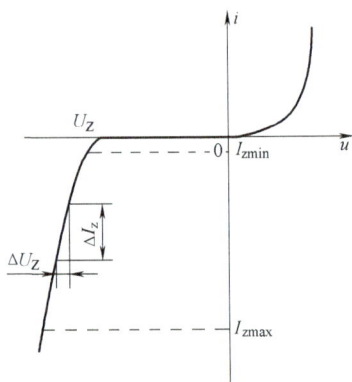

图 6-22　硅稳压管的伏安特性　　　图 6-23　由硅稳压管组成的稳压电路

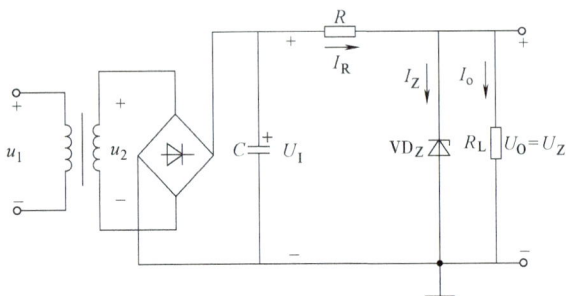

1）当负载电阻 R_L 保持不变、电网电压下降导致 U_I 下降时，输出电压 U_O 也将随之下降，但此时稳压管的电流 I_Z 急剧减小，使在电阻 R 上的压降减小，以此来补偿 U_O 的下降，使输出电压基本保持不变。如果输入电压 U_I 升高，R 上压降就增大，其工作过程与上述相反，输出电压 U_O 仍保持基本不变。

2）当稳压电路的输入电压 U_I 保持不变、负载电阻 R_L 增大时，输出电压 U_O 将升高，稳压管两端的电压 U_Z 上升，电流 I_Z 将迅速增大，流过 R 的电流 I_R 也增大，导致 R 上的压降 U_R 上升，从而使输出电压 U_O 下降，最后使输出电压基本保持不变。如果负载 R_L 减小，其工作过程与上述相反，输出电压 U_O 仍保持基本不变。

由以上分析可知，硅稳压管的稳压原理是利用稳压管两端电压 U_Z 的微小变化，引起电流 I_Z 的较大的变化，通过电阻 R 起电压调整作用，以保证输出电压基本恒定，从而达到稳压作用。

硅稳压管稳压电路所使用的元器件少，电路简单，但稳压性能差，输出电压受稳压管稳压值的限制，而且不能任意调节，输出功率小。一般只适用于电压固定、负载电流较小的场合，常用作基准电压源。

（2）元器件选择

对稳压管稳压电路的设计，首先应选定输入电压和稳压管，然后确定限流电阻 R。

1）输入电压 U_I 的确定

考虑电网电压的变化，U_I 可按下式选择

$$U_I = (1.5 \sim 2) U_O \tag{6-15}$$

2）稳压管的选取

一般选用稳压管型号的主要依据参数是 U_Z 和 I_{zmax}，根据负载上电压 U_O 和 I_{omax} 而定。可按下式选取

$$U_Z = U_O \tag{6-16}$$

$$I_{zmax} = (1.5 \sim 3) I_{omax} \tag{6-17}$$

3）限流电阻 R 的确定

当电网电压最高和负载电流最小时，I_Z 应不超过允许的最大值 I_{zmax}，即

$$\frac{U_{Imax} - U_Z}{R} - \frac{U_Z}{R_{Lmax}} < I_{zmax} \tag{6-18}$$

即

$$R > \frac{U_{Imax} - U_Z}{R_{Lmax} I_{zmax} + U_Z} R_{Lmax} = R_{min} \tag{6-19}$$

当电网电压最低和负载电流最大时，I_Z 应不低于其允许的最小值 I_{zmin}，即

$$\frac{U_{Imin} - U_Z}{R} - \frac{U_Z}{R_{Lmin}} > I_{zmin} \tag{6-20}$$

即

$$R < \frac{U_{Imin} - U_Z}{R_{Lmin} I_{zmin} + U_Z} R_{Lmin} = R_{max} \tag{6-21}$$

故限流电阻选择应按下式确定

$$R_{min} < R < R_{max} \tag{6-22}$$

3. 串联型稳压电路

图 6-24 所示为串联型稳压电路的基本电路。这种电路实质上是一种电压负反馈电路。

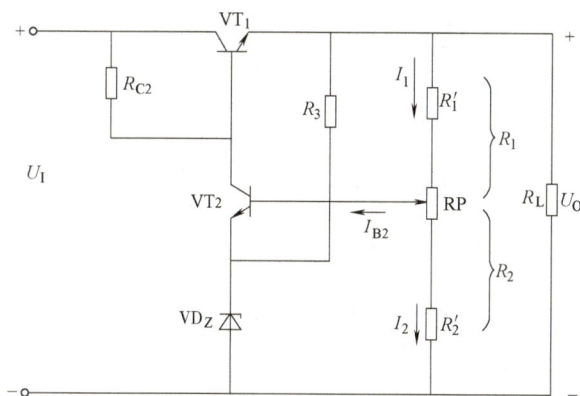

6.2.1　稳压电路的分析—串联型稳压电路

图 6-24　串联型稳压电路的基本电路

（1）电路组成

串联型稳压电路主要由基准电压源、比较放大器、调整电路和采样电路 4 部分组成。由图 6-24 可知，调整元器件 VT_1 是整个稳压电路的核心器件，利用输出电压的变化量来控制其基极电流变化，进而控制它的管压降 U_{CE1} 的变化，将输出电压拉回到接近变化前的数值，起到电压调整作用，故称为调整管。又因为调整管与负载是串联的，故命名为串联型稳压电路。

电阻 R_3 和 VD_Z 组成了硅稳压管稳压电路，VD_Z 上的稳定电压作为基准电压源，当 U_I、R_L 或温度改变时，U_Z 应保持稳定不变，即基准电压是恒定的。

电阻 R_1 与 R_2 组成的分压器即为采样电路。采样支路电流远小于额定负载电流，$R_1 + R_2$ 比 R_L 大许多。从电阻 R_L 上选取输出电压的一部分加到放大管 VT_2 的基极，R_1 与 R_2 称为电压取样电阻，其中分压比 $\frac{R_2}{R_1 + R_2}$ 为取样比，用 n 来表示，即 $n = \frac{R_2}{R_1 + R_2}$。

VT_2 接成的共射极放大电路叫作比较放大电路，输出电压变化量 ΔU_O 的一部分 $n \Delta U_O$ 加到 VT_2 基极，并与基准电压 U_Z 进行比较，经放大倒相后，去控制调整管的基极电位。

（2）稳压原理

1）当负载 R_L 不变，输入电压 U_I 减小时，输出电压 U_O 有下降的趋势，通过取样电阻的分压使比较放大管的基极电位 U_{B2} 下降，而比较放大管的发射极电压不变（$U_{E2}=U_Z$），因此 U_{BE2} 也下降，于是比较放大管导通能力减弱，U_{C2} 升高，调整管导通能力增强，管压降 U_{CE1} 下降，使输出电压 U_O 上升，保证了 U_O 基本不变。当输入电压增大时，稳压过程与上述过程相反。

2）当输入电压 U_I 不变、负载 R_L 增大时，输出电压 U_O 有增长的趋势，通过取样电阻的分压使比较放大管的基极电位 U_{B2} 上升，因此 U_{BE2} 也上升，于是比较放大管的导通能力增强，U_{C2} 下降，调整管导通能力减弱，管压降 U_{CE1} 上升，使输出电压 U_O 下降，保证了 U_O 基本不变。当负载 R_L 减小时，稳压过程相反。

由此看出，稳压的过程实质上是通过负反馈使输出电压维持稳定的过程。

（3）输出电压的调节范围

由图 6-24 可知，改变取样电路中电位器滑动端的位置，就可以调节输出电压的大小。

由采样电路可知

$$U_{B2}=\frac{R_P''+R_2'}{R_1'+R_P+R_2'}U_O \tag{6-23}$$

式中，R_P'' 为图 6-24 中电位器滑动触点下半部分的电阻值。

而
$$U_{B2}=U_Z+U_{BE2}$$

当 R_P 调到最上端时，$R_P''=R_P$，输出电压为最小值，可得

$$U_{omin}=(U_Z+U_{BE2})\frac{R_1'+R_P+R_2'}{R_P+R_2'} \tag{6-24}$$

当 R_P 调到最下端时，$R_P''=0$，输出电压为最大值，可得

$$U_{omax}=(U_Z+U_{BE2})\frac{R_1'+R_P+R_2'}{R_2'} \tag{6-25}$$

（4）串联型稳压电路框图

串联型稳压电路的原理框图如图 6-25 所示。在实际稳压电路中，调整管不一定是单管，常用复合管作为调整管。因为调整管承担了全部负载电流，所以就可以在负载电流很大的情况下，减轻比较放大器的负载。同时复合管的 β 大，可减小稳压电路的输出电阻，以提高稳压电路的稳压性能。

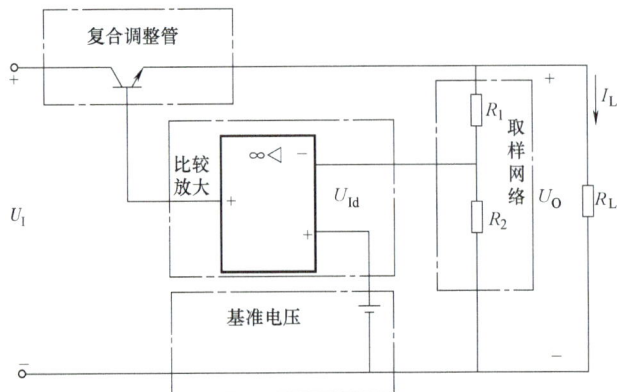

图 6-25　串联型稳压电路原理框图

　　在串联反馈式稳压电路中，提高稳压性能的主要措施是增大比较放大器的电压放大倍数，减小其零漂。在具体电路中，比较放大电路可由差动放大电路或集成运放组成。图 6-26 所示电路中的比较放大电路就采用了集成运算放大器。

4. 稳压电路的保护措施

　　在使用稳压电路时，如果输出电流过大或输出短路时，调整管的电流就会超过额定值而损坏；另外电路过热也会损坏元器件。因此，目前生产的串联型稳压电路中都加有各种保护电路。下面简单介绍在集成电路中常用的限流型保护电路和过热保护电路。

　　（1）限流型保护电路

　　图 6-27 所示是一种常用的有限流保护的稳压电路。其中 VT_2 和 R 是限流保护电路。当稳压电路正常工作时，调整管 VT_1 发射极输出电流在额定值范围内，电阻

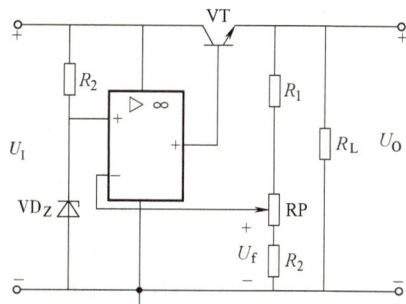

图 6-26　采用集成运放的稳压电路

R 上的压降不足以使晶体管 VT_2 发射结导通，故 VT_2 处于截止状态，对稳压电路无影响。

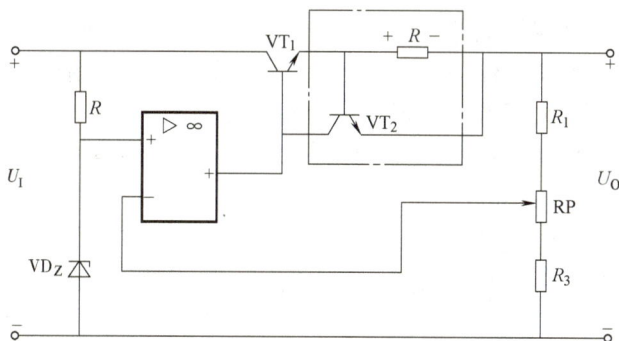

图 6-27　有限流保护的稳压电路

　　当稳压电路输出电流过大或输出端短路时，由于流过电阻 R 上的电流加大，使其压降 U_R 大于 VT_2 发射结导通电压，故 VT_2 导通。它将调整管的基极电流分走一部分，使流过调整管的电流减小，从而保护了调整管。

　　这种保护电路的优点是在过电流现象消除后，VT_2 立即截止，电路能自动恢复正常工作。它的缺点是在保护电路工作时，调整管仍有电流，且管压降很大，故调整管的功耗较大。

　　（2）过热保护电路

　　图 6-28 所示为一种带有过热保护电路的稳压电路。其中 VT_3、R_4 组成过热保护电路。当稳压电路正常工作时，稳压管 VD_Z 提供晶体管 VT_2 的基极电压，并使 VT_2 发射极电位稳定，故通过 R_2 和 R_3、R_4 分压，为比较放大器 A 提供基准电压。另外，在设计上使在 R_4 上的电压仅为 0.4V 左右，以保证 VT_3 处于截止状态，不影响电路的正常工作。

　　当电路过载或环境温度过高、使器件的温度上升而过热时，稳压管 VD_Z 的稳压值随之上升，而晶体管 VT_2 的发射结导通电压会减小，从而使 VT_2 的发射极电流加大。这时 R_4 上的压降升高而使晶体管 VT_3 导通。这样 VT_3 集电极电流就分走了调整管的一部分基极电流，使输出电流减小，避免了稳压电路因过热而损坏。

　　在实际的集成稳压电路中，往往把限流型保护电路和过热保护电路都集成在芯片中，因

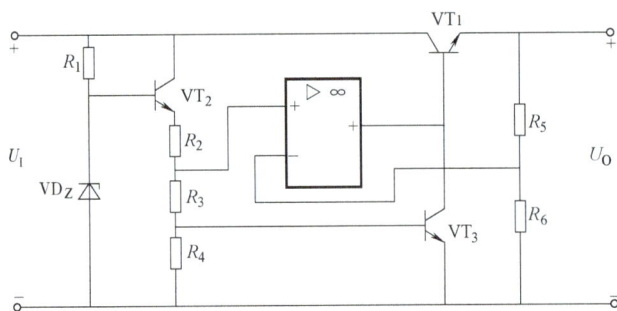

图 6-28　带有过热保护电路的稳压电路

此，当出现故障时，两种保护电路是相互关联的。

6.2.2　三端式集成稳压器的应用

6.2.2　三端式集成稳压器的应用

1. 概述

随着电子技术的发展，人们将调整电路、取样电路、基准电路、起动电路及保护电路集成在一块硅片上构成集成稳压电路。它完整的功能体系、健全的保护电路、安全可靠的工作性能，给稳压电源的制作带来极大方便。使用者可根据电路要求，参阅相关资料即可正确地使用集成稳压器。因此，集成稳压器具有体积小、使用调整方便、性能稳定、成本低等优点。

集成稳压器的种类繁多，按照输出电压是否可调划分，可分为固定式和可调式；按照输出电压的正、负极性划分，可分为正稳压器和负稳压器；按照引出端子划分，可分为三端式和多端式稳压器。

2. 三端固定输出式集成稳压器

（1）三端固定式集成稳压器的外形、引脚排列及性能参数

1）外形和引脚排列

三端固定式集成稳压器的外形及引脚排列如图 6-29 所示。由于它只有输入、输出和公共地端 3 个端子，所以称为三端式稳压器。

2）主要性能参数

① 最大输入电压 U_{Imax}。即保证稳压器安全工作时所允许的最大输入电压。

② 最小输入输出电压差值（$U_{\text{I}}-U_{\text{O}}$）$_{\text{min}}$。即保证稳压器正常工作时所需的最小输入、输出之间的电压差值。

③ 输出电压 U_{O}。

④ 最大输出电流 $I_{\text{o max}}$。即保证稳压器安全工作时所允许的最大输出

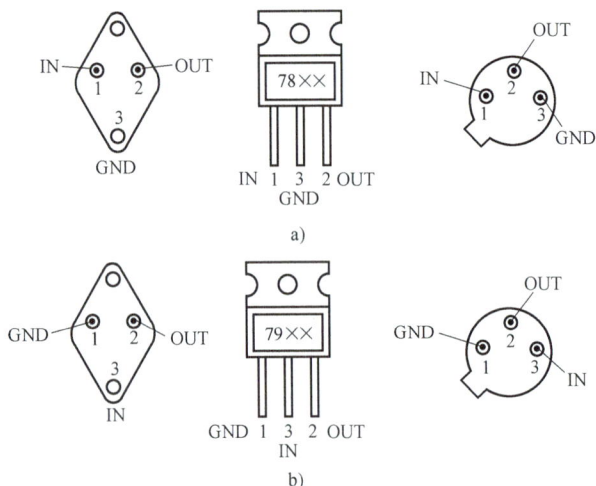

图 6-29　三端固定式集成稳压器的外形及引脚排列
a）78 系列　b）79 系列

电流。

⑤ 电压调整率 $\dfrac{\Delta U_o / U_o}{\Delta U_I}\bigg|_{\Delta I_o = 0} \times 100\%$。它反映了当 U_I 每变化 1V 时，输出电压相对变化值 $\dfrac{\Delta U_o}{U_o}$ 的百分数。此值越小，稳压性能越好。

⑥ 输出电阻 R_o。它定义为 $R_o = \dfrac{\Delta U_o}{\Delta I_o}\bigg|_{\Delta U_I = 0}$，表示当输出电流从零到某一规定值时，输出电压的下降量 ΔU_o。它反映负载变化时的稳压性能。R_o 越小，稳压性能越好。

（2）三端固定式集成稳压器的型号组成及其意义

三端固定式集成稳压器的型号组成及其意义如图 6-30 所示。国产的三端固定式集成稳压器有 CW78×× 系列（正电压输出）和 CW79×× 系列（负电压输出），其输出电压由具体型号中的后两个数字代表，有 ±5V、±6V、±8V、±9V、±12V、±15V、±18V、±24V 等。其最大输出电流以 78 或 79 后面所加字母来区分，有 0.1A、0.5A、1A、1.5A、2.0A 等。例如，CW7805 表示输出电压为 +5V，最大输出电流为 1.5A。

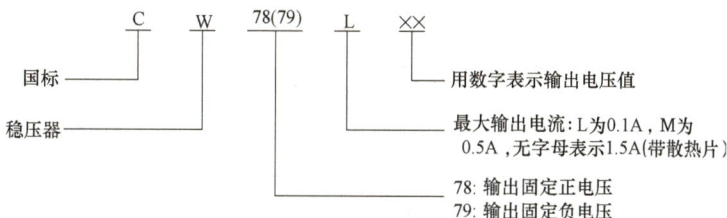

图 6-30 三端固定式集成稳压器的型号组成及其意义

（3）三端固定式集成稳压器的应用

1）输出固定电压的稳压电路——单组电源的稳压电路

在实际中，可根据所需输出电压、电流，选用符合要求的 CW78×× 系列产品，如某电视机电源正常工作电流为 0.8A，工作电压为 12V，则可选 CW7812。它的输出电流可达 1.5A，最大输入电压为 36V，最小输入电压为 14V，输出电压为 12V。固定输出的直流稳压电路如图 6-31 所示。电路中，C_1 为滤波电容；C_2 的作用是在输入线较长时抵消其电感效应，防止自激振荡；C_3 的作用是消除电路的高频噪声，以改善负载的瞬态响应。

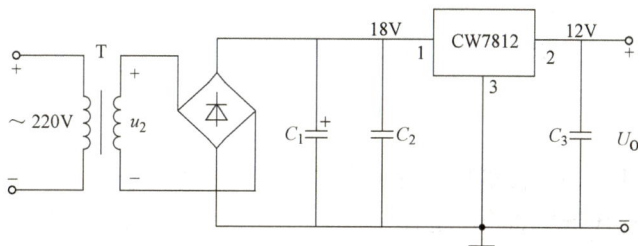

图 6-31 固定输出的直流稳压电路

2）提高输出电压的稳压电路

如果需要输出电压高于三端稳压器输出电压时，就可采用图 6-32 所示的提高输出电压的稳压电路。

由图 6-32 可得

$$U_O = U_{\times\times}\left(1+\frac{R_P}{R_1}\right)+I_W R_P \qquad (6\text{-}26)$$

式中，$U_{\times\times}$ 是三端式集成稳压器的标称输出电压；I_W 为三端式稳压器的静态电流，一般为几毫安；外接电阻 R_1 上的电压是 $U_{\times\times}$。

若流过 R_1 的电流 I_{R1} 大于 $5I_W$，则可以忽略 $I_W R_P$ 的影响，则有

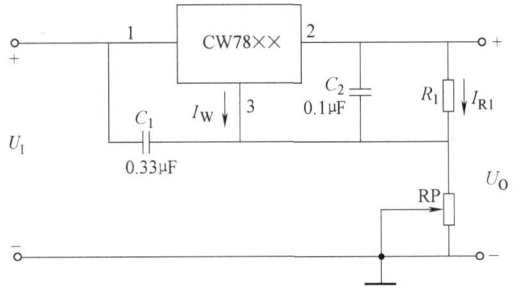

图 6-32 提高输出电压的稳压电路

$$U_O \approx U_{\times\times}\left(1+\frac{R_P}{R_1}\right) \qquad (6\text{-}27)$$

通过调整 RP 可得到所需电压，但它的电压可调范围小。

3）提高输出电流的稳压电路

当负载电流大于三端式稳压器输出电流时，可采用图 6-33 所示的提高输出电流的稳压电路。$I_{\times\times}$ 为三端式稳压器的输出电流，I_C 为外接功率管集电极电流。

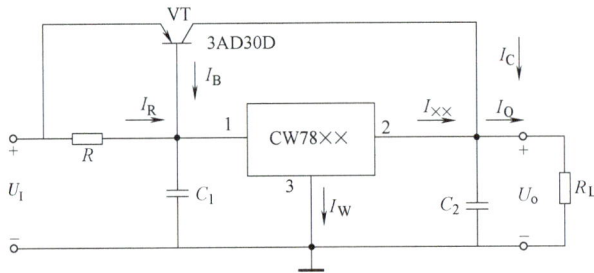

图 6-33 提高输出电流的稳压电路

由图 6-33 可知

$$I_O = I_{\times\times}+I_C \qquad (6\text{-}28)$$

$$I_{\times\times} = I_R+I_B-I_W = \frac{U_{EB}}{R}+\frac{I_C}{\beta}-I_W$$

$$I_O = I_R+I_B-I_W+I_C = \frac{U_{EB}}{R}+\frac{1+\beta}{\beta}I_C-I_W \qquad (6\text{-}29)$$

由于 $\beta \gg 1$，且 I_W 很小，可忽略不计，所以

$$I_O \approx \frac{U_{EB}}{R}+I_C \qquad (6\text{-}30)$$

可见，接了功率管 VT 以后，使输出电流扩大了。

4）具有正、负电压输出的稳压电路

当需要正负电压同时输出的稳压电源时，可用 CW7815 和 CW7915 稳压器各一块，接成如图 6-34 所示的正、负对称输出两组电源的稳压电路。由图 6-34 可见，这两组稳压器有一个公共接地端，它们的整流部分也是公共的。电源变压器带有中心抽头并接地，输出端得到大小相等、极性相反的电压。图 6-34 所示的二极管 VD₅ 和 VD₆ 用于保护稳压器。在输出端接负载

的情况下，如果其中一路稳压器输入 U_I 断开（如图 6-34 中 A 点所示），$+U_O$ 通过 R_L 作用于 CW7915 的 2 输出端，就会使该稳压器输出端对地承受反压而损坏。有了 VD_6 限幅，反压仅为 0.7V 左右，因而使稳压器得到保护。

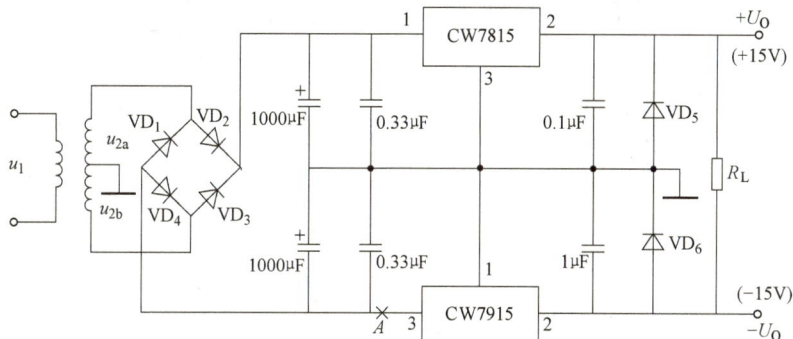

图 6-34　正、负对称输出两组电源的稳压电路

3. 三端可调输出式集成稳压器

（1）概述

三端可调输出式集成稳压器是指输出电压可调节的稳压器。按输出电压分为正电压稳压器 CW317 系列（CW117、CW217、CW317）和负电压稳压器 CW337 系列（CW137、CW237、CW337）两大类。按输出电流的大小，每个系列又分为 L 型、M 型等。其特点是电压调整率和负载调整率指标均优于固定式集成稳压器，且同样具有启动电路、过热、限流和安全工作区保护。可调式集成稳压器型号由 5 部分组成。其组成及其意义如图 6-35 所示。

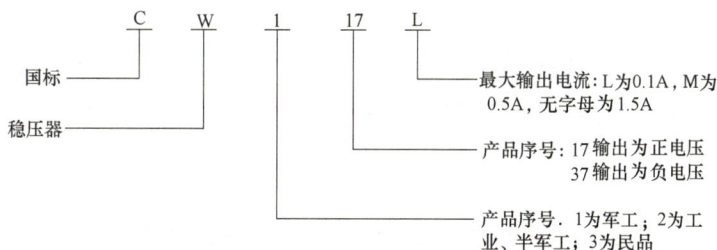

图 6-35　可调式集成稳压器型号组成及其意义

三端可调式集成稳压器 CW317 和 CW337 属于悬浮式串联调整型稳压器，其内部电路与固定式 CW7800 系列相似，不同的是：3 个端子分别为输入端、输出端及调整端。它们的外形如图 6-36 所示。在输出端与调整端之间为 $U_{REF} = 1.25V$ 的基准电压，从调整端流出电流为 $50\mu A$。

（2）基本应用电路

CW317 和 CW337 的基本稳压电路如图 6-37 所示。为使电路正常工作，一般输出电流不小于 5mA。输入电压范围为 2~40V，输出电压可在 1.25~37V 进行调整，负载电流可达 1.5A。为保证稳压器在空载时也能正常工作，要求流过电

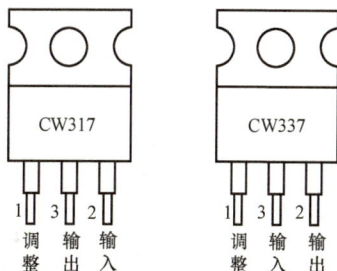

图 6-36　三端可调式集成稳压器 CW317 和 CW337 的外形图

阻 R_1 的电流不能太小，一般取 $I_{R1} = 5 \sim 10\text{mA}$，故 $R_1 = \dfrac{U_{REF}}{I_{R1}} \approx 120 \sim 240\Omega$。

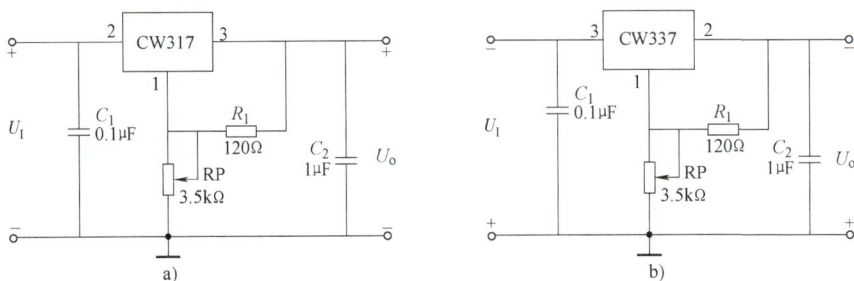

图 6-37 CW317 和 CW337 的基本稳压电路
a）CW317 b）CW337

由图 6-37 可知

$$U_O \approx 1.25\left(1 + \frac{R_P}{R_1}\right) \tag{6-31}$$

调节 RP 即可改变输出电压的大小。在图 6-37 中，C_2 用来抑制容性负载时的阻尼振荡，C_1 的作用是在输入线较长时抵消其电感效应，防止自激振荡。

4. 低压差三端式集成稳压器

CW78 和 CW79 系列三端式集成稳压器的内部电路是串联调整型稳压电路，利用晶体管集电极和发射极之间的电压 U_{CE} 来调整输出电压，这样在三端式集成稳压器的输入和输出之间就有大约 3V 的电压降。这个电压不但造成了能量的损耗，而且使在低输入电压条件下的稳压输出变得困难甚至不可能。

MC33269 系列三端式集成稳压器是低压差、中电流、正电压输出的集成稳压器，有固定电压输出（3.3V、5.0V、12V）及可调电压输出 4 种不同型号，最大输出电流可达 800mA。在输出电流为 500mA 时，MC33269 三端式集成稳压电路的压差为 1V，它的内部有过热保护和输出短路保护。

MC33269 系列三端式集成稳压器典型的固定输出电压电路如图 6-38a 所示。为保证工作的稳定性，输出电容应不小于 $10\mu\text{F}$，最好采用钽电容。典型的可调输出电压电路如图 6-38b 所示。输出电压为 $U_O = 1.25\left(1 + \dfrac{R_2}{R_1}\right)$ V。实际使用时，MC33269 的最小负载电流应大于 8mA。

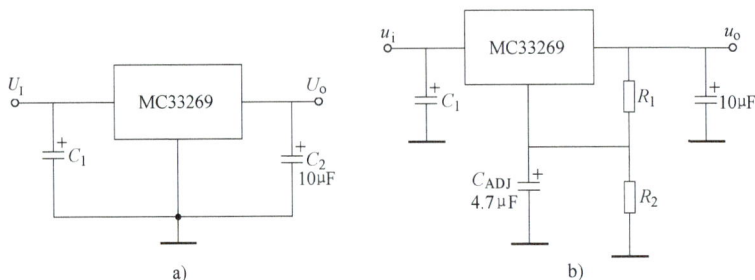

图 6-38 MC33269 系列三端式集成稳压器
a）典型的固定输出电压电路 b）典型的可调输出电压电路

利用 MC33269 再外加一些元器件可以组成数控可编程输出的稳压器，如图 6-39 所示。图中画出了 3 个控制端，当某一个控制端出现高电平时，相应的集电极电阻与 R_2 并联，就改变了输出电压。控制端的电压大小可按实际要求进行设计。

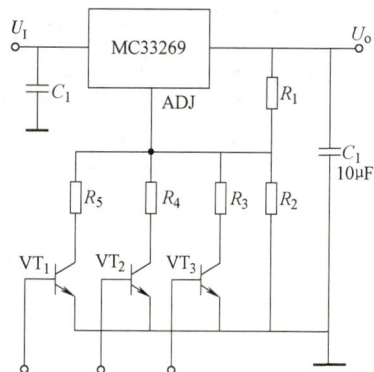

图 6-39　数控可编程输出的稳压电路

近年来，半导体器件生产厂家又推出了输入和输出端压差仅为 500mV 和 100mV 的更低压差三端式稳压器，使在航空航天领域和其他尖端领域使用高精度的稳压电源成为可能。低压差的三端式集成稳压器极大地降低了稳压电路本身的功耗，使各种高档计算机的 CPU 用上了更低的稳压源，使 CPU 的发热量大大减小，从而使计算机的速度大为增加。

5. 三端式集成稳压器的使用注意事项

1）绝不能将三端式集成稳压器的输入、输出和接地端接错，否则容易烧坏。

2）一般三端式集成稳压器的最小输入、输出电压差约为 2V，否则不能输出稳定的电压。一般应使电压差保持在 4~5V，即经变压器变压、二极管整流、电容器滤波后的电压应比稳压值高一些。

3）在实际应用中，应在三端式集成稳压电路上安装足够大的散热器（当然小功率的条件下不用），这是因为当稳压器温度过高时，稳压性能将变差，甚至损坏。

4）当制作中需要一个能输出 1.5A 以上电流的稳压电源时，通常采用多块三端式稳压电路并联起来，使其最大输出电流为 N 个 1.5A。但应用时需注意，并联使用的集成稳压电路应采用同一厂家、同一批号的产品，以保证参数的一致性。另外，在输出电流上留有一定的余量，以避免当个别集成稳压电路失效时导致其他电路联锁烧毁。

仿 真 训 练

直流稳压电源的应用

1. 仿真电路

图 6-40 为由 CW7812 构成的串联型稳压电源的仿真电路，图 6-41 为由 CW7812 构成的串联型稳压电源的观测图。

2. 仿真内容及要求

单元 6.2 仿真训练
直流稳压电源
的应用

1）搭接由 CW7812 构成的串联型稳压电源。注意 CW7812 的引脚，不要接错。优化调整电路结构和元器件参数。在整流电路输入端接入交流信号，负载保持不变，改变整流电路输入电压（模拟电网电压波动），分别测出相应的稳压器 CW7812 输入电压及输出直流电压，比较测试结果，总结稳压器 CW7812 的稳压范围。

2）保持整流电路输入电压不变，改变负载大小，分别测出相应的稳压器 CW7812 输出直流电压，计算输出电阻，分析数据，进一步深刻理解 CW7812 的稳压性能。

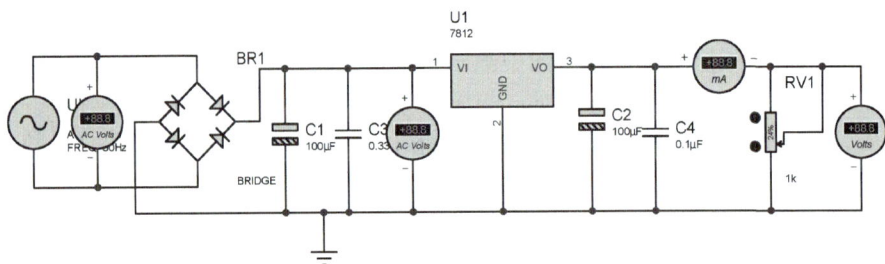

图 6-40 由 CW7812 构成的串联型稳压电源的仿真电路

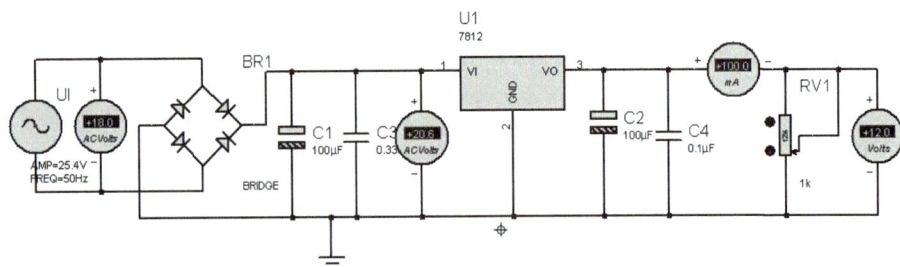

图 6-41 由 CW7812 构成的串联型稳压电源的观测图

技 能 实 训

单元 6.2 技能实训
直流稳压电源
的安装与调试

直流稳压电源的安装与调试

1. 实训目的

1）掌握电子电路布线、安装等基本技能。

2）加深对直流稳压电源的理解。

3）熟悉三端固定式集成稳压器的型号、参数及其应用。

4）研究集成稳压器的特点和性能指标的测试方法。

5）掌握对简单电路故障的排除方法，培养独立解决问题的能力。

6）熟悉常用电子仪器的使用方法和技巧。

2. 实训器材

1）仪器：可调工频电源、双踪示波器各一台；万用表一只。

2）元器件：三端稳压器 CW7812 一个；桥堆 ICQ-4B 一个；阻值为 120Ω、10Ω、240Ω 的电阻各一只；容值为 100μF 的电容两只，0.33μF 的电容一只，0.1μF 的电容一只；面包板一块；连接导线若干。

3. 实训内容及要求

（1）整流滤波电路测试

按图 6-42 所示连接整流滤波实训电路。取可调工频电源 14V 电压作为整流电路输入电压 u_2。

1）取 $R_L = 240\Omega$，不加滤波电容，测量直流输出电压 U_L 及纹波电压 $\tilde{U}_L$，并用示波器观察 u_2 和 u_L 波形，记入自拟表格中。

2）取 $R_L = 240\Omega$，$C_2 = 100\mu F$，重复内容 1）的要求，记入自拟表格中。

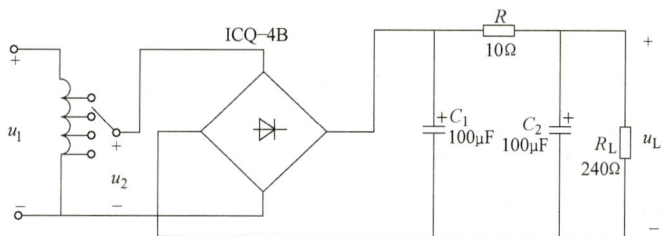

图 6-42　整流滤波实训电路

3）取 $R_L = 240\Omega$，$C_2 = 470\mu F$，重复内容 1）的要求，记入自拟表格中。

（2）集成稳压器性能测试

断开工频电源，按图 6-43 所示改接实训电路，由 CW7812 构成串联型稳压电源，取负载电阻 $R_L = 120\Omega$。

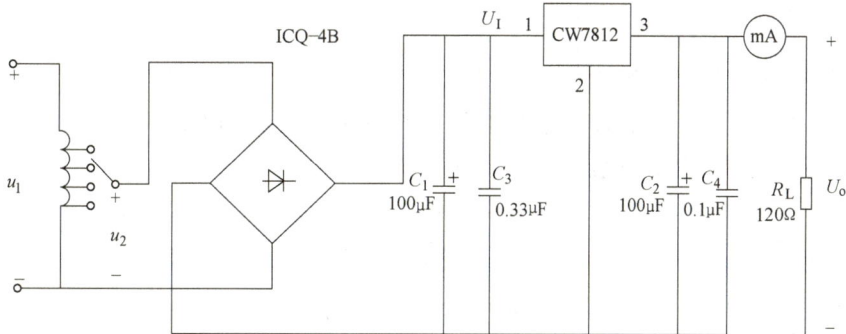

图 6-43　由 CW7812 构成的串联型稳压电源

1）初测。接通工频 14V 电源，测量 U_2 值，测量滤波电路输出电压 U_I（稳压器输入电压）、集成稳压器输出电压 U_0，它们的数值应与理论值大致符合，否则说明电路出了故障，应设法查找故障并加以排除。

电路经初测进入正常工作状态后，才能进行各项指标的测试。

2）各项性能指标测试。

① 输出电压 U_0 和最大输出电流 I_{Omax}。在输出端接负载电阻 $R_L = 120\Omega$，由于 CW7812 输出电压 $U_0 = 12V$，所以流过 R_L 的电流为 $I_{Omax} = 100mA$。这时 U_0 应基本保持不变，若变化较大，则说明集成电路性能不良。

② 稳压系数 S 的测量。取 $I_0 = 100mA$，按表 6-2 改变整流电路输入电压 u_2（模拟电网电压波动），分别测出相应的稳压器输入电压 U_I 及输出直流电压 U_0，记入表 6-2 中。

表 6-2　测量稳压系数 S（$I_0 = 100mA$）

测 试 值			计算值
U_2/V	U_I/V	U_0/V	S
14			S_{12}
16			
18			S_{23}

稳压系数的定义是，当负载保持不变时，输出电压相对变化量与输入电压相对变化量之比，即

$$S = \frac{\Delta U_0 / U_0}{\Delta U_1 / U_1} \bigg|_{R_L = 常数}$$

由于工程上常把电网电压波动±10%作为极限条件，所以也有将此时输出电压的相对变化$\Delta U_0 / U_0$作为衡量指标的，称为电压调整率。

③ 输出电阻R_0的测量。取$U_2 = 16\text{V}$，改变负载大小，分别使I_0为空载、50mA 和 100mA，测量相应的U_0值，记入表 6-3 中。

表 6-3　测量输出电阻R_0（$U_2 = 16\text{V}$）

测　试　值		计算值
I_0/mA	U_0/V	R_0/Ω
空载		$R_{012} =$
50		$R_{023} =$
100		

输出电阻R_0定义是，当输入电压U_1（稳压电路输入电压）保持不变时，由于负载变化而引起的输出电压变化量与输出电流变化量之比，即

$$R_0 = \frac{\Delta U_0}{\Delta I_0} \bigg|_{U_1 = 常数}$$

④ 输出纹波电压的测量。取$U_2 = 16\text{V}$，$U_0 = 12\text{V}$，$I_0 = 100\text{mA}$，测量输出纹波电压$\tilde{U}_0$，并记录。

输出纹波电压是指在额定负载条件下，输出电压中所含交流分量的有效值（或峰值）。

4. 实训报告要求

1）填写实训目的、测试电路及内容和仪器的型号。

2）整理实训数据，计算 S 和 R_0，并与手册上的典型值进行比较。

3）分析讨论实训中发生的现象和问题。

5. 考评内容及评分标准

直流稳压电源的安装与调试的考评内容及评分标准如表 6-4 所示。

表 6-4　直流稳压电源的安装与调试的考评内容及评分标准

步骤	考评内容	评分标准	标准分	扣分及原因	得分
1	画出直流稳压电源电路原理图，并分析其工作原理	1）各元器件符号正确 2）各物理量标注正确 3）各元器件连接正确 4）原理分析准确 错一处扣5分，扣完为止（教师辅导、学生自查）	15		
2	根据相关参数，对元器件质量进行判别（特别是集成稳压器）	元器件质量和分类判断正确 错一处扣5分，扣完为止（学生自查、教师检查）	15		

（续）

步骤	考评内容	评分标准	标准分	扣分及原因	得分
3	根据电路原理图进行电路连接；利用直观法或使用万用表通过对在路电阻的测量，分析电路连接是否正确	1）在路电阻的测量正确 2）不得出现断路（脱焊）、短路及元器件极性接反等错误 　错一处扣 5 分，扣完为止（同学互查、教师检查）	20		
4	确认检查无误后，进行通电测试。使用万用表测量各点电压，准确判断电路的工作状态	1）仪器仪表档位、量程选择正确 2）读数准确，判断准确 　错一处扣 5 分，扣完为止（教师指导、同学互查）	20		
5	使用信号发生器等仪器仪表对电路进行输入、输出电压波形的测量，对电路的工作状态进行正确分析	1）仪器仪表档位、量程选择正确 2）读数准确，判断准确 3）工作状态正常 　错一处扣 5 分，扣完为止（教师指导、同学互查）	15		
6	注意安全、规范操作，工艺正确。小组分工，保证质量。完成时间为 90min	1）小组成员各有明确分工 2）在规定时间内完成该项目 3）各项操作规范、安全，装配质量高 　成员无分工扣 5 分，操作有违章扣 5 分，超时扣 5 分（教师指导、同学互查）	15		
	教师根据学生对直流电源及集成稳压器等理论水平和技能水平的掌握情况进行综合评定，并指出存在的问题和具体改进方案		100		

知 识 拓 展

功率晶体管散热片的选择

在使用功率晶体管时应注意如何选择散热片。对于中小功率晶体管来说，由于功率小，一般靠它的外壳散热就可以了，而对于大功率晶体管来说，单靠外壳散热是远远不够的，而主要是靠外加的散热器甚至小风扇来帮助它散发热量。但散热器究竟选多大才合适？一般按手册的要求进行配置。图 6-44 为散热片示意图。

在选择散热片时，可以把热的传导和电的传导联系起来，常用式（6-32）或式（6-33）来表示。

$$T_j - T_\alpha = P_{CM} R_T \tag{6-32}$$

$$P_{CM} = \frac{T_j - T_\alpha}{R_T} \tag{6-33}$$

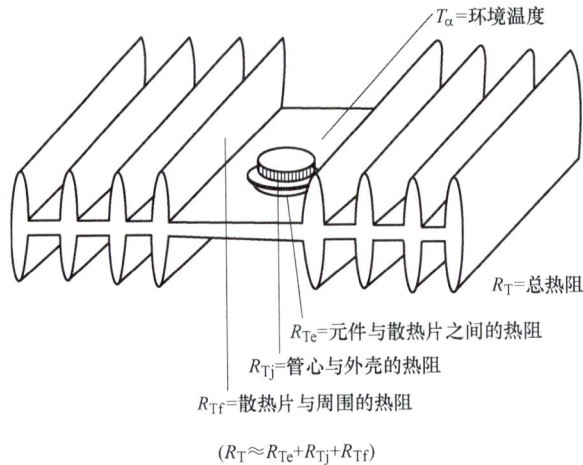

$$(R_T \approx R_{Te} + R_{Tj} + R_{Tf})$$

图 6-44　散热片示意图

式中，T_j 为功率管允许的结温，T_α 为环境温度，P_{CM} 为功率晶体管允许的耗散功率，R_T 为总的热阻。

式（6-32）和式（6-33）是计算散热装置尺寸的基本公式，表明了两个重要的结论：

1）晶体管最大允许功耗 P_{CM} 与它的总热阻 R_T 成反比，因此要想充分发挥晶体管的潜力，尽可能提高它的输出功率，很重要的问题就是减小晶体管的总热阻。

2）总热阻 R_T 一定时，环境温度 T_α 越高，允许的最大功耗 P_{CM} 越小。

手册中所给出的 P_{CM}，通常是在指定散热装置尺寸和环境温度 $T_\alpha = 25℃$ 下的数据。如果散热条件不变，环境温度 T_α 高于 25℃ 时，P_{CM} 将减小为

$$P_{CM}(T_\alpha) = P_{CM(25℃)} \frac{T_j - T_\alpha}{T_j - 25℃} \tag{6-34}$$

例如：一个输出为 50W 的功率放大器（功率晶体管的耗散功率 $P_{CM} = 12.5W$）选用了两个 3AD30C 晶体管，并且考虑环境温度最高为 40℃，应该选多大的铝散热板？

分析：晶体管最高允许结温 T_{jM} 可从晶体管手册查出，一般锗管 T_{jM} 为 90℃ 左右，硅管 T_{jM} 为 175℃ 左右，周围空间温度 T_α 视具体情况而定，一般取 $T_\alpha = 40℃$。

参看 3AD30C 的参数表可知，允许结温 $T_j = 85℃$，管心与外壳的热阻 $R_{Tj} = 1℃/W$，在考虑不用热绝缘而且管壳和散热片保证良好接触，即在较理想的情况下，元件与散热片之间的热阻一般为 $R_{Te} = 0.5℃/W$。

总的热阻为

$$R_T = \frac{T_j - T_\alpha}{P_{CM}} = \frac{85 - 40}{12.5}℃/W = 3.6℃/W$$

$$R_{Tf} = R_T - R_{Tj} - R_{Te} = (3.6 - 1 - 0.5)℃/W = 2.1℃/W$$

图 6-45 为散热片水平放置时 R_{Tf} 与散热面积 S 的关系曲线，图 6-46 为散热片垂直放置时 R_{Tf} 与散热面积 S 的关系曲线。若采用铝平板散热片且水平放置，根据图 6-45 查得 $R_{Tf} = 2.1℃/W$ 所对应的散热片面积为 $500cm^2$，散热片的厚度 $d = 3mm$。由图 6-46 可知，3mm 厚、散热面积 S 为 $400cm^2$ 的铝散热板（垂直板）可以满足要求。

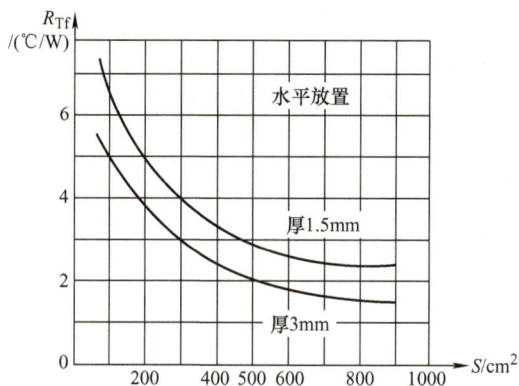

图 6-45　R_{Tf}~S 关系曲线（水平放置）

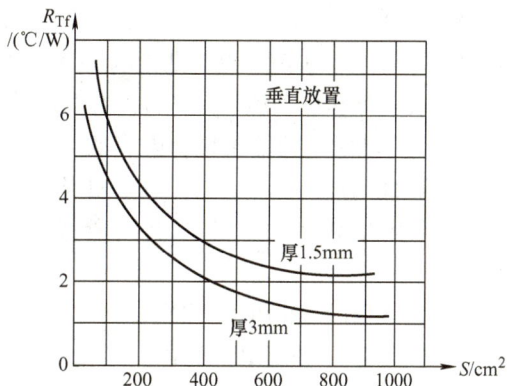

图 6-46　R_{Tf}~S 关系曲线（垂直放置）

散热装置除平板散热片外，目前用得最多的还有散热型材和叉指型散热器。它们也是根据散热装置的热阻 R_{Tf} 查到有关曲线或图表来确定其型号的，在此不多赘述。

自我检测题

一、填空题

1. 功率放大电路按晶体管静态工作点的位置不同可分为_____类、_____类、_____类。

2. 乙类互补功率放大电路的效率较高，在理想情况下可达_____，但这种电路会产生_____失真。为了消除这种失真，应使功率管工作在_____状态。

3. 功率放大电路输出具有较大功率来驱动负载，因此其输出的_____和_____信号的幅度均较大，可达到接近功率管的_____参数。

4. 功率放大电路根据输出幅值 U_{om}、负载电阻 R_L 和电源电压 U_{CC} 计算出输出功率 P_o 和电源消耗功率 P_V 后，可以很方便地根据 P_o 和 P_V 值来计算每只功率管消耗功率 P_{TI} =_____和效率 η =_____。

5. 直流稳压电源一般由_____、_____、_____和_____组成。

6. 稳压电源的技术指标包括_____和_____。

7. 串联型反馈式稳压电路是由_____、_____、_____和_____等 4 部分组成的。

8. 稳压电源主要是要求在_____和_____发生变化的情况下，其输出电压基本不变。

9. W78×× 系列三端稳压器各脚功能是：1 脚_____；2 脚_____；3 脚_____。

10. 占空比是指_____。

二、选择题

1. 互补对称功率放大电路从放大作用来看（　　　）。

A. 既有电压放大作用，又有电流放大作用

B. 只有电流放大作用，没有电压放大作用

C. 只有电压放大作用，没有电流放大作用

2. 若输出功率为 200W 的扩音电路采用甲乙类功放，则应选择功放管的 $P_V \geqslant$（　　　）。

A. 200W　　　　　　　　　B. 100W　　　　　　　　C. 50W

3. 同样输出功率的 OCL 功效与 OTL 功放电路的最大区别在于（　　　）。

A. 双电源和单电源　　　　B. 有电容输出耦合　　　　C. 晶体管的要求不同

4. OTL 功放电路输出耦合电容的作用是（　　　）。

A. 隔直耦合　　　　　　　B. 相当于提供负电源　　　C. 对地旁路

5. 准互补对称功率放大电路所采用的复合管，其上下两对管子前后管型组合形式为（　　　）。

A. NPN-NPN 和 PNP-NPN

B. NPN-NPN 和 NPN-PNP

C. PNP-PNP 和 PNP-NPN

6. 由硅稳压管组成的稳压电路只适用于（　　　）的场合。

A. 输出电压不变、负载电流变化较小

B. 输出电压可调、负载电流不变

C. 输出电压可调、负载电流变化较小

7. 开关型稳压电源的效率比串联型线性直流稳压电源高，其主要原因是（　　　）。

A. 输入的电源电压较低　　B. 内部电路元器件较少　　　C. 调整管处于开关状态

8. W78×× 系列和 W79×× 系列引脚对应关系应为（　　　）。

A. 一致　　　　　　　　　B. 1 脚与 3 脚对调，2 脚不变　　C. 1、2 脚对调

9. 三端式稳压电源输出负电压并可调的是（　　　）。

A. CW79×× 系列　　　　　B. CW337 系列　　　　　　C. CW317 系列

思考题与习题

1. 在大功率放大电路中为什么要采用复合管？

2. 什么是交越失真？如何改善？

3. 功放电路采用甲乙类工作状态的目的是什么？

4. 在功放电路中，功率管常处于极限工作状态。试问选择功放管时应特别考虑哪些参数？

5. 为什么乙类功放比甲类功放效率高？

6. 甲类功放输入信号幅度越大，失真越大，这是为什么？乙类功放输入信号幅度越小，失真反而越明显，这是为什么？这两种失真有何区别？

7. 集成功放有何特点？试画出 LM386 集成音频功率放大电路的引脚排列图，并说明各引脚的作用。

8. 图 6-47 所示为 OCL 基本原理电路。已知每只管子的饱和管压降为 $U_{CES} = 1V$。

1）试求负载 R_L 能获得的最大功率以及此时每只管子的管耗、电源供给功率、效率和每只管子的最大管耗。

2）当选用大功率管时，其极限参数应满足什么要求？

9. 如图 6-48 所示的复合管是否正确？试标出等效的管子类型（NPN 或 PNP）及引脚。

10. 电路如图 6-49 所示。已知 u_i 为正弦电压，$R_L = 16\Omega$，要求最大输出功率为 10W。忽略晶体管饱和压降，试求：

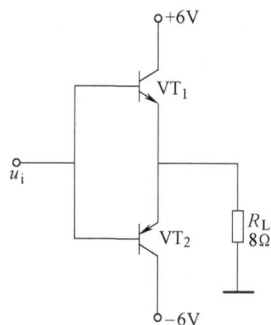

图 6-47　题 8 图

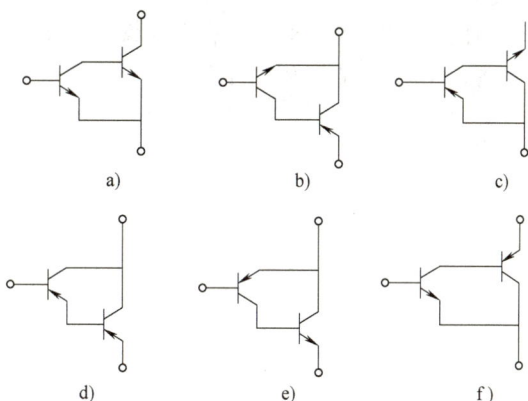

图 6-48　题 9 图

1）正、负电源 U_{CC} 的最小值（取整数）。

2）根据 U_{CC} 最小值，得到的晶体管 I_{CM}、$U_{(BR)CEO}$ 的最小值。

3）当输出功率最大（10W）时，电源供给的功率。

4）每只管子的管耗 P_{T1} 的最小值。

5）当输出功率最大时，输入电压的有效值。

11. OCL 电路如图 6-50 所示。

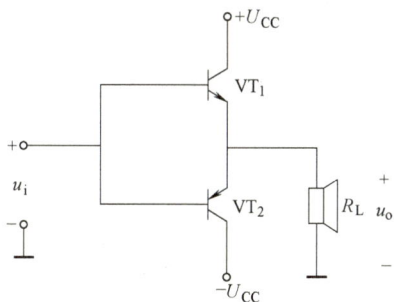

图 6-49　题 10 图

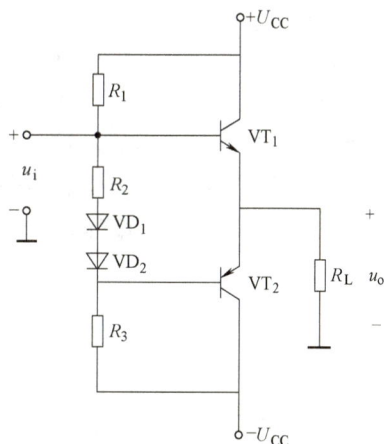

图 6-50　题 11 图

VT_1、VT_2 为互补对称管，试问：

1）静态时，流过负载电阻 R_L 的电流有多大？输出电压应是多少？调整哪个电阻能满足这一要求？

2）R_1、R_2、R_3、VD_1、VD_2 各起什么作用？

3）若 VD_1、VD_2 中有一个接反，会出现什么后果？

4）动态时，若输出电压波形出现交越失真，应调整哪个电阻？如何调整？

12. 图 6-51 所示是一个单电源供电的 OTL 基本原理电路。设负载 $R_L = 8\Omega$，要求最大不失真输出功率为 6W，管子饱和管压降 $U_{CES} = 0$。试确定电源电压 U_{CC} 的值。

13. 单电源互补对称 OTL 电路如图 6-52 所示。当负载 R_L 上的电流为 $i_o = 0.8\sin\omega t A$ 时，其输出功率、输出电压幅值、每只功率管的管耗、电源供给的功率和效率各为多少？最大管耗为多大（不考虑 U_{CES} 和 R_5、R_6 的压降）？

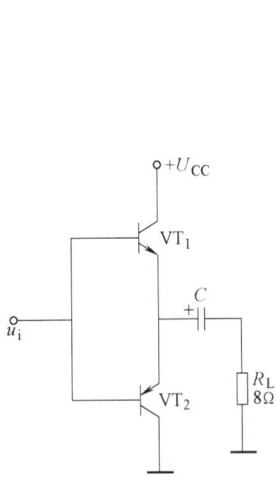

图 6-51　题 12 图

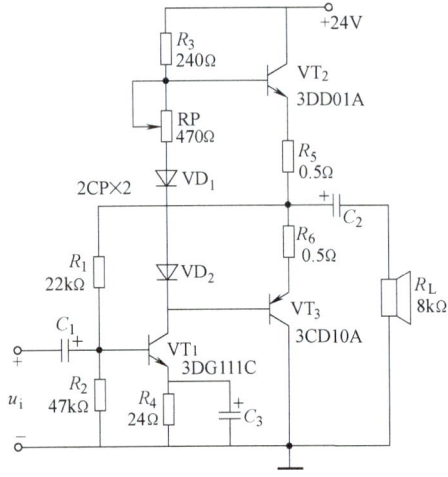

图 6-52　题 13 图

14. 在硅稳压管稳压电路中，稳压管与负载电阻是串联的还是并联的？限流电阻起什么作用？当电网电压或负载电阻变动时，硅稳压管稳压电路怎样使输出电压稳定？

15. 试比较开关型稳压电源与串联型稳压电源的异同点。

16. 说明 CW78×× 系列提高输出电压的具体方法。

17. 什么叫占空比？占空比的大小对输出电压有什么影响？

18. 试设计一个桥式整流电容滤波的硅稳压管并联稳压电源，具体参数指标是：输出电压 $U_0 = 6V$，电网电压波动范围为 ±10%，负载电阻 R_L 由 1kΩ 到 ∞，如何选定稳压管及限流电阻？

19. 图 6-53 为串联型直流稳压电源，已知 2CW13 的稳压值 $U_Z = 6V$，各晶体管的 U_{BE} 取 0.3V。

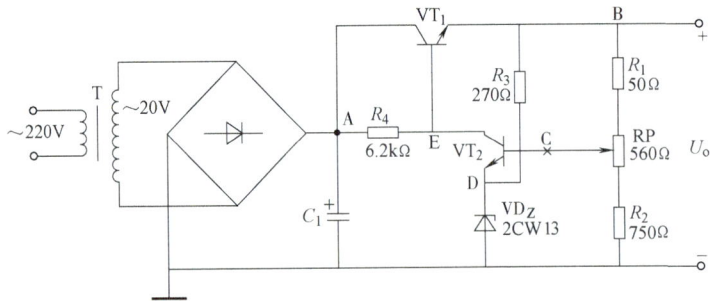

图 6-53　题 19 图

1）求输出电压的调节范围。

2）当将电位器调到中间位置时，估算 A、B、C、D、E 各点的电压值。

3）当电网电压升高或降低时，试说明上述各点电位的变化趋势和稳压原理。

20. 具有整流、滤波和放大环节的稳压电路如图 6-54 所示。

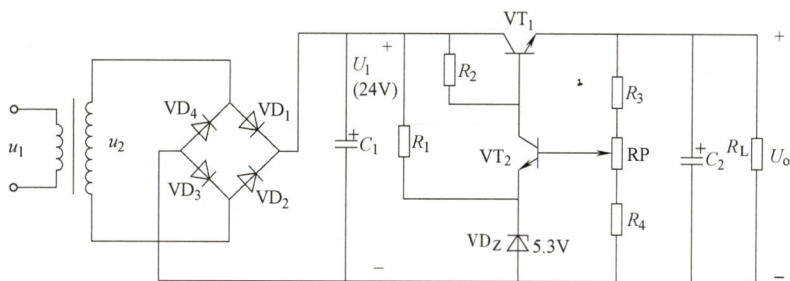

图 6-54　题 20 图

1）分析电路中每个元器件的作用。从负反馈放大电路的角度来看，哪个是输入量？VT_1、VT_2 各起什么作用？反馈是如何形成的？

2）若 $U_I = 24V$，稳压管稳压值 $U_Z = 5.3V$，晶体管 $U_{BE} \approx 0.7V$，$U_{CES1} \approx 2V$，$R_3 = R_4 = R_P = 300\Omega$。试计算 U_O 的可调范围。

3）试估计变压器次级绕组的电压有效值大约为多少？

4）若将 R_3 改为 600Ω，调节 RP 时，能输出的 U_O 最大值为多少？

5）若希望加限流保护环节，则应在何处引入什么元器件？在图中画出。

21. 用集成运放组成的稳压电路如图 6-55 所示。

1）试在图 6-55 中标明运放输入端的符号。

2）已知 $U_I = 24 \sim 30V$，试估算输出电压 U_O。

3）若调整管的饱和压降，使 $U_{CES} = 1V$，则最小输入电压为多大？

4）试分析其稳压过程。

22. 图 6-56 所示为恒流源电路，其输出电流 I_L 不随负载 R_L 变化。

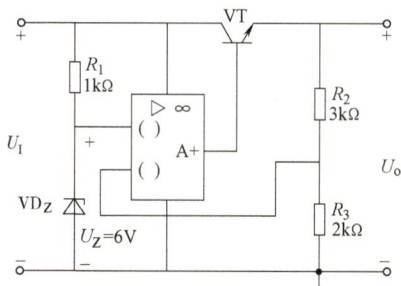

图 6-55　题 21 图

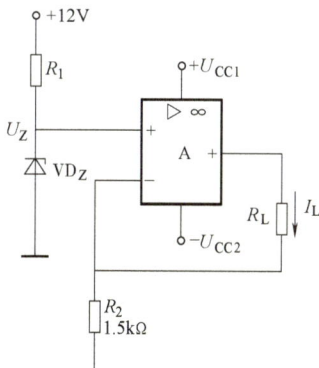

图 6-56　题 22 图

1）当 $U_Z = 6V$ 时，试求 I_L 的值。

2）试分析当 R_L 变化时，I_L 的稳定过程。

23. 用 CW7812 和 CW7912 组成输出正、负电压的稳压电路，画出整流、滤波和稳压电路图。

24. 在图 6-57 中，已知该稳压电路的 CW7805 输出电压为 5V，$I_W = 50\mu A$。试求 U_O 为多少。

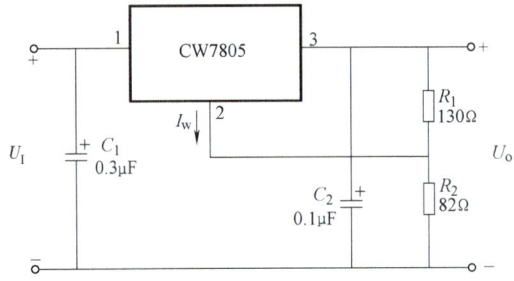

图 6-57 题 24 图

模块 7 综合实训：晶体管收音机的安装与调试

1. 实训目的
1) 了解晶体管收音机（简称收音机）的基本工作原理及基本组成。
2) 学习收音机的装配与调试。
3) 培养阅读整机电路图及阅读印制电路板图的能力。
4) 熟悉收音机生产工艺流程及电子产品工艺，提高焊接水平，增强动手能力。

2. 收音机电路原理简介

超外差式晶体管收音机具有灵敏度高、选择性好、保真度高、音质好等优点，这种电路结构是分立元器件收音机的"主流"。

超外差式晶体管收音机的电路形式很多，但大体上都是由变频级、中频放大级、检波级、低频放大级等几部分组成。超外差式晶体管收音机的基本框图如图 7-1 所示。

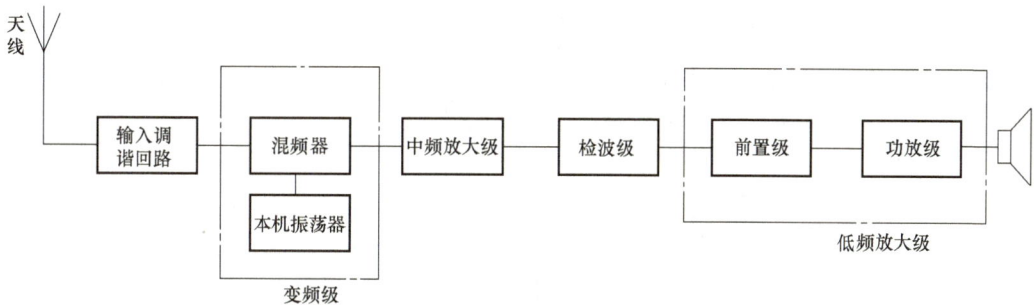

图 7-1　超外差式晶体管收音机的基本框图

由图 7-1 可以看出，自天线接收下来的高频信号，输入调谐回路选出后，送入变频级，变频级包括本机振荡器和混频器两部分。本机振荡器产生的振荡信号的频率比输入高频信号高 465kHz，这两个信号同时送入混频器进行混频，产生一系列新的频率信号，其中除输入的高频信号及本机振荡信号外，还有频率为两者之和的和频信号以及两者之差的差频信号等。这些信号经过接在混频器输出端、被调谐回路选择后，只允许差频信号通过。由于本机振荡信号与输入高频信号的差为 465kHz，并且本机振荡器的振荡回路与输入回路的调谐电容器是同轴联调的，所以不管如何调节，都使差频为 465kHz。也就是说，不论接收哪一个电台的信号，经变频器送到中频放大器的信号都是一个固定的频率，即 465kHz。这个固定的中频信号经过中频放大器（一般为两级）放大到一定程度后，送入检波器进行检波，检波输出的音频信号，再经过低频放大器放大，就推动扬声器发出声音。

图 7-2 为典型的六管超外差式晶体管收音机电路。该收音机为中波段收音机。中波段超外差收音机可用一个晶体管兼作振荡和混频器。

变频级以 VT_1 为中心组成。它的作用是把由磁棒线圈 T_1 接收的不同频率的信号转换成 465kHz 的中频信号。振荡回路由 L_3、C_5、C_{2b}、C_4、L_4 组成。它能产生一个比输入信号频率高

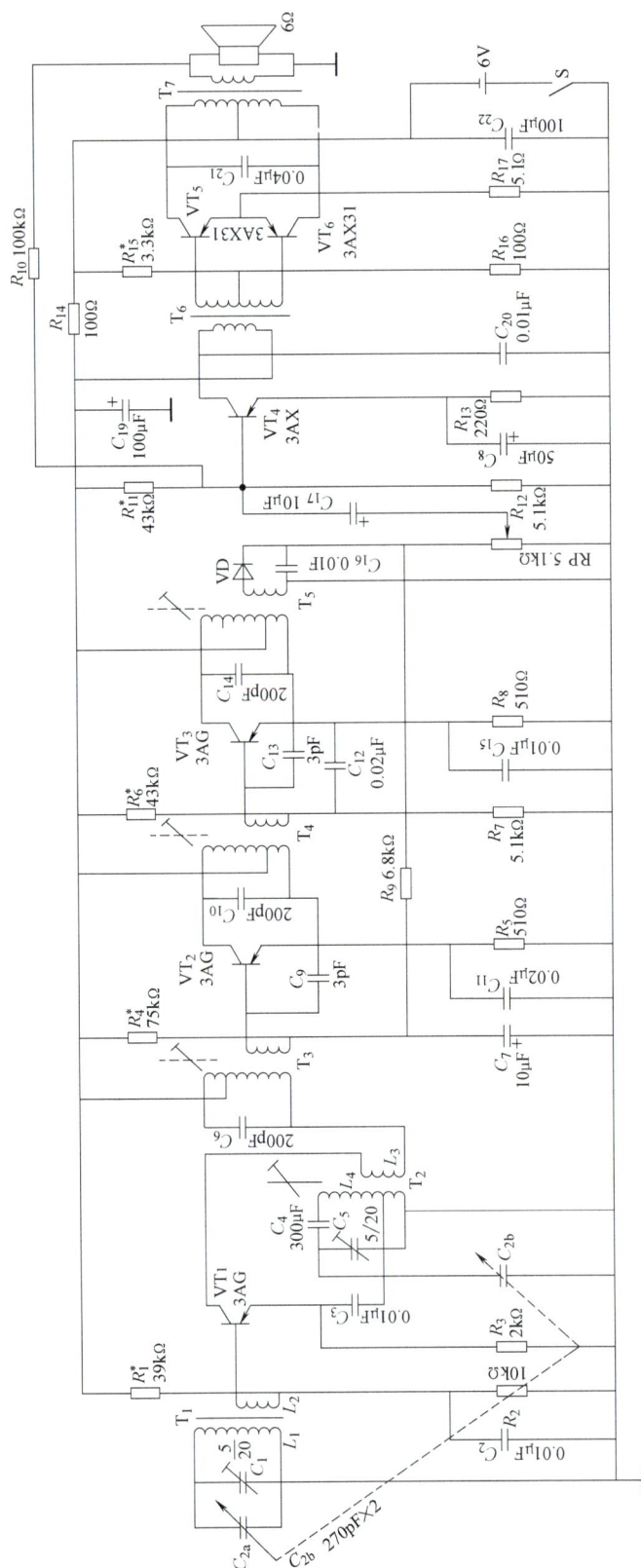

图 7-2 六管超外差式晶体管收音机电路

带*号电阻的阻值调整后确定

465kHz 的等幅振荡信号。VT_1、C_6、T_3 一次线圈等组成混频电路，电台信号和本机振荡信号在 VT_1 中混合。由于晶体管的非线性作用，将产生多种频率的信号，其中有一种是本机振荡频率和电台频率相差 465kHz 的中频信号，它是需要的信号。因中频变压器 T_3 的谐振频率为 465kHz，所以只有 465kHz 的中频信号才能在这个并联谐振电路中产生电压降，而其他频率的信号几乎均被短路。

在调谐（调台）时，本机振荡频率必须和输入电路的谐振频率同时改变，并且其频率始终比输入电路谐振频率高 465kHz。要做到这一点，就必须仔细地进行统调（或称跟踪）。

中频放大级（简称中放）一般由两级中频放大器组成。VT_2、VT_3 作中频放大，将中放电路的中频变压器 T_4、T_5 谐振在 465kHz，由于有两级中放，所以有较好的灵敏度与选择性。图中，C_9、C_{13} 为中和电容。用它来消除中频放大电路的寄生振荡。有的收音机电路中不接中和电容。当出现寄生振荡时，可用 1～3pF 电容接在中放管基极和中周一次线圈下端来消除。如手头无 1~3pF 电容，可用两段绝缘细导线拧好来代替电容。中放电路之所以会产生寄生振荡，是因为晶体管基极和集电极极间电容较大，其等效电容 C_c 跨接在基极和集电极之间，经放大后出现在集电极上的中频信号经 C_c 以 i_{cc} 形式返回到基极（中和电容的作用示意图如图 7-3 所示），这一电流增大了基极电流，会使中放级产生寄生振荡。当接入中和电容 C_N 后，可得到一电流 i_{CN}，由于中周上端与下端为异名端，调整 C_N 数值，可使 i_{CN} 与 i_{cc} 大小相等、流入基极的方向相反，所以没有任何经放大后的中频信号流入基极，i_b 不再增大，"中和"了 i_{cc}，消除了寄生振荡。中和电容也因此而得名。

检波级由二极管 VD、C_{16} 和电位器 RP 等组成。其作用是从调幅波中检出音频信号。

前置放大级由 VT_4 组成，起电压放大作用。T_6、T_7、VT_5、VT_6 组成变压器耦合推挽功率放大电路。

为避免接收强弱信号存在差异，在图 7-2 所示的收音机电路中采用了自动增益控制电路（AGC 电路）。它是由 C_7、R_9 组成的直流负反馈电路。检波后的音频信号的一部分，通过 R_9 送回到 VT_2 基极，C_7 对交流信号（音频信号）相当于短路，其直流成分送到 VT_2 基极。当收到强台时，检波输出的音频信号增大，使 VT_2 基极电位升高，集电极电压下降，VT_2 增益降低（这个控制电压极性与 VT_2 基极原有偏置电压反相），从而保持检波输出的信号大小基本不变，这样就达到了自动增益控制的目的。

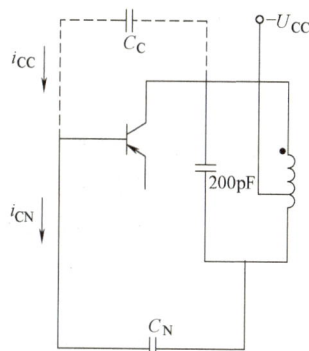

图 7-3　中和电容的作用示意图

图 7-2 中的 R_{14}、C_{19} 为去耦滤波电路。功放级消耗功率较大，瞬时电流大，易对前级的供电电压造成波动，尤其当电池陈旧、使得电压下降内阻增大时，对前级影响更大。若不加此电路，则会产生低频自激振荡，产生汽船般"卟卟"声振荡，使收音机无法正常工作。加入此电路后，可消除低频自激振荡。

R_{10} 为负反馈电阻，构成级间电压并联负反馈电路，以改善收音机稳定性。由于变压器同名端的作用，当 R_{10} 在输出变压器二次绕组端子接错时，会形成正反馈，所以将产生自激振荡，这时只要把 R_{10} 从变压器一端换接到另一端即可。

3. 收音机装配注意事项

1）装配前，应先对照元器件清单对所供元器件、紧固件等一一核对，查看是否齐全；对电阻、电容、天线线圈、中周、晶体管等要用万用表逐一检测其好坏；对晶体管，最好用晶体管特性图示仪观察其特性曲线，测量 β 值及穿透电流 I_{CEO} 的大小。一般要求高频管 $I_{CEO}<50\mu A$，为使收音机噪声低，且工作状态相对稳定，原则上选 I_{CEO} 最小的高频管作为变频级，I_{CEO} 最小的低频管用在低放第一级。为保证收音机有足够的灵敏度和音频输出功率，各级放大器的 β 值选择要适宜。

2）装配顺序以从后到前为宜，即先装功放级，次装低放级，后装检波级，再装中放级，最后装变频级。

3）在安装过程中，焊接每个元器件的时间不要过长，焊锡不要过多，以免烫坏元器件或发生短路。不要在整机通电时进行焊接，焊接前应先对元器件进行去氧化膜搪锡处理，以免虚焊或脱焊。

4）装配插接元器件，应先小后大，先轻后重，先低后高，先里后外，以利于看到元器件的编号、极性和方向等。装配前应仔细阅读说明书，查看印制电路板，从而确保装配的正确性。

5）当安装瓷介电容、电解电容及晶体管元器件时，引线不宜太长，以免降低电路工作的稳定度和元器件的稳定性，也不能过短，否则焊接时会因过热而损坏元器件。一般元器件底面与印制电路板的距离为 2mm 左右。同时具有极性的元器件（如电解电容、二极管等），要注意其极性，不要插错。

4. 收音机的调试

由于新装配的收音机中各种元器件的参数误差和电路分布电容的影响，往往会使晶体管偏置电流失常和调谐电路严重失谐，使收音机不能正常工作或完全不能工作，所以在收音机装配并接好线后，要仔细进行电路调试，才能达到预定的性能指标，获得良好的收音效果。对超外差式收音机的调试可按下列步骤进行。

（1）检查电路

收音机安装完毕后，应先对照电路图按顺序检查一遍，检查项目如下。

1）每个元器件的规格型号、数值、安装位置、引脚接线是否正确。

2）中周变压器的安装次序和一、二次绕组的接线位置是否正确。

3）每一个焊点是否有漏焊、假焊和搭锡现象，线头和焊锡等杂物是否残留在印制电路板上。

4）分段绕制的磁性天线线圈的安装方向是否正确。

5）用万用表测量整机电阻，阻值应大于 500Ω。如阻值较小，则应检查线路是否有短路，晶体管电极是否接错，阻容元器件是否合格。

（2）晶体管静态工作点的调整

经上述检查无误后，便可接通电源，调整各级晶体管的静态工作点。

1）先测量电源电压，应在 5.8~6V，最低不得小于 5.6V。

2）将双联可变电容全部旋入或旋出，找一个没有电台的位置，此时扬声器应无声。

3）对静态工作点的调整，应由末级开始，逐级向前推进。防止前级有信号输入，使后级处于工作状态，误将动态电流认为是静态电流。

4）暂用一个电位器与一个保护电阻串联，代替所要调整的偏流电阻。保护电阻的阻值，通常取原电路图上给出参考偏流电阻值的一半。电位器的阻值，通常取原电路图给出的偏流电阻阻值的 1~2 倍。如果没有电位器，也可以用不同阻值的电阻，分别接入电路来调整工作点。但要注意，当每次换接电阻时，必须切断电源，以免偶然短路，烧坏晶体管。

5）将集电极电路的印制导线切开一点，串入毫安表，调节电位器，使集电极电流达到要求数值。然后将电位器及保护电阻焊下来，换上等值电阻，再检查一下集电极电流是否合适。如与要求值相差不多，就可以将测试点用锡封死，进行下一级的调整。

6）另外，也可以采用调节偏流电阻、测量发射极电阻上的电压、再计算静态工作电流的方法来进行调整。此种方法虽然容易产生误差，但要比直接测量集电极电流的方法方便，常在检查电路和核对静态工作电流时采用。

（3）调整中频频率

安装中频变压器以后是需要调整的，这是因为它所并联的配谐电容器的容量总是有误差的，底板的布线间也存有大小不等的分布电容，这些因素都会使中周变压器失谐。

1）将信号发生器的频率调整在 465kHz，使它发生调幅信号。将信号发生器的输出线套在收音机的磁性天线上，或将收音机靠近信号发生器。将双联可变电容器全部旋入，音量控制电位器开到最大，此时收音机应能收到信号发生器发出的调幅信号。如果收不到，可将信号发生器的输出线串联一个 $0.01\mu F$ 的电容器，接到调谐输入电路可变电容器的定片上。

2）将万用表拨到 50mA 或 100mA 档，并将其串接在末级功率放大管的集电极回路中，通过观察动态电流的变化来判断中频变压器是否调准。

3）中频变压器的调整顺序是由后向前，先调第三级再调第二级，最后调第一级。

4）调整中频变压器，使扬声器输出信号最强，电流表的读数最大。然后再调整信号发生器，使输出的中频信号减弱，以使收音机刚收到信号为佳。

5）再次调整各级中频变压器，使输出信号最大。在调整过程中，要随时减弱输入的中频信号强度，使收音机工作在小信号状态，以免自动增益控制电路起作用，影响对调谐点的判断。经过反复调整，使各级中频变压器都调谐在中频频率上。

6）在调整过程中，如果产生自激振荡（有尖叫声或嘟嘟声），应先设法排除故障，然后再进一步调整。

7）如果没有信号发生器，就可以利用一台成品收音机，从收音机的检波器输入处引出中频信号，用 1m 长的双股塑料线将信号耦合到待调整的收音机中，调整成品收音机，使它收到一个电台的广播信号，利用它作信号源，再调整待调收音机的中频频率。方法与采用信号发生器时相同。

8）调整中频变压器磁心要用无感螺钉旋具，避免调节时产生感应现象，影响变压器的磁力线分布。在调整磁心时，不要用力过猛，以防将磁心调碎。

（4）调整频率范围

收音机的中波段频率范围是 535~1605kHz，为满足频率覆盖，一般应将收音机的实际频率范围调在 525~1640kHz。调整频率范围也称为对刻度，它是靠调整本机振荡频率来实现的，具体步骤如下。

1）调信号发生器，输出 525kHz 的调幅信号，并将其输出端靠近收音机的磁性天线。

2）将双联可变电容器全部旋入，调节指针对准 525kHz 刻度，并调节振荡线圈磁心，使收音机收到此信号。

3）调信号发生器频率为 1640kHz，将双联电容全部旋出，使指针对准 1640kHz 刻度，调整补偿电容直到收音机收到此信号为止。

4）按上述步骤再复调一次，即调整完毕。

若没有信号发生器，则可以按下述方法进行。

1）将双联可变电容器调到最低端，调节指针对准最低刻度；找一个熟悉的低频电台，如640kHz的中央电台；旋转双联可变电容器旋出1/5，调节中频振荡线圈磁心，使收音机收到这一电台广播。

2）再找一个熟悉的高频电台，如1370kHz的武汉台（将双联可变电容器旋出4/5），调节中频振荡回路的补偿电容，使收音机收到这一电台广播。

3）最后再复调一遍即可。

（5）统调

影响收音机灵敏度和选择性的一个重要原因是：输入调谐回路与本机振荡回路的谐振频率之差不是在整个频段内都为465kHz。为解决这个问题，必须调整输入调谐电路的谐振频率，使两者频率差始终等于465kHz，这一调整过程叫作统调。

统调是在频率低、中、高端各取一个频率（如600kHz、1000kHz、1500kHz）进行调整，也叫作三点统调。具体方法如下。

1）调整信号发生器，输出600kHz频率信号，调节可变电容器，使收音机收到此信号，然后移动调谐线圈在磁棒上的位置，使收音机输出最大。

2）调整信号发生器，输出1500kHz信号，调整可变电容器，使收音机收到此信号，然后调节输入电路的微调可变电容，使收音机输出最大。

3）按上述方法再复调一次即可。

4）如果没有信号发生器，可利用640kHz、1370kHz附近的电台信号进行校准。调整方法与上相同。

5）检查三点统调的中间一点是否在1000kHz左右，将信号发生器调至1000kHz，旋转并联在天线连上的半可变电容器C_1，若电容在原来位置上声音最响，则说明三点统调正确；若要加大C_1才能使声音达到最大，则应加大串接在振荡线圈上的电容C_5，并重新统调；若要减小C_1才能使声音最大，则应该减小C_5，并重新统调。重复上述步骤，直到满足要求为止。若无信号发生器，则可调至980kHz或1020kHz电台，按前述步骤进行统调。

（6）试听

在收音机调整好以后，就可以进行试听了。试听时可以通过与成品收音机的对比，检验它的灵敏度、选择性等各项指标。

5. 实训报告

谈谈自己在装配、焊接与调试收音机过程中的体会。

参 考 文 献

[1] 康华光，等. 电子技术基础：模拟部分 [M]. 5 版. 北京：高等教育出版社，2012.

[2] 童诗白，华成英. 模拟电子技术基础 [M]. 4 版. 北京：高等教育出版社，2006.

[3] 周良权，傅恩锡，李世馨. 模拟电子技术基础 [M]. 6 版. 北京：高等教育出版社，2020.

[4] 陈大钦. 电子技术基础 [M]. 2 版. 北京：高等教育出版社，2000.

[5] 欧伟民. 实用模拟电子技术 [M]. 北京：冶金工业出版社，2000.

[6] 周雪. 模拟电子技术 [M]. 4 版. 西安：西安电子科技大学出版社，2017.

[7] 黄法，袁照刚. 模拟电子技术 [M]. 天津：天津大学出版社，2008.

[8] 朱明，钱莉莉，林沪生，等. 通信电源集成电路手册 [M]. 北京：人民邮电出版社，1996.

[9] 陈梓城. 模拟电子技术基础 [M]. 4 版. 北京：高等教育出版社，2017.

[10] 张惠荣. 模拟电子技术 [M]. 北京：化学工业出版社，2009.

[11] 王港元，等. 电子技能基础 [M]. 2 版. 成都：四川大学出版社，2001.

[12] 王贺明，王成安. 模拟电子技术 [M]. 大连：大连理工大学出版社，2003.

[13] 沈任元. 模拟电子技术基础 [M]. 2 版. 北京：机械工业出版社，2020.

[14] 张永枫. 电子技术基本技能实训教程 [M]. 2 版. 西安：西安电子科技大学出版社，2016.

[15] 杜虎林. 用万用表检测电子元器件 [M]. 沈阳：辽宁科学技术出版社，2002.

[16] 陈梓城. 电子技术实训 [M]. 2 版. 北京：机械工业出版社，2009.

[17] 张庆双，等. 电子元器件的选用与检测 [M]. 北京：机械工业出版社，2005.

[18] 余红娟. 模拟电子技术 [M]. 北京：高等教育出版社，2013.